数据时代
大数据技术发展与实践

庞 灵 周文挺 马新华◎著

BIG DATA

经济管理出版社
ECONOMY & MANAGEMENT PUBLISHING HOUSE

图书在版编目（CIP）数据

数据时代大数据技术发展与实践 ／ 庞灵，周文挺，
马新华著. -- 北京：经济管理出版社，2024. -- ISBN
978-7-5096-9763-4

Ⅰ. TP274

中国国家版本馆 CIP 数据核字第 2024F4U344 号

组稿编辑：张馨予
责任编辑：张馨予
责任印制：许　艳
责任校对：王淑卿

出版发行：经济管理出版社
　　　　　（北京市海淀区北蜂窝 8 号中雅大厦 A 座 11 层　100038）
网　　址：www. E-mp. com. cn
电　　话：(010) 51915602
印　　刷：唐山昊达印刷有限公司
经　　销：新华书店
开　　本：720mm×1000mm/16
印　　张：17
字　　数：341 千字
版　　次：2025 年 4 月第 1 版　　2025 年 4 月第 1 次印刷
书　　号：ISBN 978-7-5096-9763-4
定　　价：98.00 元

前　言

　　由于互联网和信息技术的快速发展，大数据越来越引起人们的关注，已经引发自互联网、云计算之后 IT 行业的又一大颠覆性的技术革命。面对信息的激流、多元化数据的涌现，大数据已经为个人生活、企业经营甚至国家与社会的发展都带来了机遇和挑战，成为 IT 信息产业中最具潜力的蓝海。人们用大数据来描述和定义信息爆炸时代产生的海量数据，并命名与之相关的技术发展与创新。云计算主要为数据资产提供了保管、访问的场所和渠道，而数据才是真正有价值的资产。企业内部的经营信息、互联网世界中的商品物流信息，以及互联网世界中的人与人交互信息、位置信息等，其数量将远远超越现有企业 IT 架构和基础设施的承载能力，实时性要求也将大大超越现有的计算能力。如何盘活这些数据资产，使其为国家治理、企业决策乃至个人生活服务，是大数据的核心议题，也是云计算内在的灵魂和必然的发展方向。

　　随着云时代的来临，大数据吸引了更多人的关注。大数据通常用来形容一个公司创造的大量结构化和半结构化数据，这些数据在下载到关系数据库中用于分析时，会花费过多的时间和金钱。大数据分析常和云计算联系到一起，因为实时的大型数据集分析需要像 MapReduce 一样的框架来向数百甚至数千台计算机分配工作。关于大数据有许多种定义，多数定义都反映了那种不断增长的捕捉、聚合与处理数据的技术能力。换言之，数据可以更快获取，有着更大的广度和深度，并且包含了以前做不到的新的观测和度量类型。大数据多用来描述为更新网络搜索索引需要同时进行指量处理或分析的大量数据集。随着谷歌 MapReduce 和 Google File System（GFS）的发布，大数据不仅用来描述大量的数据，还涵盖了处理数据的速度。

　　全书共分为七章，第一章是绪论，对大数据基础、大数据的发展现状与趋势进行简要论述；第二章是大数据的数据获取，对数据分类与数据获取组件、网页采集与日志收集、探针在数据获取中的原理和作用、数据分发中间件的作用分析进行介绍；第三章是大数据的技术支撑，对云计算与大数据、云资源的管理与调度、云存储系统的技术与分类、虚拟化技术的发展、开源云管理平台——Open-Stack 进行论述；第四章是基于 Hadoop 的大数据平台的实现，对基于大数据的技术的数字媒体平台建设、基于 Hadoop 的金融大数据平台架构、电信运营商大数据平台的实现、大数据平台安全与隐私保护进行论述；第五章是大数据应用的相关技术，对数据收集与预处理技术、大数据处理的开源技术工具、常用数据挖掘方法、半结构化大数据挖掘、大数据应用中的智能知识管理进行分析论述；第六章是现代大数据应用的总体架构和关键技术，对大数据应用的总体架构、大数据存储和处理技术、大数据查询和分析技术进行分析；第七章是云时代的大数据技术应用案例，对大数据技术在铁路客运旅游平台的应用、基于可持续发展的大数据应用、大数据技术在出版物选题与内容框架筛选中的应用进行介绍。

　　笔者多年来一直对数据时代大数据技术发展与实践等方面进行研究，不断探索数据时代大数据技术发展与实践的最新研究方向。书中有笔者多年来的教学经验，运用了相当多的文献资料，力求内容翔实，可满足各个层次的读者需求。

　　本书在撰写过程中，参考了大量的资料与文献，同时得到了许多专家学者的帮助和指导，在此表示真诚的感谢。因笔者水平有限，书中难免有疏漏之处，希望同行学者和广大读者予以批评指正，以求进一步完善。

作　者

2023 年 8 月

目　录

第一章　绪论

大数据指无法在一定时间范围内用常规软件工具进行捕捉、管理和处理的数据集合，是需要新处理模式才能具有更强的决策力、洞察发现力和流程优化能力的海量、高增长率和多样化的信息资产。随着云时代的来临，大数据也吸引了越来越多的关注。

第一节　大数据基础介绍

全球知名咨询公司麦肯锡在研究报告中指出，数据已经渗透到每个行业和业务职能领域，逐渐成为重要的生产因素，而人们对海量数据的运用将预示着新一波生产率增长和消费者盈余浪潮的到来。近年来，大数据概念的提出为中国数据分析行业的发展提供了无限的空间，越来越多的人认识到数据的价值。

一、大数据的发展背景

在 20 世纪 90 年代后期，当气象学家在做气象地图分析、物理学家在建立大物理仿真模型、生物学家在建立基因图谱的分析过程中，由于数据量巨大，他们已经不能再用传统的计算技术来完成这些任务时，大数据的概念在这些科学研究领域首先被提出来。面对大量科学数据在获取、存储、搜索、共享和分析中遇到的技术难题，一些新的分布式计算技术陆续被研究和开发出来。

2008 年，随着互联网和电子商务的快速发展，当 Yahoo（雅虎）、Google（谷歌）等大型互联网和电子商务公司不能用传统手段解决他们的业务问题时，大数据的理念和技术被他们实际应用。他们遇到的共性问题是，处理的数据量通常很大（那时是 PB 级，1 个 PB 的数据相当于 50% 的全美学术研究图书馆的藏书和资讯的内容），数据的种类很多（文档、日志、博客、视频等），数据的流动速度很快（包括流文件数据、传感器数据和移动设备的数据的快速流动）。而且，这些数据经常是不完备甚至是不可理解的（需要从预测分析中推演出来）。大数据的新技术和新架构正是在这种背景下被不断开发出来的，以有效地解决这些现实的互联网数据处理问题。

2010 年，全球进入 Web2.0 时代，Twitter（推特）、Facebook（脸书）、博客、微博、微信等社交网络将人类带入自媒体时代，互联网数据快速激增。随着智能手机的普及，移动互联网时代也已经到来，移动设备所产生的数据海量般地涌入网络。为了实现更加智能的应用，物联网技术也逐步被推广，随之而来的是更多实时获取的视频、音频、电子标签（RFID）、传感器等数据也被联入互联网，数据量进一步暴增。根据美国市场调查公司 IDC 的预测，人类产生的数据量正在呈指数级增长，大约每两年翻一番。人类真正进入了一个数据的世界，大数据技术有了用武之地，大数据技术和应用空前繁荣起来。

2011 年，全球著名战略咨询公司麦肯锡的全球研究院（MGI）发布了《大数据：创新、竞争和生产力的下一个新领域》研究报告，这份报告分析了数字数据和文档的爆发式增长的状态，阐述了处理这些数据能够释放出的潜在价值，分析了大数据相关的经济活动和业务价值链。这篇报告在商业界引起极大的关注，为大数据从技术领域进入商业领域吹响了号角。

2012 年 3 月 29 日奥巴马政府以"大数据是一个大生意"为题发布新闻，宣布投资 2 亿美元启动"大数据研究和发展计划"，涉及美国国家科学基金、美国国防部等 6 个联邦政府部门，大力推动和改善与大数据相关的收集、组织和分析工具及技术，以推进从大量的、复杂的数据集合中获取知识和洞见的能力。美国政府认为大数据技术事关美国国家安全、科学和研究的步伐。

2012 年 5 月，联合国发布了一份大数据白皮书。总结了各国政府如何利用大数据更好地服务公民，指出大数据对于联合国和各国政府来说是一个历史性的机遇，联合国还探讨了如何利用包括社交网络在内的大数据资源造福人类。

2012 年 1 月"世界经济论坛"发布《大数据，大影响》报告，阐述大数据为国际发展带来的新的商业机会，建议各国与工业界、学术界、非营利性机构与管理者一起利用大数据所创造的机会。

2012 年以来，大数据成为全球投资界所青睐的领域之一，IBM 公司通过并购数据仓库厂商 Netezza（奈特扎）、软件厂商 Info Sphere Bigin Sights 和 Streams 等来增强自己在大数据处理上的实力；EMC（易安信）公司陆续收购 Greenplum（Pivotal）（绿柱石平台）、VMware（威睿）、Isilo（伊西洛）等公司，展开大数据和云计算产业的战略布局；惠普公司通过并购 3PAR（三派尔）、Autonomy（奥多比）、Vertica（维蒂卡）等公司实现了大数据产业链的全覆盖。业界主要的信息技术巨头都纷纷推出大数据产品和服务，力图抢占市场先机。

国内互联网企业和运营商率先启动大数据技术的研发和应用，如淘宝网、百度、腾讯网、中国移动、中国联通、京东商城等企业纷纷启动了大数据试点应用项目。

2013 年，第 4 期《求是》杂志刊登中国工程院郭贺铿院士的《大数据时代的机遇与挑战》一文，阐述中国科技界对大数据的重视，郭华东、李国杰、倪光南、怀进鹏等院士也纷纷撰文阐述大数据的战略意义，清华大学、北京大学等高校纷纷设立大数据方面的学院和专业，推进大数据技术的研发。

2015 年，《促进大数据发展行动纲要》正式颁布，提出大数据已成为国家基础性战略资源，是推动经济转型和发展的新动力，是重塑城市竞争优势的新机遇，是提升政府治理能力的新途径，中国正式启动和实施国家大数据战略。

二、大数据的产生

大量数据的产生是计算机和网络通信技术广泛应用的必然结果，特别是互联网、云计算、移动互联网、物联网、社交网络等新一代信息技术的发展，起到了巨大的作用，它带来了数据产生的四大变化：一是数据产生由企业内部向企业外部扩展；二是数据产生由 Web1.0 向 Web2.0 扩展；三是数据产生由互联网向移动互联网扩展；四是数据产生由计算机/互联网（IT）向物联网（IOT）扩展。这四大变化，让数据产生源头成倍地增长，数据量也相应大幅度地快速增长。

（一）数据产生由企业内部向企业外部扩展

在企业内部的企业资源计划（ERP）、办公自动化（OA）等业务、管理和决策分析系统所产生的数据，主要存储在关系型数据库中。内部数据是企业内最成熟并且被熟知的数据。这些数据已经通过多年的 ERP、数据仓库（DW）、商业智能（BI）和其他相关应用积累，实现了内部数据的收集、集成、结构化和标准化处理，可以为企业决策提供分析报表和商业智能。

一些企业已经关注到交易行为数据的潜在价值，如利用一些非结构化数据的分析方法，挖掘在客户交易过程、业务处理流程和电子邮件中所获得的内部日志等数据，为企业提供客户分析、绩效分析和风险管理等方面的更多洞察力。还有一些大型企业内部的数据量也很大，如电信运营商、石油勘探企业等，这些企业使用大数据有很多年了。例如，一家全球电信公司每天从 120 个不同系统中收集数十亿条详细呼叫记录，并保存至少 9 个月时间；一家石油勘探公司分析几万亿字节的地质数据。对于这些公司，大数据虽然是一个新概念，但要做的事情却并不新鲜。他们早就在使用大数据，但由于没有合适的技术手段对这些大数据进行分析，导致这些大数据中的大部分被丢弃。

对于所有企业而言，信息化的应用环境在发生着变化，外部数据迅速扩展。企业和互联网、移动互联网、物联网的融合越来越快，企业需要通过互联网来服务客户、联系外部供应商、沟通上下游的合作伙伴，并在互联网上实现电子商务和电子采购的交易。企业需要开通微博、博客等社交网络来进行网络化营销、客户关怀和品牌建设。企业的产品被贴上了电子标签，在制造、供应链和物流的全程中进行跟踪和反馈。伴随着自带设备（BYOD）工作模式的兴起，企业员工自带设备进行工作，个人的数据进一步与企业数据相融合，必将产生更多来自企业外部的数据。企业内外部数据的产生如表 1-1 所示。

表 1-1　企业内外部数据的生成

	企业内部数据	企业外部数据
企业应用	ERP（企业资源计划）、CRM（客户关系管理）、MES（制造执行系统）、SCAD（数据采集与监视控制系统）A、OA、专业业务系统、传感器	电子商务、电子采购、知识管理呼叫中心、企业微博、企业微信、RFID、传感器、BYOD
数据规模	TB 级	PB 级
数据存储	关系型数据库、数据仓库	各种格式的文档

（二）数据产生从 Web1.0 向 Web2.0 扩展

随着社交网络的发展，互联网进入了 Web2.0 时代，每个人从数据的使用者变成了数据的生产者，数据规模迅速扩张，每时每刻都在产生大量的新数据。例如，从全球统计数据来看，全球每秒钟发送 290 万封电子邮件，每秒钟电子商务公司 Amazon（亚马逊）上将产生 72.9 笔商品订单，每分钟会有 20 个小时的视频上传到视频分享网站 YouTube（优兔），Google 上每天需要处理 24PB 的数据，Twitter 上每天发布 5 千万条消息，每天被每个家庭消费的数据有 375MB，每个月网民在 Facebook 上要花费 7000 亿分钟。

三、大数据的概念和特征

（一）大数据的概念

大数据是指无法在一定时间内用传统数据库软件工具对其内容进行抓取、管理和处理的数据集合。这个定义并不严谨，但这是各种学术和应用领域最广泛引用的一个定义，如果以大数据的四个特征作为补充，就能给出一个较为清晰的大数据的概念。大数据是以容量大、类型多、存取速度快、应用价值高为主要特征的数据集合。

（二）大数据的特征

大数据有四个主要特征：

1. Volume：数据容量大

容量大是大数据区分于传统数据最显著的特征。一般关系型数据库处理的数据容量在 TB 级，大数据技术所处理的数据容量通常在 PB 级以上。

2. Variety：数据类型多

大数据技术所处理的计算机数据类型早已不是单一的文本形式或者结构化数据库中的表，它包括网络日志、音频、视频、机器数据等各种复杂结构的数据。

3. Velocity：数据存取速度快

存取速度是大数据区分于传统数据的重要特征。在海量数据面前，需要快速实时存取和分析需要的信息，处理数据的效率就是组织的生命。

4. Value：数据应用价值高

在研究和技术开发领域，上述三个特征已经足够表征大数据的特点。但在商业应用领域，第四个特征就显得非常关键。投入如此巨大的研究和技术开发，就是因为大家都洞察到了大数据的潜在的巨大应用价值。如何通过强大的机器学习和高级分析更迅速地完成数据的价值"提纯"，挖掘出大数据的应用价值，这是目前大数据技术应用的发展重点。

四、大数据的量级与速度

（一）大数据的量级

1. 数据大小的量级

数据量的大小是用计算机存储容量的单位来计算的，基本的单位是字节（Byte），每一级按照千分位递进，如下所示：

1Byte（B）相当于一个英文字母；

1Kilobyte（KB）= 1024B 相当于一则短篇故事的内容；

1Megabyte（MB）= 1024KB 相当于一则短篇小说的文字内容；

1Gigabyte（GB）= 1024MB 相当于贝多芬第五乐章交响曲的乐谱内容；

1Exabyte（EB）= 1024B 相当于一家大型医院中所有的 X 光图片内容，5EB 相当于 50% 的全美学术研究图书馆藏书信息内容，相当于至今全世界人类所讲过的话语；

1Zettabyte（ZB）= 1024EB 如同全世界海滩上的沙子数量的总和。

2. 大数据的量级

目前，传统企业的数据量基本在 TB 级以上，一些大型企业达到了 PB 级，Google、百度、腾讯网、阿里巴巴这些企业的数据量在 PB 级以上。

大数据技术和应用擅长处理的数量级一般都在 PB 级以上。但数据量的巨大是相对处理这些数据的计算设备而言的，如对一台小型机或 PC 服务器来说，PB

级数据是大数据，但可能对一台智能手机而言，GB 级的数据就是"大数据"。就目前大数据技术架构所处理的数据来看，通常是指 PB 级以上的数据。

摩尔定律是由英特尔（Intel）创始人之一的戈登·摩尔提出来的，其内容为：当价格不变时，集成电路上可容纳的晶体管数目约每隔 18 个月便会增加一倍，性能将提升 1 倍。这一定律揭示了信息技术进步的速度。吉姆·格雷的新摩尔定理认为，每 18 个月全球新增的信息量是计算机有史以来全部信息量的总和，数据容量每 18 个月就翻一番。因此，我们的世界正在成为一个数据的世界，我们正处于大数据时代，像水、空气、石油一样，数据正成为这个世界中的一种资源。

（二）大数据的速度

大数据的速度是指数据创建、存储、获取、处理和分析的速度，它是由数据从客户端采集、装载并流动到处理器和存储设备，以及在处理器中进行计算的速度所决定的。

在当前的计算环境下，由于处理器和存储等计算技术的不断进步，数据处理的速度越来越快，传统计算技术渐渐不能满足大容量和多种类型的大数据的处理速度的要求。在交互式的计算环境下，海量数据被实时创建，用户需要实时的信息反馈和数据分析，并将这些数据结合到自身高效的业务流程和敏捷的决策过程中。大数据技术必须解决大容量、多种类型数据高速地产生、获取、存储和分析中的问题。

一方面，要解决大数据容量下的数据时延问题。所谓数据时延是指，从数据创建或获取到数据可以访问之间的时间差。大数据处理需要解决大容量数据处理的高时延问题，需要采用低时延的技术来进行处理。如对一次 PB 级大数据的复杂查询，传统结构化查询语言（SQL）技术可能需要几个小时，基于大数据技术平台希望将这一时延逐步降低到分钟级、秒级、毫秒级、完全实时，大数据技术正在做这一点。

另一方面，要解决时间敏感的流程中实时数据的高速处理问题。对于对时间敏感的流程，如实时监控、实时欺诈监测或多渠道"实时"营销，某些类型的数据必须进行实时分析，以对业务产生价值，这涉及从数据的批处理、近线处理到在线实时流处理的演变。

五、大数据的应用价值

大数据的价值是与大数据的容量和种类密切相关的。一般来看，数据容量越大，种类越多，信息量越大，获得的知识越多，能够发挥的应用价值也越大。但这依赖于大数据处理的手段和工具，否则由于信息和知识密度低，可能造成数据垃圾和信息过剩，失去数据的利用价值。

研究表明，数据的价值会随着时间的流逝而降低。简单地看，数据的价值与时间是成反比的。因此，数据处理速度越快，数据价值越能够更好地获得。大数据的价值也与它所传播和共享的范围相关，使用大数据的用户越多，范围越广，信息的价值就越大。大数据价值的充分发挥，依赖于大数据的分析和挖掘技术，更好的分析工具和算法能够获得更为准确的信息，也更能发挥其价值。总之，大数据的价值，可以用如下的公式来简单定义：

$$大数据价值\ V = \frac{大数据处理和分析算法和工具\ f(大数据量\ v_1, 大数据种类\ v_2, 高速流动\ v_3) \times 大数据用户数}{大数据存在时间\ t}$$

因此，大数据处理和分析的技术对于挖掘大数据价值的作用十分关键。

六、大数据的挑战

（一）业务视角不同带来的挑战

以往，企业通过内部 ERP、客户关系管理（CRM）、供应链管理（SCM）、BI 等信息系统建设，建立高效的企业内部统计报表、仪表盘等决策分析工具，对企业业务敏捷决策发挥了很大作用。但是，这些数据分析只是冰山一角，这些报表和仪表盘其实是"残缺"的，更多潜在的有价值的信息被企业束之高阁。大数据时代，企业业务部门必须改变他们看数据的视角，更加重视和利用以往被放弃的交易日志、客户反馈、社交网络等数据。这种转变需要一个过程，但实现转变的企业则已经从中获得巨大收益。据有关统计，电子商务企业 Amazon（亚马逊）近三分之一的收入来自基于大数据相似度分析的推荐系统的贡献。花旗银行新产品创新的创意很大程度来自各个渠道收集到的客户反馈数据。因此，在大数据时代，业务部门需要以新的视角来面对大数据，接受和利用好大数据，创造更大的业务价值①。

（二）技术架构不同带来的挑战

传统的关系型数据库和结构化查询语言面对大数据已经力不从心，更高性价比的数据计算与存储技术和工具不断涌现。对于已经熟练掌握和使用传统技术的企业信息技术人员来说，学习、接受和掌握它需要一个过程，从内心也会认为现在的技术和工具足够好，对新技术产生一种排斥的心理，怀疑它只是一个新的噱头。新技术本身的不成熟性、复杂性和用户不友好性也会加深这种印象，但大数据时代的技术变革已经不可逆转，企业必须积极迎接这种挑战，以学习和包容的方式迎接新技术，以集成的方式实现新老系统的整合。

---

① 李佐军．大数据的架构技术与应用实践的探究［M］．长春：东北师范大学出版社，2019.

（三）管理策略不同带来的挑战

大容量和多种类型的大数据处理将带来企业信息基础设施的巨大变革，也会带来企业信息技术管理、服务、投资和信息安全治理等方面新的挑战。如何利用公有云服务来实现企业外部数据的处理和分析？对大数据架构采取什么样的管理和投资模式？对大数据可能涉及的数据隐私如何进行保护？这些都是企业应用大数据需要面对的挑战。

第二节　大数据的发展现状与趋势

随着科技的飞速发展，大数据已经成为当今社会的一个热门话题。大数据是指传统数据处理应用软件难以处理的大量、高增长率和多样性的信息资产。这些信息资产包括结构化数据、半结构化数据和非结构化数据。大数据的发展已经引起了全球范围的关注，各国政府和企业纷纷投入巨资进行研究和开发，以期在这场科技革命中占得先机。

一、大数据的发展现状

（一）大数据对社会的影响

1. 泛互联网化

泛互联网化是收集用户数据的唯一低成本方式，能够带来数据规模和数据活性。泛互联网化带来软件使用的三个变化：跨平台、门户化和碎片化。

（1）跨平台。

应用软件深度整合网络浏览器功能，桌面、移动终端（手机、平板电脑）拥有相同的体验和协同的功能。

（2）门户化。

用户无须启用其他软件即可完成绝大多数的工作和沟通需求，对于个性化的用户需求，可以直接调用第三方应用或者插件完成。

（3）碎片化。

把原来大型臃肿的软件拆分成多个独立的功能组件，用户可以按需下载使用。

这三个变化的核心意义在于收集用户行为资源，提高客户黏性；降低软件总体拥有成本，改变商业模式。

2. 行业垂直整合

开源软件加剧了基础软件的同质化趋势，而软、硬件一体化的趋势，进一步弱化了产业链上游的发言权。大数据产业结构发展趋势有两个维度：第一维度是大数据产业链，围绕数据的采集、整理、分析和反馈。第二维度是垂直的行业，像媒体、零售、金融服务、医疗和电信。

从这两个维度来看，大数据有三类商业模式：第一，大数据价值链环节，专注价值链的高附加值环节。第二，垂直产业大数据整合，利用大数据提高垂直产业效率。第三，大数据使能者，提供大数据基础设施、技术和工具。

3. 数据成为密产

未来企业的竞争，将是拥有数据规模和活性的竞争，将是对数据解释和运用的竞争。围绕数据，可以演绎出六种新的商业模式：租售数据模式、租售信息模式、数据媒体模式、数据使用模式、数据空间运营模式、大数据技术提供商。

（1）租售数据模式。

简单来说，即租售广泛收集、精心过滤、时效性强的数据。

（2）租售信息模式。

一般聚焦某个行业，广泛收集相关数据，深度整合萃取信息，以庞大的数据中心加上专用传播渠道，也可成为一方霸主。此处，信息指的是经过加工处理，承载一定行业特征的数据集合。

（3）数据媒体模式。

全球广告市场空间广阔，具备培育千亿级公司的土壤和成长空间。这类公司的核心资源是获得实时、海量、有效的数据，立身之本是大数据分析技术，盈利源于精准营销。

（4）数据使用模式。

如果没有大量的数据，缺乏有效的数据分析技术，此类公司的业务其实难以开展。通过在线分析小微企业的交易数据、财务数据，甚至可以计算出应提供多少贷款，多长时间可以收回等关键问题，把坏账风险降到最低。

（5）数据空间运营模式。

从历史上看，传统的 IDC（互联网数据中心）即这种模式，互联网巨头都在提供此类服务。海外的 Dropbox、国内微盘都是此类公司的代表。这类公司的想象空间在于可以成长为数据聚合平台，盈利模式将趋于多元化。

（6）大数据技术提供商。

从数据量上来看，非结构化数据是结构化数据的 5 倍以上，任何一个种类的非结构化数据处理都可以重现现有结构化数据的辉煌。语音数据处理领域、视频数据处理领域、语义识别领域、图像数据处理领域都可能出现大型的、高速成长的公司。

（二）大数据的挑战与研究现状

大数据分析相比于传统的数据仓库应用，具有数据量大、查询分析复杂等特点。为了设计适合大数据分析的数据仓库架构，下面列举大数据分析平台需要具备的几个重要特性，对当前的主流实现平台——并行数据库、MapReduce（一种编程模型）及基于两者的混合架构进行了分析归纳，指出了各自的优势及不足，同时对各个方向的研究现状及大数据分析方面进行了介绍。

大数据的挑战与研究现状涉及多个方面。首先，随着数据量的快速增长，出现了数据难理解、难获取、难处理和难组织四个核心难题。其次，尽管大数据管理已有众多可用技术与产品，但仍缺乏完善的多层级管理体制和高效管理机制。此外，如何有机结合技术与标准，建立良好的大数据共享与开放环境也是一个待解决的问题。具体来说，以下是一些主要的挑战和研究现状：

1. 数据治理

国家层面的政策法规和法律制度在大数据治理中较少被纳入视角。数据作为一种资产的地位仍未通过法律法规予以确立，这导致了难以进行有效的管理和应用。

2. 数据规模的增长

全球大数据规模增长迅速。例如，2020 年全球新增数据规模为 64ZB，是2016 年的 400%，而到 2035 年，新增数据预计将高达 2140ZB。这对数据的管理和分析带来了巨大的挑战。

3. 新型大数据系统技术

如何构建以数据为中心的计算体系是一个重要的研究方向。

4. 大数据的社会研究

大数据给社会研究带来了机遇和挑战，但也存在许多困难。例如，如何区分大数据社会研究中的科学和应用这两种取向及其相互关系。

（1）分析需求（见图 1-1）。由常规分析转向深度分析。数据分析日益成为

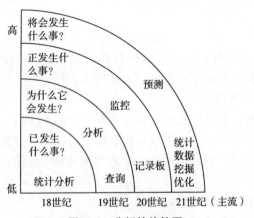

图 1-1　分析的趋势图

企业利润必不可少的支撑点。根据 TDWI（中国商业智能网）对大数据分析的报告，企业已经不满足对现有数据的分析和监测，而是期望能对未来趋势有更多的分析和预测，以增强企业竞争力。这些分析操作包括移动平均线分析、数据关联关系分析、回归分析、市场分析等复杂统计分析，我们称之为深度分析。

（2）硬件平台。由高端服务器转向由中低端硬件构成的大规模机群平台。由于数据量的迅速增加，并行数据库的规模不得不随之增大，从而导致其成本的急剧上升。出于成本的考虑，越来越多的企业将应用由高端服务器转向由中低端硬件构成的大规模机群平台。

1）两个问题。

图 1-2 为一个典型的数据仓库架构。

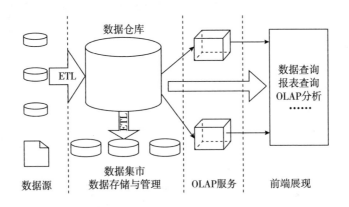

图 1-2 典型的数据仓库架构

由图 1-2 可以看出，传统的数据仓库将整个实现划分为 4 个层次，数据源中的数据先通过 ETL 工具被抽取到数据仓库中进行集中存储和管理，再按照星形模型或雪花模型组织数据，然后由 OLAP（联机分析处理）工具从数据仓库中读取数据，生成数据立方体（MOLAP）或者直接访问数据仓库进行数据分析（ROLAP）。在大数据时代，此种计算模式存在以下两个问题：

①数据移动代价过高。在数据源层和分析层间引入一个存储管理层，可以提升数据质量并针对查询进行优化，同时付出了较大的数据迁移代价和执行时的连接代价。数据先通过复杂且耗时的 ETL 过程存储到数据仓库中，再在 OLAP 服务器中转化为星形模型或者雪花模型；执行分析时，又通过连接方式将数据从数据库中取出。这些代价在 TB 级时也许可以接受，但面对大数据，其执行时间至少会增长几个数量级。更为重要的是，对于大量的即时分析，这种数据移动的计算模式是不可取的。

②不能快速适应变化。传统的数据仓库假设主题是较少变化的，其应对变化的方式是对数据源到前端展现的整个流程中的每个部分进行修改，然后再重新加载数据，甚至重新计算数据，导致其适应变化的周期较长。这种模式比较适合对数据质量和查询性能要求较高但不太计较预处理代价的场合。但在大数据时代，分析处在变化的业务环境中，这种模式将难以适应新的需求。

2）一个鸿沟。

在大数据时代，巨量数据与系统的数据处理能力间将会产生一个鸿沟：一边是至少 PB 级的数据量，另一边是面向传统数据分析能力设计的数据仓库和各种 BI 工具。如果这些系统工具发展缓慢，该鸿沟将会随着数据量的持续爆炸式增长而逐步拉大。

虽然传统数据仓库可以采用舍弃不重要数据或者建立数据集市的方式来缓解此问题，但毕竟只是权宜之策，并非系统级解决方案，而且舍弃的数据在未来可能会重新使用，以发掘出更大的价值。

①期望特性。

数据仓库系统需具备几个重要特性，如表 1-2 所示。

表 1-2　数据仓库系统需要具备的特性

特性	说明
高度可扩展性	横向大规模可扩展，大规模并行处理
高性能	快速响应复杂查询与分析
高度容错性	对硬件平台一致性要求不高，适应能力强
支持异构环境	业务需求变化时，能快速反应
较低的分析延迟	既方便查询，又能处理复杂分析
较低的成本	较高的性价比
向下兼容性	支持传统的商务智能工具

第一，高度可扩展性。一个明显的事实是，数据库不能依靠一台或少数几台机器的升级（scale-up 纵向扩展）满足数据量的爆炸式增长，而是希望能方便地做到横向可扩展（scale-out）来实现此目标。

普遍认为无共享结构 shared-nothing，每个节点都拥有私有内存和磁盘，并且通过高速网络与其他节点互连，具备较好的扩展性。分析型操作往往涉及大规模的并行扫描、多维聚集及星形连接操作，这些操作也比较适合在无共享结构的网络环境下运行。Teradala（天睿公司）即采用此结构，Oracle（甲骨文公司）

在其新产品 Exadata（一款集成化的数据库云服务平台）中也采用了此结构。

第二，高性能。数据量的增长并没有降低对数据库性能的要求，反而有所提高。软件系统性能的提升可以降低企业对硬件的投入成本，节省计算资源，提高系统吞吐量。巨量数据的效率优化，并行是必由之路。1PB 数据在 50MB/s 速度下串行扫描一次，需要 230 天；在 6000 块磁盘上，并行扫描 1PB 数据只需要 1 小时。

第三，高度容错性。大数据的容错性要求在查询执行过程中，一个参与节点失效时，不需要重做整个查询，而机群节点数的增加会带来节点失效概率的增加。在大规模机群环境下，节点的失效将不再是稀有事件（根据谷歌报告，平均每个 MapReduce（大规模数据集）数据处理任务即有 1~2 个工作节点失效）。因此，在大规模机群环境下，系统不能依赖硬件来保证容错性，要更多地考虑软件容错。

第四，支持异构环境。建设同构系统的大规模机群难度较大，原因在于计算机硬件更新较快，一次性购置大量同构的计算机是不可取的，而且会在未来添置异构计算资源。此外，不少企业已经积累了一些闲置的计算机资源。此种情况下，异构环境不同节点的性能是不一样的，可能出现"木桶效应"，即最慢节点的性能决定整体处理性能。因此，异构的机群需要特别关注负载均衡、任务调度等方面的设计。

第五，较低的分析延迟。分析延迟是分析前的数据准备时间。在大数据时代，分析所处的业务环境是变化的，因此要求系统能动态地适应业务分析需求。在分析需求发生变化时，减少数据准备时间，系统能尽快地做出反应，快速地进行数据分析。

第六，较低的成本。在满足需求的前提下数据仓库系统技术成本越低，其生命力就越强。值得指出的是，成本是一个综合指标，不仅是硬件或软件的代价，还应包括日常运维成本（网络费用、电费、建筑等）和管理人员成本等。据报告显示，数据中心的主要成本不是硬件的购置成本，而是日常运维成本，因此在设计系统时需要更多地关注此项内容。

第七，向下兼容性。数据仓库发展的几十年，产生了大量面向客户业务的数据处理工具（如 Informactica、DataStage 等）、分析软件（如 SPSS、R、Matlab 等）和前端展现工具（如水晶报表等）。这些软件是一笔宝贵的财富，已被分析人员所熟悉，是大数据时代中小规模数据分析的必要补充。因此，新的数据仓库需考虑同传统商务智能工具的兼容性。由于这些系统往往提供标准驱动程序，如 ODBC、JDBC 等，这项需求的实际要求是对 SQL 的支持。总而言之，以较低的成本投入进行高效的数据分析是大数据分析的基本目标。

②并行数据库。

并行数据库系统是新一代高性能的数据库系统，是在 MPP（大规模并行处理）和集群并行计算环境的基础上建立的数据库系统。

并行数据库技术起源于 20 世纪 70 年代的数据库机的研究，研究的内容主要集中在关系代数操作的并行化和实现关系操作的专用硬件设计上，希望通过硬件实现关系数据库操作的某些功能。该研究以失败告终。20 世纪 80 年代后期，并行数据库技术的研究方向逐步转到了通用并行机方面，研究的重点是并行数据库的物理组织、操作算法、优化和调度策略。20 世纪 90 年代至今，随着处理器、存储、网络等相关基础技术的发展，并行数据库技术的研究上升到一个新的水平，研究的重点也转移到数据操作的时间并行性和空间并行性上。

并行数据库系统的目标是高性能和高可用性，通过多个处理节点并行执行数据库任务，提高整个数据库系统的性能和可用性。性能指标关注的是并行数据库系统的处理能力，具体的表现可以总结为数据库系统处理事务的响应时间。并行数据库系统的高性能可以从两个方面理解，即速度提升（Speed-up）和范围提升（Scale-up）。速度提升是指通过并行处理，可以使用更少的时间完成更多样的数据库事务。范围提升是指通过并行处理，在相同的处理时间内，可以完成更多的数据库事务。并行数据库系统基于多处理节点的物理结构，将数据库管理技术与并行处理技术有机结合，实现系统的高性能。

可用性指标关注的是并行数据库系统的健壮性，也就是当并行处理节点中的一个节点或多个节点部分失效或完全失效时，整个系统对外持续响应的能力。高可用性可以同时在硬件与软件两个方面提供保障。

在硬件方面，通过冗余的处理节点、存储设备、网络链路等硬件措施，可以保证当系统中某节点部分或完全失效时，其他的硬件设备可以接手处理，对外提供持续服务。在软件方面，通过状态监控与跟踪、互相备份、日志等技术手段，可以保证当前系统中某节点部分或完全失效时，由它所进行的处理或由它所掌控的资源可以无损失或基本无损失地转移到其他节点，并由其他节点继续对外提供服务。

为了实现和保证高性能和高可用性，可扩充性也成为并行数据库系统的一个重要指标。可扩充性是指并行数据库系统通过增加处理节点或者硬件资源（处理器、内存等），使其可以平滑地或线性地扩展其整体处理能力的特性。随着对并行计算技术研究的深入和 SMP（对称多处理）、MPP 等处理机技术的发展，并行数据库的研究也进入了一个新的领域。集群已经成为并行数据库系统中最受关注的热点。目前，并行数据库领域主要还有下列问题需要进一步研究和解决：

第一，并行体系结构及其应用，这是并行数据库系统的基础问题。为了达到并行处理的目的，参与并行处理的各个处理节点之间是否要共享资源、共享哪些资源、需要多大程度的共享，这些就需要研究并行处理的体系结构及有关实现技术。

第二，并行数据库的物理设计，主要是在并行处理的环境下，对数据分布的算法的研究、数据库设计工具与管理工具的研究。

第三，处理节点间通信机制的研究为了实现并行数据库的高性能，并行处理节点要最大限度地协同处理数据库事务，因此节点间必不可少地存在通信问题。如何支持大量节点之间消息和数据的高效通信，也成为并行数据库系统中一个重要的研究课题。

第四，并行操作算法。为提高并行处理的效率，需要在数据分布算法研究的基础上，深入研究链接、聚集、统计、排序等具体的数据操作在多节点上的并行操作算法。

第五，并行操作的优化和同步。为获得高性能，如何将一个数据库处理事务合理地分解成相对独立的并行操作步骤，如何将这些步骤以最优的方式在多个处理节点间进行分配，如何在多个处理节点的同一个步骤和不同步骤之间进行消息和数据的同步，这些问题都值得深入研究。

第六，并行数据库中数据的加载和再组织技术，为了保证高性能和高可用性，并行数据库系统中的处理节点可能需要进行扩充（或者调整），这就需要考虑如何对原有数据进行卸载、加载，以及如何合理地在各个节点重新组织数据。

③MapReduce。

MapReduce 的编程模型不同于以前学过的大多数编程模型，它是一种用于大规模数据集（大于 1TB）的并行运算的编程模型。其概念 Map（映射）和 Reduce（化简）及它们的主要思想，都是从函数式编程语言和矢量编程语言里借来的特性。它极大地方便了编程人员在不会分布式并行编程的情况下，将自己的程序在分布式系统上运行。当前的软件实现是指定一个 Map（映射）函数，用来把一组键值对映射成一组新的键值对；指定并发的 Reduce（化简）函数，用来保证所有映射的键值对中的每一个共享相同的键组。

MapReduce 采用"分而治之"的思想，把对大规模数据集的操作，分发给一个主节点管理下的各分节点共同完成，接着通过整合各分节点的中间结果，得到最终的结果。简单来说，MapReduce 就是"任务的分散与结果的汇总"。MapReduce 处理过程被 MapReduce 高度地抽象为两个函数：Map 和 Reduce。Map 负责把任务分解成多个任务，Reduce 负责把分解后多任务处理的结果汇总起来。至于在并行编程中的各种复杂问题，如分布式存储、工作调度、负载均衡、容错处理、网络通信等，均由 MapReduce 框架负责处理，可以不用程序员烦心。值得注意的是，用 MapReduce 来处理的数据集（或任务）必须具备这样的特点：待处理的数据集可以分解成许多小的数据集，且每一小数据集都可以完全并行地进行处理。图 1-3 给出了使用 MapReduce 处理数据集的过程。

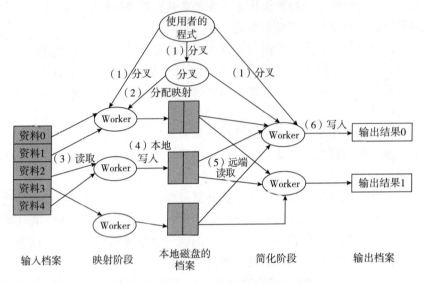

图 1-3 MapReduce 处理数据集的过程

由图 1-3 可以看出，该计算模型的核心部分是 Map 和 Reduce 函数。这两个函数的具体功能由用户设计实现，只要能够按照用户自定义的规则，将输入的（key，value）对转换成另一个或一批（key，value）对输出即可。

在 Map 阶段，MapReduce 框架将任务的输入数据分隔成固定大小的片段，随后将每个片段进一步分解成一批键值对（KI，VI）。Hadoop 为每一个片段创建一个 Map 任务（可简称为 Mapper）用于执行用户自定义的 Map 函数，并将对应片段中的（KI，VI）对作为输入，得到计算的中间结果〈K2，V2〉。接着，将中间结果按照 K2 进行排序，并将 key 值相同的 value 放在一起形成一个新列表，形成〈K2，list（V2）〉元组。最后，根据 key 值的范围将这些组进行分组，对应不同的 Reduce 任务（可简称为 Reducer）。

在 Reduce 阶段，Reducer 把从不同 Mapper 接收来的数据整合在一起并进行排序，然后调用用户自定义的 Reduce 函数，对输入的〈K2，list（V2）〉对进行相应的处理，得到键值对〈K3，V3〉并输出到 HDFS 上。既然 MapReduce 框架为每个片段创建一个 Mapper（映射器），那么谁来确定 Reducer 的数目呢？答案是用户。Mapped-site. XML 配置文件中有一个表示 Reducer（归约器）数目的属性 mapped（经过映射处理的状态），reduce. tasks（任务或进程），该属性的默认值为1，开发人员可通过 job.setNumReduceTasks（）方法重新设置该值。MapReduce 架构结构组成部分主要有以下类型，下面给予介绍。

（1）组成部分。

1）JobClient（Hadoop 旧版 MapReduce 框架（MRV1）里的一个关键组件）。每一个 job（作业）都会在用户端通过 JobClient（MapReduce1.0 架构中用于和集群交互的客户端类）类将应用程序以及配置参数打包成 jar（一种压缩文件）文件存储在 HDFS（Hadoop 分布文件系统）上，并把路径提交到 JobTracker（Hadoop1.0 版本中 MapReduce 框架核心组件）上，然后由 JcbTracker 创建每一个 Task（即 MapTask 和 ReduceTask 是 Hadoop MapReduce 编程模型中两个核心执行单元）并将它们分发到各个 TaskTracker 服务中去执行。

2）JobTracker。JobTracker 是一个 master（主节点）服务，JobTracker 负责调度 job 的每一个子任务 task 进程运行于 TaskTracker 上，并监控它们，如果发现有失败的 task 就重新运行它。一般应该把 JobTracker 部署在单独的机器上。

3）TaskTracker。TaskTracker 是运行于多个节点上的 slaver（从节点）服务。TaskTracker 则负责直接执行每一个 task。TaskTracker 都需要运行在 HDFS 的 DataNode（分布式文件系统（HDFS）中的核心组件之一）上。

MapReduce 架构结构中的各角色运行过程如图1-4所示。

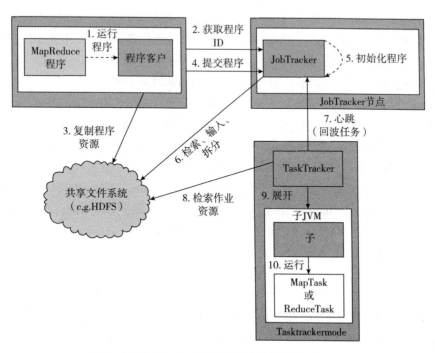

图 1-4　MapReduce 架构结构中的各角色运行过程

①Mapper 和 Reducer。运行于 Hadoop（一个开源的、用于处理大规模分布式计算机平台）的 MapReduce 应用程序最基本的组成部分包括 b 个 Mapper 和 k 个 Reducer 类，以及 1 个创建 JobConf（Hadoop 早期 MapReduce1.0 框架中的一个重要类）的执行程序，在一些应用中还可以包括一个 Combiner（合并器）类，它实际也是 Reducer 的实现。

②JoblnProgress。JobClient 提交 Job 后，JobTracker 会创建一个 JobInProgress 来跟踪和调度这个 Job，并把其添加到 Job 队列里。JoblnProgress 会根据提交的 jobjar 中定义的输入数据集（已分解 FileSplit）创建对应的一批 TasklnProgress 用于监控和调度 MapTask，同时创建指定数目的 TasklnProgress 用于监控和调度 ReduceTask，默认为 1 个 ReduceTask。

③TaskInProgress。JobTracker（作业跟踪器是 Hadoop 早期 MapReduce1.0 框架中 JobTracker 内部用于管理和跟踪单个任务执行情况的重要类）启动任务时通过每一个 TasklnProgress（任务进展）执行来 launchTask（发射任务），这时会把 Task 对象（即 MapTask（每个数据块对应一个 MapTask）和 ReduceTask（归约任务））序列化写入相应的 TaskTracker（任务跟踪器）服务中，TaskTracker 收到后会创建对应的 TasklnProgress（正在进行的任务）（此 TasklnProgress 实现非 Job-Tracker 中使用的 TasklnProgress，但其作用类似，是 JobTracker 内部类），用于监控和调度该 Tasko 启动具体的 Task 进程是通过 TasklnProgress 管理的 TaskRunner（任务运行器）对象来运行的。TaskRunner 会自动装载 jobjar（作业 JR 的包），并设置好环境变量后启动一个独立的 Java 的子类进程来执行 Task，即 MapTask 或者 ReduceTask，但它们不一定运行在同一个 TaskTracker 中。

④MapTask 和 ReduceTask。一个完整的 job 会自动依次执行 MapperxCombiner（在 JobCcnf（作业配置）指定了 Combiner 时执行）和 Reducer，其中 Mapper 和 Combiner 由 MapTask 调用执行，Reducer 则由 ReduceTask 调用，Combiner 实际也是 Reducer 接口类的实现。Mapper 会根据 jobjar 中定义的输入数据集按〈key1，value1〉对读入，处理完成，生成临时的〈key2，value2〉对。如果定义了 Combiner，MapTask 会在 Mapper 完成调用该 Combiner 将相同 key 的值做合并处理，以减少输出结果集 MapTask 的任务全部完成，即交给 ReduceTask 进程调用 Reducer 处理，生成最终结果（key3，value3）。

（2）流程

一道 MapReduce 作业是通过 JobClient. rubJob（job）（作业客户端运行作业）向 master 节点的 JobTracker 提交的，JobTracker 接到 JobClient 的请求后把其加入作业队列中，JobTracker 一直在等待 JobClient 通过 RPC（远程过程调用）提交作业，而 TaskTracker-1（任务跟踪器 1）通过 RPC 向 JobTracker 发送 heartbeat（心

跳包）询问有没有任务可做。如果有，就派发任务给它。如果 JobTracker 的作业队列不为空，则 TaskTracker 发送的 heartbeat 将会获得 JobTracker 给它派发的任务。这是一个 pull（拉取）过程。slave（从属装置）节点的 TaskTracker 接到任务后在其本地发起 Task 执行任务。

MapReduce 目前基本不兼容现有的 BI 工具，原因在于初衷并不是成为数据库系统，因此它并未提供 SQL 接口。但已有研究致力 SQL（结构化查询语言）语句与 MapReduce 任务的转换工作，进而有可能实现 MapReduce 与现存 BI（商业智能）工具的兼容。

4. 并行数据库和 MapReduce 的混合架构

基于以上分析，可清楚地看出，基于并行数据库和 MapReduce 实现的数据仓库系统都不是大数据分析的理想方案。针对两者哪个更适应时代需求的问题，业界近年来展开了激烈争论，当前基本达成共识。并行数据库和 MapReduce 是互补关系，应该相互学习。基于该观点，大量研究着手将两者结合起来，期望设计出兼具两者优点的数据分析平台。这种架构又可分为并行数据库主导型、MapReduce 主导型、并行数据库和 MapReduce 集成型。表 1-3 对这三种架构进行了对比分析。

表 1-3　混合型架构解决方案对比分析

解决方案	着眼点	代表系统	不足
并行数据库主导型	利用 MapReduce 技术来增强其开放性，以实现处理能力的可扩展	Greenplum Aster Data	规模扩展性未改变
MapReduce 主导型	学习关系数据库的 SQL 接口及模式支持等，改善其易用性	Hive Pig Latin	性能问题未改变
并行数据库和 MapReduce 集成型	集成两者，使两者做各自擅长的工作	HadoopDB	只有少数查询可以下推到数据库层执行，各自的某些优点在集成后也丧失了
		Vertica	性能和扩展性仍不能兼容
		Teradata	规模扩展性未变

（1）并行数据库主导型。

并行数据库主导型关注于怎样利用 MapReduce 来增强并行数据库的数据处理能力。代表性系统是 Greenplum（已经被 EMC 收购）和 AsterData（紫苑数据）（已经被 Teradata 收购）。

AsterData（阿斯特数据公司）将 SQL 和 MapReduce 进行结合，针对大数据分析提出了 SQL/MapReduce 框架。该框架允许用户使用 C++、Java、Python 等语言编写 MapReduce 函数，编写的函数可以作为一个子查询在 SQL 中使用，从而同时获得 SQL 的易用性和 MapReduce 的开放性。不仅如此，AsterData 基于 MapReduce 实现了 30 多个统计软件包，从而将数据分析推向数据库内进行（数据库内分析），大大提升了数据分析的性能。

Greenplum 也在其数据库中输入了 MapReduce 处理功能，其执行引擎可以同时处理 SQL 查询和 MapReduce 任务。这种方式在代码级整合了 SQL 和 MapReduce：SQL 可以直接使用 MapReduce 任务的输出，同时 MapReduce 任务可以以 SQL 的查询结果作为输入。

总的来说，这些系统都集中在利用 MapReduce 来改进并行数据库的数据处理功能，其根本性问题——可扩展能力和容错能力并未改变。

（2） MapReduce 主导型

MapReduce 主导型的研究主要集中于利用关系数据库的 SQL 接口和对模式的支持等技术来改善 MapReduce 的易用性，代表系统是 Hive、PigLatin 等。

Hive 是 Facebook 提出的基于 Hadoop 的大型数据仓库，其目标是简化 Hadoop 上的数据聚焦、ad-hoc 查询及大数据集的分析等操作，以减轻程序员的负担。它借鉴关系数据库的模式管理、SQL 接口等技术，把结构化的数据文件映射为数据库表，提供类似于 SQL 的描述性语言 HiveQL 供程序员使用，可自动将 HiveQL 语句解析成一优化的 MapReduce 任务执行序列。此外，它也支持用户自定义的 MapReduce 函数。

PigLatin 是 Yahoo 提出的类似于 Hive 的大数据分析平台，两者的区别主要在于语言接口。Hive 提供了类似于 SQL 的接口，PigLatin 提供的是一种基于操作符的数据流式的接口。如图 1-5 所示为 PigLatin 在处理查询时的一个操作实例。

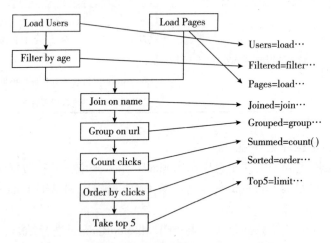

图 1-5 PigLatin 的一个查询实例（右边为脚本）

图 1-5 的查询目的是找出"年龄在 18~25 周岁的用户（Users）最频繁访问的 5 个页面（Pages）"。从图 1-5 可以看出，PigLatin 提供的操作接口类似于关系数据库的操作符（对应图中右侧部分中的每一行命令），用户查询的脚本类似于逻辑查询计划（对应图中左侧部分）。因此，可以说 PigLatin 利用操作符来对 Hadoop 进行封装，Hive 利用 SQL 进行封装。

（3）并行数据库和 MapReduce 集成型

并行数据库和 MapReduce 集成型的代表性研究是耶鲁大学提出的 HadoopDB（已商业化为 Hadapt）xStonebraker（迈克尔斯通布雷克）等设计的 Vertica 数据库和 NCR 公司的 Teradata 数据库。HadoopDB 的核心思想是利用 Hadoop 作为调度层和网络沟通层，关系数据库作为执行引擎，尽可能地将查询压入数据库层处理。其目标是借助 Hadoop 框架来获得较好的容错性和对异构环境的支持；通过将查询尽可能地推入数据库中执行来获得关系数据库的性能优势。HadoopDB 的思想是深远的，但目前尚无应用案例，原因如下：

①其数据预处理代价过高，数据需要进行两次分解和一次数据库加载操作后才能使用。

②将查询推向数据库层只是少数情况。大多数情况下，查询仍由 Hive 完成。因为数据仓库查询往往涉及多表连接，由于连接的复杂性，难以做到在保持连接数据局部性的前提下将参与连接的多张表按照某种模式划分。

③维护代价过高，不仅要维护 Hadoop 系统，还要维护每个数据库节点。

④目前尚不支持数据的动态划分，需要用手工方式将数据一次性划分好。总的来说，HadoopDB 在某些情况下，可同时实现关系数据库的高性能特性和 MapReduce 的扩展性、容错性，但丧失了关系数据库和 MapReduce 的某些优点，如 MapReduce 较低的预处理代价和维护代价、关系数据库的动态数据重分布等。

Vertica 采用的是共存策略：根据 Hadoop 和 Vertica 各自的处理优势，对数据处理任务进行划分。例如，Hadoop 负责非结构化数据的处理，Vertica 负责结构化数据的处理，Hadoop 负责耗时的批量复杂处理，Vertica 负责高性能的交互式查询等，从而将两者结合起来，Vertica 实际采用的是两套系统，同时支持在 MapReduce 任务中直接访问 Vertica 数据库中的数据，由于结构化数据仍在 Vertica 中处理，在处理结构化大数据上的查询分析时，仍面临扩展性问题。如果在 Hadoop 上进行查询，又将面临性能问题。因此，Vertica 的扩展性问题和 Hadoop 的性能问题在该系统中共存。

与前两者相比，Teradata 的集成相对简单，Teradata 采用了存储层的整合：MapReduce 任务可以从 Teradata 数据库中读取数据，而 Teradata 数据库可以从 Hadoop 分布式文件系统上读取数据。同时，Teradata 和 Hadoop 各自的根本性问题都未解决。

5. 研究现状

对并行数据库来讲，其最大问题在于有限的扩展能力和待改进的软件级容错能力；MapReduce 的最大问题在于性能，尤其是连接操作的性能；混合式架构的关键是怎样能尽可能多地把工作推向合适的执行引擎（并行数据库或 MapReduce）。下面对近年来在这些问题上的研究进行分析归纳。

（1）并行数据库扩展性和容错性研究

华盛顿大学在文献中提出了可以生成具备容错能力的并行执行计划优化器。该优化器可以依靠输入的并行执行计划、各个操作符的容错策略及查询失败的期望值等，输出一个具备容错能力的并行执行计划。在该计划中，每个操作符都可以采取不同的容错策略，在失败时仅重新执行其子操作符（在某节点上运行的操作符）的任务来避免整个查询的重新执行。

MIT（麻省理工学院）于 2010 年设计的 Osprey 系统基于维表在各个节点全复制、事实表横向切分冗余备份的数据分布策略，将一星形查询划分为众多独立子查询。每个子查询在执行失败时都可以在其备份节点上重新执行，而不用重做整个查询，使数据仓库查询获得类似于 MapReduce 的容错能力。

（2）MapReduce 性能优化研究

MapReduce 的性能优化研究集中于对关系数据库的先进技术和特性的移植上。

Facebook 和美国俄亥俄州立大学合作，将关系数据库的混合式存储模型应用于 Hadoop 平台，提出了 RCFile 存储格式。Hadoop 系统运用了传统数据库的索引技术，并通过分区数据并置（Co-Partition）的方式来提升性能。基于 MapReduce 实现了以流水线方式在各个操作符间传递数据，从而缩短了任务执行时间；在线聚集的操作模式用户可以在查询执行过程中看到部分较早返回的结果。两者的不同之处在于前者仍基于 sort-merge 方式来实现流水线，只是将排序等操作推向了 Reduce，部分情况下仍会出现流水线停顿的情况，而后者利用 Hash（代码中标识）方式来分布数据，能更好地实现并行流水线操作。

（3）HadoopDB 的改进

HadoopDB 于 2011 年针对其架构提出了两种连接优化技术和两种聚集优化技术。两种连接优化的核心思想都是尽可能地将数据的处理推入数据库层执行。第1 种优化方式是根据表与表之间的连接关系，通过数据预分解，使参与连接的数据尽可能分布在同一数据库内，从而实现将连接操作压进数据库内执行。该算法的缺点是应用场景有限，只适用于链式连接。第 2 种连接方式是针对广播式连接而设计的，在执行连接前，先在数据库内为每张参与连接的维表建立一张临时表，使连接操作尽可能在数据库内执行。该算法的缺点是较多的网络传输和磁盘 I/O 操作。

两种聚集优化技术分别是连接后聚集和连接前聚集。前者是执行完 Reduce 端连接后，直接对符合条件的记录执行聚集操作；后者是将所有数据先在数据库层执行聚集操作，然后基于聚集数据执行连接操作，并将不符合条件的聚集数据做减法操作。该方式适用的条件有限，主要用于参与连接和聚集的列的基数相乘后小于表记录数的情况。

总的来说，HadoopDB 的优化技术的局限性大都较强，对于复杂的连接操作（如环形连接等）仍不能下推到数据库层执行，并未从根本上解决其性能问题。

6. MapReduce 与关东数据库技术的融合

综上所述，当前研究大都集中于功能或特性的移植，即从一个平台学习新的技术，到另一个平台重新实现和集成，未涉及执行核心，因此没有从根本上解决大数据分析问题。

（1）LinearDB

LinearDB（线性数据库）原型系统没有直接采用基于连接的星形模型（雪花模型），而是对其进行了改造，设计了扩展性更好的、基于扫描的无连接雪花模型 JFSS（Join-Free Snowflake Schema）。该模型的设计借鉴了泛关系模型的思想，采用层次编码技术将维表层次信息压缩进事实表，使事实表可以独立执行维表上的谓词判断、聚集等操作，从而使连接的数据在大规模集群上实现局部性，消除了连接操作。

在执行层次上，LinearDB 吸取了 MapReduce 处理模式的设计思想，将数据仓库查询的处理抽象为 Transform、Reduce、Merge 三个操作（TRM 执行模型）。

1）Transform（转变）。主节点对查询进行预处理，将查询中作用于维表的操作（主要为谓词判断、group-by 聚集操作等）转换为事实表上的操作。

2）Reduce（归纳）。每个数据节点并行地扫描、聚集本地数据，然后将处理结果返回给主节点。

3）Merge（合并）。主节点对各个数据节点返回的结果进行合并，并执行后续的过滤、排序等操作。基于 TRM 执行模型，查询可以划分为众多独立的子任务在大规模机群上并行执行。执行过程中，任何失败子任务都可以在其备份节点上重新执行，从而获得较好的容错能力。LinearDB 的执行代价主要取决于对事实表的 Reduce（主要为扫描）操作，因此 LinearDB 可以获得近乎线性的大规模可扩展能力。实验表明，其性能比 HadoopDB 至少高出一个数量级。

LinearDB 的扩展能力、容错能力和高性能在于其巧妙地结合了关系数据库技术（层次编码技术、泛关系模式）和 MapReduce 处理模式的设计思想。由此可以看出，结合方式的不同可以导致系统能力的巨大差异。

（2）Dumbo（通常不直译，而是保留原词，可结合背景信息搭配）

Dumbo 的核心思想是根据 MapReduce 的"过滤—聚集"的处理模式，对 OLAP 查询的处理进行改造，使其适应 MapReduce 框架。

Dumbo 采用了类似于 LinearDB 的数据组织模式——利用层次编码技术将维表信息压缩进事实表，区别在于 Dumbo 采用了更加有效的编码方式，并针对 Hadoop 分布式文件系统的特点对数据的存储进行了优化。

在执行层次上，Dumbo 对 MapReduce 框架进行了扩展，设计了新的 OLAP 查询处理框架 TMRP（特定技术或协议）（Transform→Map→Reduce→Postprocess）处理框架，如图 1-6 所示。

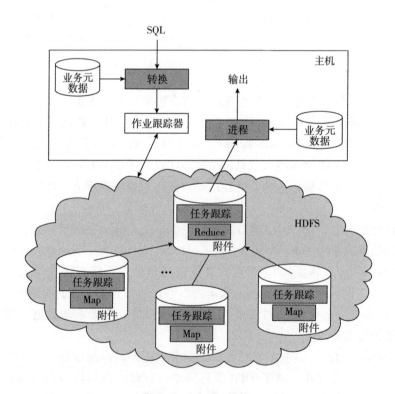

图 1-6　Dumbo 架构

在如图 1-6 所示的框架中，主节点先对查询进行转换，生成一个 MapReduce 任务来执行查询。该任务在 Map 阶段以流水线方式扫描、聚集本地数据，并只将本地的聚集数据传到 Reduce 阶段，进行数据的合并、聚集、排序等操作。在

Postprocess 阶段，主节点在数据节点上传的聚集数据之上执行连接操作。实验表明，Dumbo 性能远超 Hadoop 和 HadoopDB。

LinearDB 和 Dumbo 虽然基本上可以达到预期的设计目标，但两者都需要对数据进行预处理，其预处理代价是普通加载时间的 7 倍左右。因此，其应对变化的能力还较弱，这是我们需要解决的问题之一。

二、大数据的发展趋势

（一）展望研究

当前三个方向的研究都不能完美地解决大数据分析问题，即意味着每个方向都有极具挑战性的工作等待着我们。对并行数据库来说，其扩展性近年来虽有较大改善（如 Greenplum 和 AsterData 都是面向 PB 级数据规模设计开发的），但与大数据的分析需求仍有较大差距。因此，怎样改善并行数据库的扩展能力是一项非常有挑战性的工作，该项研究将同时涉及数据一致性协议、容错性、性能等数据库领域的诸多方面。

混合式架构方案可以复用已有成果，开发量较小。但只是简单的功能集成似乎并不能有效解决大数据的分析问题，因此该方向需要进行更加深入的研究工作。例如，从数据模型及查询处理模式上进行研究，使两者能较自然地结合起来，这将是一项非常有意义的工作。中国人民大学的 Dumbo 系统即是在深层结合方向上努力的一个例子。

相比于前两者，MapReduce 的性能优化进展迅速，其性能正逐步逼近关系数据库。该方向的研究又分为两个方向：理论界侧重于利用关系数据库技术及理论改善 MapReduce 的性能；工业界侧重基于 MapReduce 平台开发高效的应用软件。针对数据仓库领域，可认为以下几个研究方向比较重要，且目前研究还较少涉及。

1. 多维数据的预计算

MapReduce 更多针对的是一次性分析操作。大数据上的分析操作虽然难以预测，但分析（如基于报表和多维数据的分析）仍占多数。因此，MapReduce 平台也可以利用预计算等手段加快数据分析的速度。基于存储空间的考虑，MOLAP 是不可取的，混合式 OLAP（HOLAP）应该是 MapReduce 平台的优选 OLAP 实现方案。具体研究如下：

（1）基于 MapReduce 框架的高效 Cube（数据立方体）计算算法。

（2）物化视图的选择问题，即选择物体的哪些数据问题。

（3）不同分析的物化手段（如预测分析操作的物化）及怎样基于物化的数据进行复杂分析操作（如数据访问路径的选择问题）。

2. 各种分析操作的并行化实现

大数据分析需要高效的复杂统计分析功能的支持。IBM 将开源统计分析软件 R 集成进 Hadoop 平台，增强了 Hadoop 的统计分析功能，但更具挑战性的问题是，怎样基于 MapReduce 框架设计可并行化的、高效的分析算法。尤其需要强调的是，鉴于移动数据的巨大代价，这些算法应基于移动计算的方式来实现。

3. 查询共享

MapReduce 采用步步物化的处理方式，导致其 I/O 代价及网络传输代价较高。一种有效地降低该代价的方式是在多个查询间共享物化的中间结果，甚至原始数据，以分摊代价并避免重复计算。因此，怎样在多查询间共享中间结果将是一项非常有实际应用价值的研究。

4. 用户接口

怎样较好地实现数据分析的展示和操作，尤其是复杂分析操作的直观展示。

5. Hadoop 可靠性研究

当前，Hadoop 采用主从结构，由此决定了主节点一旦失效，将会出现整个系统失效的局面。因此，怎样在不影响 Hadoop 现有实现的前提下，提高主节点的可靠性，将是一项切实的研究。

6. 数据压缩

MapReduce 的执行模型决定了其性能取决于 I/O（输入/输出）和网络传输代价。由实验发现压缩技术并没有改善 Hadoop 的性能。但实际情况是，压缩不仅可以节省空间、I/O 及网络带宽，还可以利用当前 CPU（中兴处理器）的多核并行计算能力，平衡 I/O 和 CPU 的处理能力，从而提高性能。例如，并行数据库利用数据压缩后，性能往往可以大幅提升。

7. 多维索引研究

怎样基于 MapReduce 框架实现多维索引，加快多维数据的检索速度。当然，仍有许多其他研究工作，如基于 Hadoop 的实时数据分析、弹性研究、数据一致性研究等，都是非常具有挑战意义的研究。

（二）分析大数据市场

从行业需求的场景来看，未来大数据需求主要集中在金融行业中的数据模型分析、电子商务行业中的用户行为分析、政府部门中城市监控、能源行业中的能源勘探等。随着多数用户在一年内计划部署大数据解决方案，用户对大数据方案的投资也会逐渐增加。

（三）进军大数据

1. 传统厂商的研发

大数据带来的商业机遇被越来越多的厂商看重，传统 IT 厂商陆续推出大数据产品及解决方案，引入多年的技术积累和客户资源。同时，大数据新兴企业不断涌现，大有超越前者之势。以微软等为代表的老牌 IT 厂商将业务触角伸向大数据产业，推出软件、硬件及软硬件一体化的行业解决方案。其中，既包括对 Hadoop 等开源大数据技术的集成，又包括各大厂商独有的创新技术。收购也是 IT 巨头进入大数据市场的敲门砖。大数据收购案例还包括 Teradata 收购高级分析和管理各种非结构化数据领域的市场领导者和开拓者 AsterData，IBM 收购商业分析公司 Netezza 等。

这些老牌 IT 厂商技术实力不俗，产品线丰富，在各个领域发挥着重要作用。进军大数据市场，既增加了雄厚的技术底蕴，又能让客户更容易地接受其产品或解决方案，逐渐成为大数据产业发展的主力军。

2. 新兴企业不断涌现

与那些老牌 IT 厂商不同，大数据市场还吸引了许多新兴企业的加盟。面对大数据带来的无限商机，初创公司开始挖掘大数据的商业价值，推出别具一格的产品或解决方案。

在这些新兴企业中，有业内比较熟悉的基于 ApacheHadoop（由 Apache 软件基金会维护和发展的 Hadoop 开源项目）的大数据分析解决方案的提供商 Datameer（达塔米尔公司）、大数据分析公司 Connotate（康诺泰特公司）、大数据技术初创公司 Clear Story Data（清策数据公司）等。

新兴企业拥有独特的技术优势，是传统 IT 企业所不具有的。相对于 IT 巨头，新兴企业更能从细化的角度服务企业，向企业提供更专业的大数据服务。因此，在充满机遇的大数据市场，新兴企业完全有可能超越 IT 巨头，在短时间内获得市场的认可。

（四）大数据引导 IT 支出

目前，大数据最显著的影响对象是社交网络分析和内容分析，每年在这方面发生的新支出高达 45%。相关组织将设立首席数据官一职来参与业务部门的领导工作。Gartner（全球技术研究和咨询公司）预计再过几年，会有 25% 的组织设立首席数据官职位。Gartner 副总裁、著名分析师 David Willis（大卫·威利斯）称："今后十年中，首席数据官将被证明是能发挥出最令人兴奋的战略作用的角色。首席数据官将在企业需要满足其客户的地方、在可以产生收入的地方和完成企业使命的地方及时发挥作用。"他们将负责数字企业战略。他们从运行后台 IT 走向前台还有漫长的道路要走，其间充满了机会。未来几年内，占市场支配地位的消费者社交网络将会触碰增长的天花板。但是，社交计算会变得越来越重要。企业会将社交媒体作为一个必选项来设立。

社交计算正在从组织的边缘向业务运营的核心深入。它正在改变管理的基本原则：如何设立一种目标意识，激励人们采取行动。社交计算将会让组织摆脱层级结构，让各种团队可以跨越任何意义上的组织边界形成互动的社区。

（五）数据变得更加重要

1. 大数据的重要性

非结构化数据将继续强劲增长是不言而喻的。因此，我们将继续看到集成的分析和非结构化数据存储的新产品。Spectra Logic（光谱逻辑公司）首席营销官莫丽·雷克托表示，随着用户需要更多的性能选择和寻求替代的产品以满足自己具体的大数据需求，大数据将扩展到以分布式计算为重点的市场。

2. 云备份技术成熟起来

Mozy（莫齐公司）公司高级产品管理主管吉提斯·巴斯度卡斯认为，在线数据备份和访问将达到企业的最有效点。巴斯度卡斯称，企业接受云解决方案以及对云解决方案好处的理解已经创建了一个在线备份的热门市场。采用主动目录集成和用户群管理等功能，在线备份现在已成为大企业的一个必然选择。

3. 混合备份将发展

企业已经非常了解云计算能够在什么地方最有效地实现其好处。因此，近几年将是企业找到一个平衡点的一年，即找到最好提供什么功能和哪些功能最能实现其承诺的平衡点。对于大企业来说，这肯定会导致混合的环境。在这种环境中，云解决方案用于分散的员工和办公室；现场安装的解决方案用于网络备份。巴斯度卡斯说，对于小型机构来说，用于数据备份和访问的云解决方案将与用于存档的本地存储解决方案结合在一起。

4. 更好的信息移动性

EMC企业存储部门总裁布莱恩·加拉赫认为，云环境的扩展意味着企业IT数据中心和云服务提供商之间需要建立更好的关系。数据和应用移动性能够让机构迁移其虚拟应用的概念成为常态。企业将部署具有高度移动性和严格保护措施的双主机数据中心配置，把一些工作量永久地或者临时地下载到云（或者下载到服务提供商）。

5. 分层存储将更高级

分层次的存储已经出现一段时间。不久的将来，分层次的存储将变得更加高级。随着用户有更多的存储数据的介质类型，集成度很高的多层文件存储选择将越来越重要。

6. 更大宗量的存档

需要长期保存的老内容的存档将变得更加重要。PSG（企业战略集团）的研究显示，除了外部硬盘，磁带仍然是这些扩展的数据存档的重要存储介质。

7. 对象存储

随着更多的机构处理非结构化数据，对象存储将迅速增长。升级对象存储系统的能力将发挥重要作用，特别是在存档方面。戴尔对象技术产品战略家德雷克·加斯孔认为，存档是以信息管理方法为基础的。最合适的技术是对象存储。因为它在云中使用，对象存储本身还是一个没有迅速吸引用户的新出现的市场。把大数据的价值与商务智能结合在一起，我们将在未来几年里看到对象存储和处理存档内容的技术的进步。

8. 横向扩展网络附加存储继续依靠大数据发展

横向扩展网络附加存储一直依靠大数据繁荣发展，这种趋势将继续下去。我们已经看到人们转向使用专有的和开源软件技术在横向扩展网络附加存储的基础上创建私有云。

第二章 大数据的数据获取

数据采集的定义和意义存在于这个信息化时代，我们生活在海量的数据中，而有价值的信息，往往被淹没在这些海量数据中。因此，对于企业而言，如何从这些海量数据中获取有价值的信息，就成为一个非常重要的问题。

第一节 数据分类与数据获取组件

大数据技术的核心是从数据中获取价值，而从数据中获取价值就要弄清楚有什么数据、怎样获取数据。在企业的生产过程中，数据无所不在，但是如果不能正确获取，或者没有能力获取，就浪费了宝贵的数据资源。

一、数据分类与数据获取

按数据形态可以分为结构化数据和非结构化数据两种。结构化数据有传统的 DataWarehouse（数据仓库）数据；非结构化数据有文本数据、图像数据、自然语言数据等。结构化数据和非结构化数据的区别从字面上很容易理解：结构化数据的结构固定，每个字段有固定的语义和长度，计算机程序可以直接处理；非结构化数据是计算机程序无法直接处理的数据，需先对数据进行格式转换或信息提取。

按数据的来源和特点，数据又可以分为网络原始数据、信令数据等。例如，运营商数据是一个数据集成，包括用户数据和设备数据。但是运营商的数据又有如下特点：

（1）数据种类复杂，包括结构化、半结构化、非结构化数据等。运营商的设备由于传统设计的原因，很多是根据协议来实现的，所以数据的结构化程度较高，结构化数据易于分析，这点相比其他行业，运营商有天然的优势。

（2）数据实时性要求高，如信令数据都是实时消息，如果不及时获取就会丢失。

（3）数据来源广泛，各个设备数据产生的速度及传送速度都不一样，因而数据关联是一大难题。

让数据产生价值的第一步是数据获取，下面介绍数据获取和数据分发的相关技术。

二、数据获取组件

数据的来源不同，数据获取涉及的技术也不同。很多数据产生于网络设备，可以看到电信特有的探针技术，以及为获取网页数据常用的爬虫、采集日志数据的组件 Flume（数据流）；数据获取之后，为了方便分发给后面的系统处理，会用到这一节介绍的 Kafka 消息中间件。从 Kafka 官方网站可以看到，Kafka 消息中间件的生态范围非常广，从发行版、流处理对接、Hadoop 集成、搜索集成到周边组件，如管理、日志、发布、打包、AWS（亚马逊云服务）集成等都有它的身影。Kafka 的性能如下：

测试条件：

2 Linux boxes

16 2.0 GHz cores

6 7200 rpm SATA drive RAID 10

24GB memory

1 Gbit/s network link

200 byte messages

Producer batch size 200 messages

Producer batch size＝40K

Consumer batch size＝1MB

100 topics，broker flush interval＝100K

Producer throughput＝90 MB/sec

Consumer throughput＝60 MB/sec

Consumer latency＝220 ms

（100 topics，1 producer，1 broker）

吞吐量和时延的关系如图 2-1 所示。Broker（核心组件）和吞吐量的关系如图 2-2 所示，基本呈线性扩展。吞吐量和未消费数据的关系如图 2-3 所示。

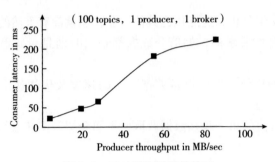

图 2-1　吞吐量和时延的关系

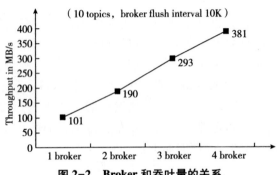

图 2-2　**Broker** 和吞吐量的关系

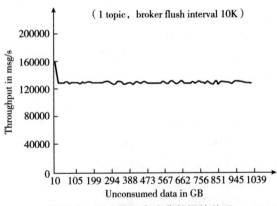

图 2-3　吞吐量和未消费数据的关系

第二节　网页采集与日志收集

　　大量的数据散落在互联网中，要分析互联网上的数据，需要先从网络中获取数据，这就需要网络爬虫技术。

一、网页采集

（一）基本原理

网络爬虫是搜索引擎抓取系统的重要组成部分。爬虫的主要目的是下载互联网上的网页。

1. 网络爬虫的框架

网络爬虫的框架如图 2-4 所示。

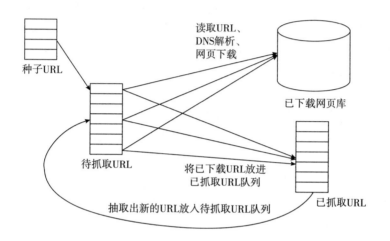

图 2-4　网络爬虫的框架

2. 网络爬虫的基本工作流程

网络爬虫的基本工作流程如下：

（1）选取一部分种子 URL（统一资源定位符）。

（2）将这些 URL 放入待抓取 URL 队列。

（3）从待抓取 URL 队列中取出待抓取的 URL，解析 DNS（域名系统），得到主机的 IP，并将 URL 对应的网页下载并存储到已下载网页库中。此外，将这些 URL 放入已抓取 URL 队列。

（4）分析已抓取的网页内容中的其他 URL，并且将 URL 放入待抓取 URL 队列进入下一个循环。

（5）下载未过期网页。

（6）下载已过期网页。抓取到的网页实际上是互联网内容的一个镜像与备份。互联网是动态变化的，一部分互联网上的内容已经发生变化，这时，这部分抓取到的网页就已经过期了。

（7）待下载网页。也就是待抓取 URL 队列中的那些页面。

（8）可知网页。还没有被抓取，也没有在待抓取 URL 队列中，但是可以通过对已抓取页面或者待抓取 URL 对应页面进行分析获取 URL，这些网页被称为可知网页。

（9）还有一部分网页爬虫是无法直接抓取下载的，这些网页被称为不可知网页。

（二）抓取策略

在爬虫系统中，待抓取 URL 队列是很重要的一部分。待抓取 URL 队列中的 URL 以什么样的顺序排列也是一个很重要的问题，因为其决定了先抓取哪个页面后抓取哪个页面，而决定这些 URL 排列顺序的方法叫作抓取策略。下面重点介绍几种常见的抓取策略。

1. 深度优先遍历策略

深度优先遍历策略是指网络爬虫会从起始页开始，一个链接一个链接地跟踪下去，处理完这条线路之后再转入下一个起始页，继续跟踪链接。

2. 宽度优先遍历策略

宽度优先遍历策略的基本思路是将在新下载网页中发现的链接直接插入待抓取 URL 队列的末尾。也就是说网络爬虫会先抓取起始网页中链接的所有网页，然后再选择其中的一个链接网页，继续抓取此网页中链接的所有网页。

3. 反向链接数策略

反向链接数是指一个网页被其他网页链接指向的数量。反向链接数表示一个网页的内容受到其他人推荐的程度。因此，很多时候搜索引擎的抓取系统会使用这个指标评价网页的重要程度，从而决定不同网页的抓取顺序。在真实的网络环境中，由于广告链接、作弊链接的存在，反向链接数不可能完全等同于网页的重要程度。因此，搜索引擎往往考虑一些可靠的反向链接数。

4. PartidlPageRank 策略

PartialPageRank（部分网页排名）策略借鉴了 PageRank（网页排名算法）策略的思想：对于已经下载的网页，连同待抓取 URL 队列中的 URL，形成网页集合，计算每个页面的 PageRank 值；计算完成后，将待抓取 URL 队列中的 URL 按照 PageRank 值的大小排列，并按照该顺序抓取页面。

若每次只抓取一个页面，则要重新计算 PageRank 值。一种折中的方案是：每抓取 K 个页面后，重新计算一次 PageRank 值。但这种情况还会产生一个问题：对于已经下载下来的页面中分析出的链接，也就是未知网页部分，暂时是没有 PageRank 值的。为了解决这个问题，会赋予这些页面一个临时的 PageRank 值，将这个网页所有链接传递进来的 PageRank 值进行汇总，这样就形成了该未知面的 PageRank 值，从而参与排序。

5. OPIC（投资策略）策略

该策略实际上也是对页面重要性进行打分。在策略开始之前，给所有页面一个相同的初始现金（Cash）。当下载了某个页面 P 之后，将 P 的现金分摊给所有从 P 中分析出的链接，并且将 P 的现金清空。对于待抓取 URL 队列中的所有页面，按照现金数进行排序。

6. 大站优先策略

对于待抓取 URL 队列中的所有网页，根据所属的网站进行分类；对于待下载页面数多的网站，则优先下载。因此这种策略也被叫作大站优先策略。

（三）更新策略

互联网是实时变化的，具有很强的动态性。网页更新策略主要用来决定何时更新已经下载的页面。常见的更新策略有以下三种：

1. 历史参考策略

顾名思义，历史参考策略是指根据页面的历史更新数据，预测该页面未来何时会发生变化。一般来说，是通过泊松过程进行建模来预测的。

2. 用户体验策略

尽管搜索引擎针对某个查询条件能够返回数量巨大的结果，但是用户往往只关注前几页结果。因此，抓取系统可以优先更新那些在查询结果中排名靠前的网页，然后再更新排名靠后的网页，这种更新策略也需要用到历史信息。用户体验策略保留网页的多个历史版本，并且根据过去每次的内容变化对搜索质量的影响得出一个平均值，将该值作为决定何时重新抓取的依据。

3. 聚类抽样策略

前面提到的两种更新策略都有一个前提：需要获取网页的历史信息。这样就会存在两个问题：第一，系统如果为每个网页保存多个历史版本信息，则无疑增加了系统负担；第二，如果新的网页完全没有历史信息，则无法确定更新策略。这种策略认为，网页具有很多属性，相似属性的网页可以认为其更新频率也是相近的。要计算某个类别网页的更新频率，只需对这类网页进行抽样，以网页样本的平均更新周期作为整个类别的更新周期。

（四）系统结构

一般来说，分布式抓取系统需要面对的是整个互联网上数以亿计的网页，单个抓取程序不可能完成这样的任务，往往需要多个抓取程序一起处理。一般来说，抓取系统往往是一个分布式的三层结构。

最底层是分布在不同地理位置的数据中心，在每个数据中心里有若干台抓取服务器，而每台抓取服务器上可能部署了若干套爬虫程序，这就构成了一个基本的分布式抓取系统。对于一个数据中心里的不同抓取服务器，协同工作的方式有以下几种：

1. 主从式（Master-Slave）

主从式的基本结构如图 2-5 所示。

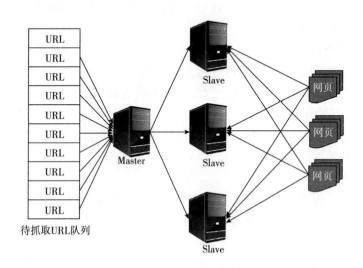

图 2-5　主从式的基本结构

对于主从式而言，有一台专门的 Master 服务器来维护待抓取 URL 队列，它负责每次将 URL 分发到不同的 Slave 服务器，而 Slave 服务器则负责实际的网页下载工作。Master 服务器除了维护待抓取 URL 队列及分发 URL 外，还要负责调解各 Slave 服务器的负载情况，以免某些 Slave 服务器过于清闲或者过于劳累。在这种模式下，Master 往往容易成为系统瓶颈。

2. 对等式（PeertoPeer）

对等式的基本结构如图 2-6 所示。

在这种模式下，所有的抓取服务器在分工上没有区别，每台抓取服务器都可以从待抓取 URL 队列中获取 URL，然后对该 URL 的主域名计算 Hash 值 H，然后计算 Hmodm，计算得到的数值就是处理该 URL 的主机编号。

举例：假设对于 URL "www.baidu.com"，计算其 Hash 值 H = 8，m = 3，则 Hmodm = 2，因此由编号为 2 的服务器进行该链接的抓取。假设这时由 0 号服务器拿到这个 URL，那么它会将该 URL 转给服务器 2，由服务器 2 进行抓取。

这种模式有一个问题，当一台服务器死机或者添加新的服务器时，所有 URL 的哈希求余的结果都将发生变化。也就是说，这种方式的扩展性不佳。针对这种情况，又提出了一种改进方案，即使用一致性哈希算法来确定服务器分工。其基本结构如图2-7所示。

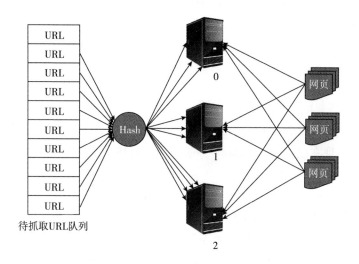

图 2-6　对等式的基本结构

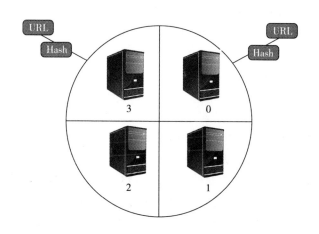

图 2-7　哈希算法来确定服务器基本结构

一致性哈希算法对 URL 的主域名进行哈希运算，映射为范围在 0~232 的某个数；然后将这个范围平均分配给 m 台服务器，根据 URL 主域名哈希运算的值所处的范围判断由哪台服务器进行抓取。如果某台服务器出现问题，那么原本由该服务器负责的网页则按照顺时针顺延，由下一台服务器进行抓取。这样，即使某台服务器出现问题，也不会影响其他服务器的正常工作。

二、日志收集

任何一个生产系统在运行过程中都会产生大量的日志，日志往往隐藏了很多有价值的信息。在没有分析方法之前，这些日志在存储一段时间后就会被清理。随着技术的发展和分析能力的提高，日志的价值被重新重视起来。在分析这些日志之前，需要将分散在各个生产系统中的日志收集起来。本节介绍广泛应用的Flume日志收集系统。

（一）概述

Flume是Cloudera（科拉杜拉公司）公司的一款高性能、高可用的分布式日志收集系统，现在已经是Apache（一般不译，直接用英文形式）的顶级项目。

（二）Flume发展历程

Flume初始的发行版本目前被统称为FlumeOG（Original Generation），属于Cloudera。但随着Flume功能的扩展，FlumeOG代码工程臃肿、核心组件设计不合理、核心配置不标准等缺点逐渐暴露出来，尤其是在FlumeOG的最后一个发行版本0.94.0中，日志传输不稳定现象尤为严重。为了解决这些问题，Cloudera完成了Flume-728，对Flume进行了里程碑式的改动：重构核心组件、核心配置及代码架构，重构后的版本统称为FlumeNG（Next Generation）；改动的另一个原因是将Flume纳入Apache旗下，ClouderaFlume（科拉杜拉Flume）更名为ApacheFlume（阿帕奇Flume）。

（三）Flume架构分析

1. 系统特点

（1）可靠性。

当节点出现故障时，日志能够被传送到其他节点上而不会丢失。Flume提供了三种级别的可靠性保障，从强到弱依次为：end-to-end（收到数据后，Agent首先将事件写到磁盘上，当数据传送成功后将事件数据删除；如果数据发送失败，则重新发送）、StoreonFailure（失败时存储）（这也是Scribe（分布式日志收集系统）采用的策略，当数据接收方崩溃时，将数据写到本地，待恢复后继续发送）、BestEffort（尽力而为）（数据发送到接收方后，不会进行确认）。

（2）可扩展性。

Flume采用了分层架构，分别为Agent（代理）、CollectorStorage（收集存储），每一层均可以水平扩展。其中，所有的Agent和Collector收集器均由Master统一管理，这使系统容易被监控和维护。并且Master允许有多个（使用ZooKeeper分布协调服务软件，通常用英文形式进行管理和负载均衡），这样就避免了单点故障问题。

（3）可管理性。

当有多个 Master 时，Flume 利用 ZooKeeper 和 Gossip（流言协议）保证动态配置数据的一致性。用户可以在 Master 上查看各个数据源或者数据流执行情况，并且可以对各个数据源进行配置和动态加载。Flume 提供了 Web（万维网）和 Shell Script Command（脚本命令）两种形式对数据流进行管理。

（4）功能可扩展性。

用户可以根据需要添加自己的 Agent、Collector 或 Storage（存储）。此外，Flume 自带了很多组件，包括 Agent（File（代理文件）、Syslog（系统日志）等）、Collector 和 Storage（File（文件）、HDFS 等）。如图 2-8 所示，是 FlumeOG 的架构。

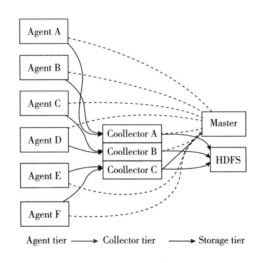

图 2-8　FlumeOG 的架构

FlumeNG（Flume 下一代版本）的架构如图 2-9 所示。

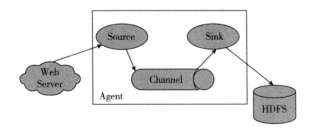

图 2-9　FlumeNG 的架构

Flume 采用了分层架构，分别为 Agent、Collector 和 Storage。其中，Agent 和 Collector 均由 Source 和 Sink 两部分组成，Source 是数据来源，Sink 是数据去向。Flume 使用了两个组件：Master 和 NodeoNodeo（节点到节点）根据在 MasterShell（核心脚本）或 Web 中的动态配置，决定其是作为 Agent 还是作为 Collector 存在。

2. 组件介绍

这里所说的 Flume 基于 1.4.0 版本。

（1）Client（客户端）路径：apache-flume-1.4.0-src \ flume-ng-clients。

操作最初的数据，把数据发送给 Agent，在 Client 客户机与 Agent 之间建立数据沟通的方式有两种。

第一种方式：创建一个 iclient，继承 Flume 已经存在的 Source，如 Avro Source（以 Avro 格式存储的数据来源）或者 SyslogTcpSource（基于 TCP 的系统日志数据源），但是必须保证所传输的数据 Source 可以理解。

第二种方式：写一个 Flume Source Flume 数据源，通过 IPC 或者 RPC 协议直接与已经存在的应用通信，需要转换成 Flume 可以识别的事件。

ClientSDK：是一个基于 RPC 协议的 SDK（软件开发工具包）库，可以通过 RPC 协议使应用与 Hume 直接建立连接。可以直接调用 SDK 的 api 函数而不用关注底层数据是如何交互的。

（2）Netty Avro Rpc Client（基于 Netty 的 Avro 远程过程调用客户端）。

Avro 是默认的 RPC 协议。NettyAvroRpcClient 和 ThriftRpcClient（基于 Thrift 框架实现的运程过程调用客户端）分别对 RpcClient（远程过程调用客户端）接口进行了实现。

为了监听到关联端口，需要在配置文件中增加端口和 Host 配置信息。

除了以上两类实现外，Failover Rpc Client.java（远程过程调用客户端文件）和 Load Balancing Rpc Client.java（远程过程调用客户端文件）也分别对 Rpc Client 接口进行了实现。

（3）Failover Rpc Client（具有故障转移功能的远程过程调用客户端）。

路径：

@ :apache-flume-1.4.0-src \ flume-ng-sdk \ src \ main \ java \ org \ apache \ flume \ api \ FailoverRpcClient.java。

该组件主要实现了主备切换，采用<host>：<port>的形式，一旦当前连接失败，就会自动寻找下一个连接。

（4）Load Balancing Rpc Client（具有负载均衡功能的远程过程调用客户端）。

该组件在有多个 Host（存储）的时候起到负载均衡的作用。

（5）Embeded Agento Flume（把 Flume 以嵌入式的方式集成到 Magento 电商

平台中）。

允许用户在自己的 Application（应用程序）里内嵌一个 Agent。这个内嵌的 Agent 是一个轻量级的 Agent，不支持所有的 SourceSinkChannelo 数据源—数据目的地—通道。

（6）Transaction（数据库操作序列）

Flume 的三个主要组件——Source、Sink（数据接收端）和 Channel（通道）必须使用 Transaction（事务）进行消息收发。在 Channel 的类中会实现 Transaction 的接口，不管是 Source 还是 Sink，只要连接上 Channel，就必须先获取 Transaction 对象，如图 2-10 所示。

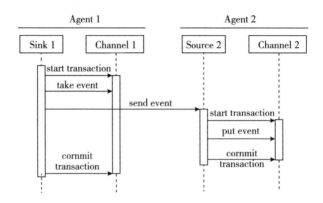

图 2-10　Transaction 在 Flume 的三个主要组件中的作用

（7）Sink

Sink 的一个重要作用就是从 Channel 里获取事件，然后把事件发送给下一个 Agent，或者把事件存储到另外的仓库内。一个 Sink 会关联一个 Channel，这是配置在 Flume 的配置文件里的。SinkRunner. start（）函数被调用后，会创建一个线程，该线程负责管理 Sink 的整个生命周期。Sink 需要实现 LifecycleAware 接口的 start（）和 stop（）方法。

Sink. startO：初始化 Sink，设置 Sink 的状态，可以进行事件收发。

Sink. stop（）：进行必要的 cleanup 动作。

Sink. process（）：负责具体的事件操作。

（8）Source

Source 的作用是从 Client 端接收事件，然后把事件存储到 Channel 中。PollableSource Runner. startQ（可轮询数据源运行器启动问题）用于创建一个线程，管理 PoIlable Source（可轮询的数据源）的生命周期。同样也需要实现 start（）和

stop（）两种方法。需要注意的是，还有一类 Source，被称为 Event Driven Source（事件驱动的数据库）。与 PollableSource 不同，Event Driven Source 有自己的回调函数用于捕捉事件，并不是每个线程都会驱动一个 Event Driven Source。

3. Flume 使用模式

（1）多 Agent 串联，如图 2-11 所示。

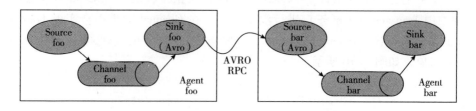

图 2-11　多 Agent 串联示意图

（2）多 Agent 合并，如图 2-12 所示。

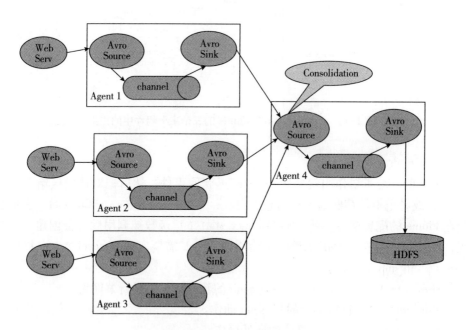

图 2-12　多 Agent 合并示意图

（3）单 Source 的多种处理，如图 2-13 所示。

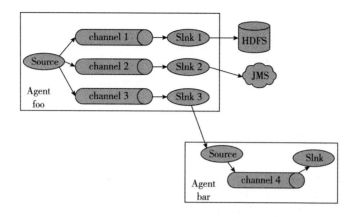

图 2-13　单 Source 的多种处理

第三节　探针在数据获取中的原理和作用

数据采集探针的工作原理主要包括两个方面：捕获和分析。在捕获阶段，探针会对经过它所连接的网络流量进行抓取，并将抓取到的数据存储到内存或者硬盘中。在分析阶段，探针会对抓取到的数据进行解码、重组和过滤等操作，以便提取出有用的信息。

一、探针原理

打电话、手机上网，背后承载的都是网络的路由器、交换机等设备的数据交换。从网络的路由器、交换机上把数据采集上来的专业设备是探针。根据探针放置的位置不同，探针可分为内置探针和外置探针两种。

内置探针：探针设备和通信商已有设备部署在同一个机框内，可以直接获取数据。

外置探针：在现网中，大部分网络设备已经部署完毕，无法移动原有网络，这时就需要外置探针。

外置探针主要由以下几个设备组成：

Tap/分光器：对承载在铜缆、光纤上传输的数据进行复制，并且不影响原有两个网元间的数据传输。

汇聚 LANSwitch（局域网交换机）：汇聚多个 Tap/分光器复制的数据，上报给探针服务器。

探针服务器：对接收到的数据进行解析、关联等处理，生成 xDR（扩展数据冗余），并将 xDR 上报给分析系统，作为数据分析的基础。探针通过分光器取得数据网络中各个接口的数据，发送到探针服务器进行解析、关联等处理。经过探针服务器解析、关联的数据，最后送到统一分析系统中进行进一步的分析。

二、探针的关键能力

（一）大兴量

探针设备需要和电信已有的设备部署在一起。一般来说，原有设备机房的空间有限，所以高容量、高集成度是探针设备非常关键的能力。探针负责截取、解析、转发网络数据，其中转发能力是最重要的，对网络的要求很高。高性能网络是大容量的保证。

（二）协议智能识别

传统的协议识别方法采用 SPI（服务提供者接口）检测技术。SPI 对 IP 包中的"5Tuples（五元组）"，即"五元组"（源地址、目的地址、源端口、目的端口及协议类型）信息进行分析，以确定当前流量的基本信息：传统的 IP 路由器正是通过这一系列信息实现一定程度的流量识别和 QoS（服务质量）保障的，但 SPI 仅分析 IP 包四层以下的内容，根据 TCP/UDP 的端口来识别应用。这种端口检测技术检测效率很高，但随着 IP 网络技术的发展，SPI 适用的范围越来越小，目前仍有一些传统网络应用协议使用固定的知名端口进行通信。因此，对于这一部分网络应用流量，可以采用端口检测技术进行识别。例如，DNS 协议采用 53 端口，BGP 协议采用 179 端口，MSRPC 远程过程调用采用 135 端口。

许多传统和新兴应用采用了各种端口隐藏技术逃避检测，如在 8000 端口上进行 HTTP（超文本传输协议）通信、在 80 端口上进行 Skype 通信、在 2121 端口上开启 FTP（文件传输协议）服务等。因此，仅通过第四层端口信息已经不能真正判断流量中的应用类型，更不能应对基于开放端口、随机端口甚至加密方式进行传输的应用类型。要识别这些协议，无法单纯依赖端口检测，而必须在应用层对这些协议的特征进行识别。

除了逃避检测的情况外，目前还出现了运营商和 OTT（终端设备）合作的模式，如 Facebook 包月套餐。在这种情况下，运营商可以基于 OTT 厂商提供的 IP、端口等配置信息进行计费。但是这种方式有很大的限制，如系统配置的 IP 和端口数量有限、OTT 厂商经常更换或者增加服务器造成频繁修改配置等。协议智能识别技术能够深度分析数据包所携带的 L3~L7/L7+的信息内容、连接的状态/交互信息（如连接协商的内容和结果状态、交互消息的顺序等）等，从而识别详细的应用程序信息（如协议和应用的名称等）。

（三）安全的影响

探针的核心能力是获取通信数据，但随着越来越多的网站使用 HTTPS/QUIC 一种网络结合技术，加密 L7 协议，传统的探针能力受到极大的限制而无法解析 L7 协议的内容。比如，想分析 YouTube 的流量，只有通过解析加密的 L7 协议才能知道用户访问的流量，所以加密会影响探针的解析能力，令很多业务无法进行。现在业界尝试使用深度学习识别协议，如奇虎 360 设计了一个 5~7 层的深度神经网络，能够自动学习特征并识别数据中的 50~80 种协议。

（四）IB（Infini Band）技术（无限带宽技术）

为了达到高效的转发能力，传统的 TCP/IP 网络无法满足需求，因此需要更高速度、更大带宽、更高效率的 Infini Band（无限带宽）网络：

1. IB（Infini Band）技术

这是一种支持多并发链接的"转换线缆"技术。这种技术仅有一个链接的时候运行速度是 500MB/s，在有 4 个链接的时候运行速度是 2GB/s，在有 12 个链接的时候运行速度可以达到 6GB/s。IBTA（英飞仕邦德贸易协会）成立于 1999 年 8 月 31 日，由 Compaq（康柏公司）、惠普、IBM、戴尔、英特尔、微软和 SUN（太阳微系统公司）七家公司牵头，共同研究高速发展的、先进的 I/O 标准。最初命名为 System I/O，1999 年 10 月正式更名为 Infini Band。Infini Band 是一种长缆线的连接方式，具有高速、低延迟的传输特性。

2. IB 速度快的原因

随着 CPU 性能的飞速发展，I/O 系统的性能成为服务器性能提升的瓶颈，于是人们开始重新审视使用了十几年的 PCI 总线架构。虽然 PCI 总线架构把数据的传输从 8 位/16 位一举提升到 32 位，甚至当前的 64 位，但是它的一些先天劣势限制了其继续发展的势头。PCI 总线有如下缺陷：

（1）由于采用了基于总线的共享传输模式，在 PCI（外设部件互连标准）总线上不可能同时传送两组以上的数据，当一个 PCI 设备占用总线时，其他设备只能等待。

（2）随着总线频率从 33MHz 提高到 66MHz，甚至 133MHz（PCI-X），信号线之间的相互干扰变得越来越严重，在一块主板上布设多条总线的难度也就越来越大。

（3）由于 PCI 设备采用了内存映射 I/O 地址的方式建立与内存的联系，热添加 PCI 设备变成了一件非常困难的工作。目前的做法是在内存中为每个 PCI 设备划出一块 50~100MB 的区域，这段空间用户是不能使用的。因此，如果一块主板上支持的热插拔 PCI 接口越多，用户损失的内存就越多。

（4）PCI 总线上虽然有 Buffer 作为数据的缓冲区，但是不具备纠错的功能。

如果在传输过程中发生了数据丢失或损坏的情况，则控制器只能触发一个 NMI 中断，通知操作系统在 PCI 总线上发生了错误。

3. IB 介绍

（1）Infini Band 架构

Infini Band 架构如图 2-14 所示。

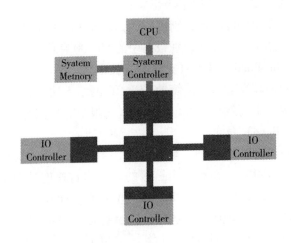

图 2-14　Infini Band 架构

Infini Band 采用双队列程序提取技术，使应用程序直接将数据从适配器送入应用内存（远程直接存储器存取，RDMA），反之亦然。在 TCP/IP 协议中，来自网卡的数据先复制到核心内存，然后再复制到应用存储空间，或从应用存储空间将数据复制到核心内存，再经由网卡发送到 Internet。这种 I/O 操作方式始终需要经过核心内存的转换，不仅增加了数据流传输路径的长度，而且大大降低了 I/O 的访问速度，增加了 CPU 的负担。SDP 则是将来自网卡的数据直接复制到用户的应用存储空间，从而避免了核心内存的参与。这种方式被称为零拷贝，它可以在进行大量数据处理时，达到该协议所能达到的最大吞吐量。

Infini Band 的协议采用分层结构，各个层次之间相互独立，下层为上层提供服务。其中，物理层定义了在线路上如何将比特信号组成符号，然后再组成帧、数据符号及包之间的数据填充，详细说明了构建有效包的信令协议等；链路层定义了数据包的格式及数据包操作的协议，如流控、路由选择、编码、解码等；网络层通过在数据包上添加一个 40 字节的全局的路由报头（Global Route Header，GRH）来进行路由的选择，对数据进行转发，在转发过程中，路由器仅仅进行可变的 CRC 校验，这样就保证了端到端数据传输的完整性；传输层再将数据包传送到某个指定的队列偶（Queue Pair，QP），并指示 QP 如何处理该数据包以及当信息的数据净核部分大于通道的最大传输单元（MTU）时，对数据进行分段和重组。

（2）Infini Band 基本组件。

Infini Band 的网络拓扑结构如图 2-15 所示，其组成单元主要分为以下四类：

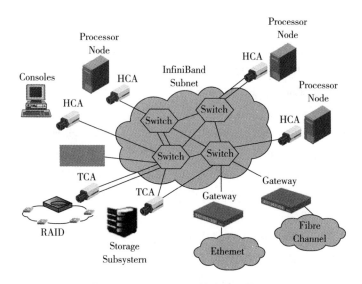

图 2-15 **Infini Band** 的网络拓扑结构

1）HCA（Host Channel Adapter）（主机通道适配器）。它是连接内存控制器和 TCA（客户端架构）的桥梁。

2）TCA（Target Channel Adapter）。它将 I/O 设备（如网卡、SCSI 控制器）的数字信号打包发送给 HCA。

3）Infini Bandlink（一种高速计算机网络通信标准）。它是连接 HCA 和 TCA 的光纤。Infini Band 架构允许硬件厂家以 1 条、4 条、12 条光纤 3 种方式连接 TCA 和 HCA。

4）交换机和路由器。无论是 HCA 还是 TCA，其实质都是一个主机适配器，它是一个具备一定保护功能的可编程 DMA（Direct Memoiy Access，直接内存存取）引擎。

（3）Infini Band 应用

在高并发和高性能计算应用场景中，当客户对带宽和时延都有较高的要求时，前端和后端均可采用 IB 组网，或前端网络采用 10Gbit/s 以太网，后端网络采用 IB 组网。1B 由于具有高带宽、低时延、高可靠性及满足集群无限扩展能力的特点，并采用 RDMA 技术和专用协议卸载引擎，所以能为存储客户提供足够的带宽和较低的响应时延。

IB 目前可以实现及未来规划的更高带宽工作模式如下（以 4X 模式为例）：

SDR（SingleDataRate）：单倍数据率，即 8Gbit/s。

DDR（DoubleDataRate）：双倍数据率，即 16Gbit/s。

QDR（QuadDataRate）：4 倍数据率，即 32Gbit/s。

FDR（FourteenDataRate）：14 倍数据率，即 56Gbit/s。

EDR（EnhancedDataRate）：100Gbit/s。

HDR（HighDataRate）：200Gbit/s。

NDR（NextDataRate）：1000Gbit/s+。

4. IB 常见的运行协议

IPoIB 协议：Internet Protocolover Infini Band（IPoIB）基于无限带宽网络的互联网协议。传统的 TCP/IP 协议栈的影响实在太大了，几乎所有的网络应用是基于此开发的。IPoIB 实际是 Infini Band 为了兼容以太网不得不做的一种折中，毕竟谁也不愿意使用不兼容大规模已有设备的产品。IPoIB 基于 TCP/IP 协议，对用户应用程序是透明的，并且可以提供更大的带宽，也就是原先使用 TCP/IP 协议栈的应用不需要任何修改就能使用 IPoIB 协议。例如如果使用 Infini Band 做 RAC 的私网，默认使用的就是 IPoIB 协议。图 2-16 左侧是传统以太网 TCP/IP 协议栈的拓扑结构，右侧是 Infini Band 使用 IPoIB 协议的拓扑结构。

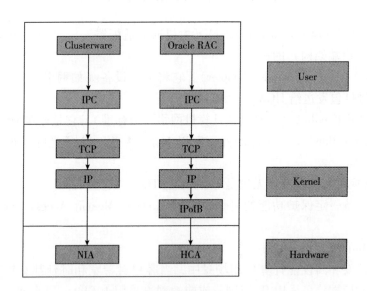

图 2-16 Infini Band 使用 IPoIB 协议的拓扑结构与传统以太网
TCP/IP 协议栈的拓扑结构对比

RDS 协议：Reliable Datagram Sockels（RDS）（可靠数据报套接字）实际是由 Oracle 公司研发的运行在 Infini Band 上的、直接基于 IPC 的协议。之所以出现这样一种协议，根本原因在于传统的 TCP/IP 协议栈过于低效，高速互联开销太大，导致传输的效率太低。RDS 相比 IPoIB，CPU 的消耗量减少了 50%；相比传统的 UDP 协议，网络延迟减少了一半。图 2-16 左侧是使用 IPoIB 协议的 Infini Band 设备的拓扑结构，右侧是使用 RDS 协议的 Infini Band 设备的拓扑结构。在默认情况下，RDS 协议不会被使用，需要进行重新链接（Relink）。另外，即使重新链接 RDS 库以后，RAC（实时应用集群）节点间的 CSS（层叠样式表）通信也无法使用 RDS 协议，节点间的心跳维持及监控都采用 IPoIB 协议。

除了上面介绍的 IPoIB、RDS 协议外，还有 SDP（软件定义边界）、ZDP（零日补丁）、IDB（索引数据库）等协议。OradeExadata（一款集成化数据云平台）一体机为达到较高的性能，也使用了 IB 技术。

5. IB 在 Linux 上的配置

下面介绍在 Linux 上配置和使用 IB 协议。

RedHat（红帽厂商）产品是从 RedHat Enterprise Linux5.3 开始正式在内核中集成对 Infini Band 网卡的支持的，并且将 Infini Band 所需的驱动程序及库文件打包到发行 CD 里，所以对于有 Infini Band 应用需求的 RedHat 用户来说，建议采用 RedHat Enterprise Linux5.3 及以后的系统版本。

（1）安装 Infini Band 驱动程序

在安装 Infini Band 驱动程序之前，要先确认 Infini Band 网卡已经被正确地连接或分配到主机，然后从 RedHat Enterprise Linux5.3 的发行 CD 中获得 Tablel 中给出的 RPM 文件，并根据上层应用程序的需要，选择安装相应的 32 位或 64 位软件包。

另外，对于特殊的 Infini Band 网卡，还需要安装一些特殊的驱动程序。例如，对于 Galaxy1/Galaxy2 类型的 Infini Band 网卡，就需要安装与 ehca 相关的驱动。

（2）启动 openibd 服务

在 RedHat Enterprise Linux5.3 系统中，openibd（开源软件栈）服务在默认情况下是不打开的，所以在安装完驱动程序后，在配置 IPoIB 网络接口之前，需要先使能 openibd 服务以保证相应的驱动被加载到系统内核。如果用户需要在系统重新启动后仍保持 openibd 使能，则需要使用 chkconfig 命令将其添加到系统服务列表中。

（3）配置 IPoIB 网络接口

在 RedHat Enterprise Lirmx5.3 系统中配置 IPoIB 网络接口的方法与配置以太

网接口的方法类似，即在/etc/sysconfig/network-scripts 路径下创建相应的 IB 接口配置文件，如 ifcfg-ibO、ifcfg-ibl 等。IB 接口配置文件创建完成后，需要重新启动接口设备以使新配置生效。这时可以使用 ifconfig 命令检查接口配置是否已经生效。

至此，IPoIB 接口配置工作基本完成。需要进一步验证其工作是否正常时，可以参考以上步骤配置另一个节点，并在两个节点之间运行 ping 命令。如果 ping 运行成功，则说明 IPoIB 配置成功。

第四节　数据分发中间件的作用分析

一、数据分发中间件的作用

数据采集上来后，需要送到后端的组件进行进一步的分析，前端的采集和后端的处理往往是多对多的关系。为了简化传送逻辑、增强灵活性，在前端的采集和后端的处理之间需要一个消息中间件来负责消息转发，以保障消息可靠性，匹配前后端的速度差。

二、Kafka 架构和原理

（一）Kafka（开源的分布式流处理平台）产生背景

Kafka 是 Linkedln（领英）于 2010 年 12 月开发的消息系统，主要用于处理活跃的流式数据。活跃的流式数据在 Web 网站应用中很常见，这些数据包括网站的 PV（页面流览量）、用户访问的内容、用户搜索的内容等。这些数据通常以日志的形式记录下来，然后每隔一段时间进行一次统计处理。

传统的日志分析系统提供了一种离线处理日志消息的可扩展方案，但若要进行实时处理，通常会有较大延迟。现有的消息（队列）系统能够很好地处理实时或者近似实时的应用，但未处理的数据通常不会写到磁盘上，这对于 Hadoop 之类（一小时或者一天只处理一部分数据）的离线应用而言，可能存在问题。Kafka 正是为了解决以上问题而设计的，它能够很好地处理离线和在线应用[1]。

（二）Kafka 架构

Kafka 架构如图 2-17 所示。

---

① 李佐军. 大数据的架构技术与应用实践的探究 ［M］. 长春：东北师范大学出版社，2019.

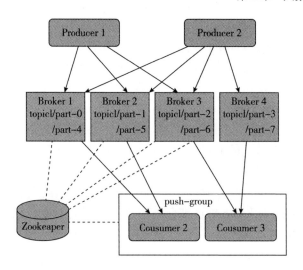

图 2-17 Kafka 架构

整个架构中包括三个角色：

生产者（Producer）：消息和数据产生者。

代理（Broker）：缓存代理，Kafka 的核心功能。

消费者（Consumer）：消息和数据消费者。

（三）设计要点

Kafka 非常高效，下面介绍一下 Kafka 高效的原因，对理解 Kafka 非常有帮助。

（1）直接使用 Linux 文件系统的 Cache（高速缓冲存储器）高效缓存数据。

（2）采用 LinuxZero-Copy（Linux 时考贝技术）提高发送性能。传统的数据发送需要发送 4 次上下文切换，采用 Sendee 系统调用之后，数据直接在内核态交换，系统上下文切换减少为 2 次。

Kafka 以 Topic 进行消息管理，每个 Topic（主题）包含多个 Part（ition），每个 Part 对应一个逻辑 Log（日志文件），由多个 Segment（码段）组成。每个 Segment 中存储多条消息，消息 ID 由其逻辑位置决定，即从消息 ID 可直接定位到消息的存储位置，避免 ID 到位置的额外映射。每个 Part（部分）在内存中对应一个 Index，记录每个 Segment 中的第一条消息偏移。

发布者发到某个 Topic 的消息会被均匀地分布到多个 Part 中（随机或根据用户指定的回调函数进行分布），Broker 收到发布消息后在对应 Part 的最后一个 Segment 上添加该消息。当某个 Segment 上的消息条数达到配置值或消息发布时间超过阈值时，Segment 上的消息便会被 flush 到磁盘上，只有 flush 到磁盘上的消息订阅者才能订阅，Segment 达到一定的大小后将不会再往该 Segment 上写数据，Broker 会创建新的 Segment。

全系统分布式，即所有的 Producer、Broker 和 Consumer 都默认有多个，均为分布式的。Producer 和 Broker 之间没有负载均衡机制。Broker 和 Consumer 之间利用 ZooKeeper 进行负载均衡。所有 Broker 和 Consumer 都会在 ZooKeeper 中进行注册，且 ZooKeeper 会保存它们的一些元数据信息。如果某个 Broker 和 Consumer 发生了变化，那么所有其他的 Broker 和 Consumer 都会得到通知。

（四）Kafka 存储方式

深入了解一下 Kafka 中的 Topic。Topic 是发布的消息的类别或者 Feed（信息源）。对于每个 Topic，Kafka 集群都会维护这一分区的 Logo。每个分区都是一个有序的、不可变的消息队列，并且可以持续添加。分区中的消息都被分配了一个序列号，称为偏移量（offset），每个分区中的偏移量都是唯一的。

Kafka 集群保存所有的消息，直到它们过期，无论消息是否被消费。实际上，消费者所持有的仅有的元数据就是这个偏移量，也就是消费者在这个 Log（日志）中的位置。在正常情况下，当消费者消费消息的时候，偏移量会线性增加。但是实际偏移量由消费者控制，消费者可以重置偏移量，以重新读取消息。

可以看到，这种设计方便消费者操作，一个消费者的操作不会影响其他消费者对此 Log 的处理。再来说说分区，Kafka 中采用分区的设计有两个目的：一是可以处理更多的消息，而不受单台服务器的限制，Topic 拥有多个分区，意味着它可以不受限制地处理更多的数据；二是分区可以作为并行处理的单元。

Kafka 会为每个分区创建一个文件夹，文件夹的命名方式为 topicName（发布—订阅模式）分区序号，如图 2-18 所示。

图 2-18 Kafka 的文件夹创建命名

分区是由多个 Segment 组成的，为了方便进行日志清理、恢复等工作。每个 Segment 以该 Segment 第一条消息的 offset 命名并以 ".log" 作为后缀。另外还有一个索引文件，它标明了每个 Segment 包含的 LogEntry（日志实体）的 off-set（偏移量）范围，文件命名方式也是如此，以 ".index" 作为后缀。索引和日志文件内部的关系（见图 2-19）。

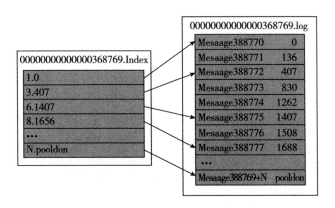

图 2-19 索引和日志文件内部的关系

索引文件存储大量元数据，数据文件存储大量消息（Message），索引文件中的元数据指向对应数据文件中 Message 的物理偏移地址。以索引文件中的元数据 3497 为例，依次在数据文件中表示第三个 Message（在全局 Partition（分区）中表示第 368772 个 Message），以及该消息的物理偏移地址为 497。

Segment 的 Log 文件由多个 Message 组成，下面详细说明 Message 的物理结构（见图 2-20）。

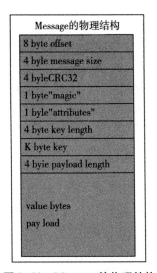

图 2-20 Message 的物理结构

参数说明如表 2-1 所示。

表 2-1　Message 的参数说明

关键字	解释说明
8 byte offset	在分区（Partition）内的每条消息都有一个有序的 ID，这个 ID 被称为偏移（offset），它可以确定每条消息在分区（Partition）内的位置，即 offset 表 ZK Partition 的第多少个 Message
4 byte message size	Message 的大小
4 byte CRC32	用 CRC32 校验 Message
1 byte " magic"	表示本次发布的 Kafka 服务程序协议版本号
1 byte " attiributes"	表示为独立版本，或标识压缩类型，或编码类型
4 byte key length	表示 key 的长度，当 key 为-1 时，K byte key 字段不填
K byte key	可选
value bytes pay load	表示实际消息数据

（五）如何通过 offset 查找 Message

例如，读取 offset＝368776 的 Message，需要通过如下两个步骤查找。

第一步：查找 SegmentFile（段文件）。

00000000000000000000. index 表示最开始的文件，起始偏移量（offset）为 0；第二个文件 00000（）00000000368769. index 的起始偏移量为 368770（368769＋1）；同样，第三个文件 00000000000000737337. index 的起始偏移量为 737338（737337+1），依次类推。

当 offset＝368776 时，定位到 00000000000000368769. indexllog。

第二步：通过 SegmentFile 查找 Message。

通过第一步定位到 SegmentFile，当 offset＝368776 时，依次定位到 0（）00000000000368769. index 的元数据物理位置和 00000000000000368769. log 的物理偏移地址，然后再通过 00000000000000368769. log 顺序查找，直到 offset＝368776 为止。

SegmentIndexFile（段索引文件）采取稀疏索引存储方式，可以减少索引文件大小，通过 Linuxmmap（内存映射机制）接口可以直接进行内存操作。稀疏索引为数据文件的每个对应 Message 设置一个元数据指针，它比稠密索引节省了更多的存储空间，但查找起来需要消耗更多的时间。

（六）主要代码解析

LogManage 管理 Broker 上所有的 Logs（在一个 Log 目录下），一个 Topic 的一个 Partition 对应一个 Log（一个 Log 子目录）。这个类应该说是 Log 包中最重要的类，也是 Kafka 日志管理子系统的入口。日志管理器负责创建日志、获取日志、清理日志。所有的日志读写操作都交给具体的日志实例来完成。日志管理器维护多个路径下的日志文件，并且会自动比较不同路径下的文件数目，然后选择在最少的日志路径下创建新的日志。LogManager 不会尝试移动分区。另外，专门有一个后台线程定期裁剪过量的日志段。

1. 构造函数参数

（1）logDirs。LogManager 管理的多组日志目录。

（2）topicConfigs。topic＝>topic 的 LogConfig 的映射。

（3）defaultConfig。一些全局性的默认日志配置。

（4）cleanerConfig。日志压缩清理的配置。

（5）ioThreads。每个数据目录都可以创建一组线程执行日志恢复和写入磁盘，这个参数就是这组线程的数目，由 num. recovery. threads. per. daia. dir 属性指定。

（6）flushCheckMs。日志磁盘写入线程检查日志是否可以写入磁盘的间隔，默认是毫秒，由 log. flush. scheduler. interval. ms 属性指定。

（7）flushCheckpointMs。Kafka 标记上一次写入磁盘结束点为一个检查点，用于日志恢复的间隔，由 log. flush. offset. checkpoint. interval. ms 属性指定，默认是 1 分钟，Kafka 强烈建议不要修改此值。

（8）retentionCheckMs（保留策略检查时间间隔）。检查日志段是否可以被删除的时间间隔，由 log. retention. check. interval. ms 属性指定，默认是 5 分钟。

（9）scheduler（调度器）。任务调度器，用于指定日志删除、写入、恢复等任务。

（10）brokerState（消息代理的状态）。KafkaBroker（kafka 集群）的状态类（在 kafka. server 包中）。Broker 的状态默认有未运行（notrunning）、启动中（starting）从上次未正常关闭中恢复（recoveringfromuncleanshutdown）、作为 Broker 运行中（runningasbroker）、作为 Controller 运行中（runningascontroller）、挂起中（pending），以及关闭中（shuttingdown）。当然，Kafka 允许自定制状态。

（11）time（时间）。和很多类的构造函数参数一样，是提供时间服务的变量。Kafka 在恢复日志的时候是借助检查点文件进行的，因此每个需要进行日志恢复的路径下都需要有这样一个检查点文件，名称固定为"recovery－point－offset－checkpoint"。另外，由于在执行一些操作时需要将目录下的文件锁住，因此，Kafka 还创建了一个扩展名为 . lock 的文件用来标识这个目录当前是被锁住的。

2. 具体的方法

（1）createAndValidateLogDirs（创建并验证目录）。创建并验证给定日志路径的合法性，特别要保证不能出现重复路径，并且要创建那些不存在的路径，还要检查每个目录是否都是可读的。

（2）lockLogDirs（锁定日志目录）。在给定的所有路径下创建一个 .lock 文件。如果某个路径下已经有 .lock 文件，则说明 Kafka 的另一个进程或线程正在使用这个路径。

（3）loadLogs（加载日志）。恢复并加载给定路径下的所有日志。具体做法是为每个路径创建一个线程池。为了向后兼容，该方法要在路径下寻找是否存在一个 .kafk_deanShutdown 文件，如果存在就跳过这个恢复阶段，否则就将 Broker 的状态设置为恢复中，真正的恢复工作是由 Log 实例完成的。然后读取对应路径下的 recovery-point-offset-checkpoint 文件，读出要恢复的检查点。前面提到检查点文件的格式类似于下面的内容。

第一行必须是版本 0；第二行是 Topi" 分区数；以下每行都有三个字段，即 Topic、PartitionOffseto 读完这个文件后，会创建一个 TopicAndPartition = >offset 的 Map。

之后为每个目录下的子目录都构建一个 Log 实例，然后使用线程池调度执行清理任务，最后删除这些任务对应的 cleanShutdown 文件。至此，日志加载过程结束。

（4）startup（启动）。开启后台线程进行日志冲刷（flush）和日志清理。主要使用调度器安排 3 个调度任务：clean up Logs（清理日志）、flush Dirty Logs（刷新日志）、check point Recovery Point Offsets（检查点恢复点偏移量），3 个调度任务自然有 3 个对应的实现方法。

同时判断是否启用了日志压缩，如果启用了，则调用 Cleaner（日志清理器）的 startup 方法开启日志清理。

（5）shutdown（系统关机）。关闭所有日志。首先关闭所有清理者线程，然后为每个日志目录创建一个线程池，执行目录下日志文件的写入磁盘与关闭操作，同时更新外层文件中检查点文件的对应记录。

（6）logs By Topic Partition（按主题分区的日志）。返回一个 Map，保存 TopicAndPartition=>Log 的映射。

（7）all Logs（所有日志）。返回所有 Topic 分区的日志。

（8）logs By Dir（按目录划分的日志）。日志路径 = >路径下所有日志的映射。

（9）flush Dirty Logs（刷新日志）。将任何超过写入间隔且有未写入消息的日志全部冲刷到磁盘上。

（10）check point Logs In Dir（检查目录中的日志检查点）。在给定的路径中标记一个检查点。

（11）check point Recovery Point Offsets。将日志路径下所有日志的检查点写入一个文本文件中（recovery-point-offset-checkpoint）。

（12）truncate To（截取到）。截断分区日志到指定的 Offset，并使用这个 Offset 作为新的检查点（恢复点）。具体做法就是遍历给定的 Map 集合，获取对应分区的日志，如果要截断的 Offset 比该日志当前正在使用的日志段的基础位移小（截断一部分当前日志段），则需要暂停清理者线程，之后开始执行阶段操作，最后再恢复清理者线程。

（13）tuncate Fully And Start At（完全截断并开始）。删除一个分区所有的数据并在新 Offset 处开启日志。操作前后分别需要暂停和恢复清理者线程。

（14）get Log（获取日志）。返回某个分区的日志。

（15）create Log（创建日志）。为给定分区创建一个新的日志。如果日志已经存在，则返回。

（16）delete Log（删除日志）。删除一个日志。

（17）next Log Dir（下一个日志目录）。创建日志时选择下一个路径。目前实现的途径是计算每个路径下的分区数，然后选择最少的那个。

（18）cleanup Expired Segments（清理过期的日志段）。删除那些过期的日志段，也就是当前时间减去最近修改时间超出规定的那些日志段，并且返回被删除日志段的个数。

（19）cleanup Segments To Maintain Size（清理日志段以维持指定大小）。如果没有设定 log. retention. bytes（配置参数），则直接返回 0，表示不需要清理任何日志段（这也是默认情况，因为 log. retention. bytes 默认是-1）；反之则需要计算该属性值与日志大小的差值，如果这个差值能够容纳某个日志段的大小，那么这个日志段就需要被删除。

（20）cleanup Logs（清理日志）。删除所有满足条件的日志，返回被删除的日志数。

从 Kafka 官方网站可以看出它的生态范围非常广，覆盖了从流处理对接、Hadoop 集成、搜索集成到周边组件（如管理、日志、发布、打包、AWS 集成等）等多种系统。

第三章　大数据的技术支撑

随着信息和通信技术的快速发展，计算模式经历了从最初把任务集中交付给大型处理机模式到基于网络的分布式任务处理模式，到最新的择需处理的云计算模式。最初的单个处理机模式处理能力有限，并且请求需要等待，效率低下。随着网络技术的不断发展，按照高负载配置的服务器集群，在遇到低负载的时候，会有资源的浪费和闲置，导致用户的运行维护成本提高。云计算把网络上的服务资源虚拟化，整个服务资源的调度、管理、维护等工作由专人负责，用户不必关心"云"内部的实现。因此，云计算实质上是为用户提供像传统的电力、水、煤气一样的按需计算服务，是一种新的有效的计算使用范式。云计算是分布式计算、效用计算、虚拟化技术、Web 服务、网格计算等技术的融合和发展，其目标是用户通过网络能够在任何时间、任何地点最大限度地使用虚拟资源池，处理大规模计算问题。

第一节　云计算与大数据

目前，在学术界和工业界共同推动下，云计算及其应用呈现迅速增长的趋势，各大云计算厂商（如 Amazon、IBM、Google、Microsoft（微软公司）. Sun 等公司）都推出了自己研发的云计算服务平台。学术界也基于云计算的现实背景纷纷对模型、应用、成本、仿真、性能优化、测试等诸多问题进行了深入研究，提出了各自的理论方法和技术成果，极大地推动了云计算继续向前发展。

一、云计算定义

云计算概念最早是由 Google 提出的，一方面是因为当时在网络拓扑图中用"云"来代表远程的大型网络，另一方面也用来指代通过网络应用模式来获取服务。狭义的云计算是指 IT 基础设施的交付和使用模式，即通过网络以按需、易扩展的方式获得所需的资源；广义的云计算是指服务的交付和使用模式，即通过网络以按需、易扩展的方式获得所需的服务。这种服务可以是与 IT 和软件、互联网相关的，也可以是其他服务，它具有超大规模、虚拟化、安全可靠等特点。

目前，不同文献和资料对云计算的定义有不同的表述，主要有以下4种定义：

定义1：云计算是一种能够在短时间内迅速按需提供资源的服务，可以避免资源过度和过低使用。

定义2：云计算是一种并行的、分布式的系统，由虚拟化的计算资源构成，能根据服务提供者和用户事先商定好的服务等级协议动态提供服务。

定义3：云计算是一种可以调用的、虚拟化的资源池，资源池可以根据负载动态重新配置，以达到最优化使用的目的。用户和服务提供商事先约定服务等级协议，用户以用时付费模式使用服务。

定义4：云计算是一种大规模分布式的计算模式，由规模经济所驱动，能够把抽象化的、虚拟化的、动态可扩展的计算、存储、平台服务以资源池的方式管理，并通过互联网按需提供给用户。

定义1强调了按需使用方式，定义2突出了用户和服务提供商双方事先商定的服务等级协议。定义3和定义4综合了前面两种定义的描述，更好地揭示了云计算的特点和本质。

二、云计算的主要特征

云计算是一种按使用量付费的模式，这种模式提供可用的、便捷的、按需的网络访问，进入可配置的计算资源共享池（资源包括网络、服务器、存储、应用软件、服务等），这些资源能够被快速提供，只需要投入很少的管理工作，或与服务供应商进行很少的交互。云计算有以下五个主要特征：

（一）按需服务

消费者可以单方面按需部署处理能力，如服务器时间和网络存储，而不需要与每个服务供应商进行人工交互。

（二）通过网络访问

可以通过互联网获取各种能力，并通过标准方式访问，以通过众多客户端或富客户端推广使用（如移动电话、笔记本电脑、PDA（平板）等）。

（三）与地点无关的资源池

供应商的计算资源被集中，便于以多用户租用模式服务所有客户。同时，不同的物理和虚拟资源可根据客户需求动态分配和重新分配。客户一般无法控制或知道资源的确切位置。这些资源包括存储、处理器、内存、网络宽带和虚拟机器。

（四）快速伸缩性

可以迅速、弹性地提供资源，快速扩展，也可快速释放以实现快速缩小。对客户来说，可以租用的资源看起来似乎是无限的，并且可在任何时间购买任何数量的资源。

（五）按使用付费

能力的收费是基于计量的一次一付，或基于广告的收费模式，以促进资源的优化利用。比如，计量存储、带宽和计算资源的消耗，按月根据用户实际使用收费。在一个组织内的云可以在部门之间计算费用，但不一定使用真实货币。

云计算新的范式的特点带来了众多的优势，也产生了一些新的问题亟待解决（见表3-1）。这些因素制约着云计算技术及其应用的发展。

表 3-1　云计算的优势和对应问题

云计算	优势	问题
安全性	缩短单机密集数据处理任务时间，把处理任务分配到各个节点计算，提高效率	用户关注传输到云计算端的敏感处理数据是否安全
可靠性	减少用户购买物理硬件设备的费用，资源以服务的方式进行租赁，降低用户资金投入的前期风险，促进用户把精力投入业务中	虽然用户不需要维护软件、硬件，但是用户使用云计算服务的质量依赖云计算本身的质量
可维护性	提供专业的软件管理和维护服务，减少了普通用户软件平台的日常维护管理成本	是否所有的软件应用都适合在云计算环境中开发应用，而以往的软件应用如何移植到云计算环境中
交互性	用户可以根据业务需要动态地按需请求云计算服务，处理高峰期负载，并在非高峰期释放资源	云计算服务提供商的实际扩展能力有限，需要多个云计算服务商间的交互，而云计算服务之间的交互性较差

三、Web 服务、网格和云计算

Web 服务、网格和云计算有很多相似之处，各个概念间容易混淆。区分相关概念间的差异，有助于理解和把握云计算的本质。由表3-2可知每个概念的特征和彼此间的相互关联。

表 3-2　Web 服务、网格、云计算的比较

特征	Web 服务	网格	云计算
异构性	支持软件层次的异构性	支持软件、硬件层次的异构性	支持软件、硬件层次的异构性

特征	Web 服务	网格	云计算
虚拟化	无	数据和计算资源虚拟化	硬件、软件资源虚拟化
可扩展性	可变	可变，较好	按需提供
应用驱动	调用其他系统特定的功能模块	有限的科学计算服务	提供普通用户硬件、存储、软件等服务
标准化	比较完善	比较完善	有待解决
节点操作	相同的系统	相同的系统	多种操作系统的虚拟机
容错性	重新执行	重新执行	转移到其他节点继续执行

（一）异构性

Web 服务仅支持软件层次异构的服务，用户调用的服务可以是各种语言开发的功能模块，而网格和云计算模型均支持软件和硬件的异构资源聚合调用。

（二）虚拟化

Web 服务没有虚拟化、提供系统的功能模块，网格和云计算支持虚拟化的技术，云计算是对硬件资源、操作平台的虚拟化，网格只是数据和计算资源的虚拟化。

（三）应用驱动

Web 服务用户通过调用服务提供者暴露给外界的 API，使用该系统需要的某个特定功能。网格计算利用网络未用计算资源进行科学计算。云计算则提供给普通用户需要的各种服务，如存储、计算、应用服务等，具有更宽泛的适用性。

（四）可扩展性

Web 服务扩展能力有限，网格服务主要通过增加节点来扩展处理能力。云计算可根据需要，重新动态自动配置资源池，具有较好的扩展性。

（五）标准化

Web 服务和网格技术经过不断的发展，在用户调用以及内部资源调用接口上实现了较好的互操作性。云计算则由于本身发展的不完善性，还存在很多问题有待解决，制约了云计算的应用。

（六）节点操作系统

Web 服务和网格各节点都采用相同的操作系统，而云计算则比较灵活，提供了多种操作系统的虚拟机，为上层的云计算应用服务。

（七）容错性

云计算在实现机制上采取了冗余的数据副本，保证了不必像 Web 服务和网格计算那样数据执行失效后还要重新执行。

四、云计算应用分类

云计算的类型从不同的角度有不同的划分，本节在横向上按部署方式，在纵向上按云计算从低层到高层提供服务的方式分类介绍各种云计算，结合典型的云计算服务平台，在图 3-1 中分析云计算框架的构成，讨论各层次需要构建的机制和实现方案。

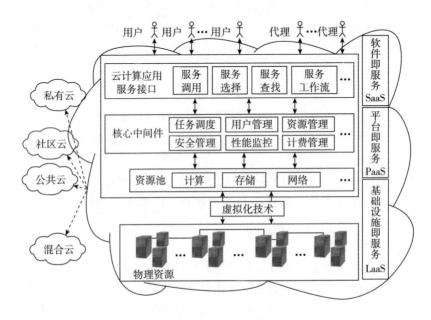

图 3-1　云计算框架图

（一）IaaS（基础设施即服务）

IaaS 在服务层次上是底层服务，接近物理硬件资源，通过虚拟化的相关技术，为用户提供计算、存储、网络以及其他资源方面的服务，以便用户能够部署操作系统和运行软件。这一层典型的服务，如亚马逊的弹性云（Amazon EC2）（亚马逊弹性计算云）。EC2 与 Google 提供的云计算服务不同，Google+只为互联网上的应用提供云计算平台，开发人员无法在这个平台上工作。EC2 则给用户提供一个虚拟的环境，使基于虚拟的操作系统环境运行自身的应用程序。用户可以创建亚马逊机器镜像（AMI），镜像包括库文件、数据和环境配置，通过弹性计算云的网络界面去操作在云计算平台上运行的各个实例，同时用户需要为相应的简单存储服务（S3）和网络流量付费。

（二）PaaS（平台即服务）

PaaS 是构建在基础设施，即服务之上的服务，用户通过云服务提供的软件工具和开发语言，部署自己需要的软件运行环境和配置。用户不必控制底层的网络、存储、操作系统等技术问题，底层服务对用户是透明的，这一层服务是软件的开发和运行环境。这一层服务是一个开发、托管网络应用程序的平台，具有代表性的有 Google+AppEngine（谷歌提供的一款平台服务）和 Microsoft Azure（微软 Azure）。使用 Google+AppEngine，用户将不再需要维护服务器，用户基于 Google 的基础设施上传、运行应用程序软件。目前，Google+AppEngine 用户使用一定的资源是免费的，如果使用更多的带宽、存储空间等，需要付费。Google AppEngine 提供一套 API 使用 Python 或 Java 来方便用户编写可扩展的应用程序，但仅限 Google AppEngine 范围的有限程序。现在，很多应用程序还不能很方便地运行在 Google AppEngine 上。Microsoft Azure 构建在 Microsoft 数据中心内，允许用户应用程序，同时提供了一套内置的有限 API，方便开发和部署应用程序。此平台包含在线服务 Live Service（实时服务）、关系数据库服务 SQL Services（结构化查询语言服务）、各式应用程序服务器服务 NET Services（与 .NeT 技术相关服务）等。

（三）SaaS（软件服务）

SaaS 是前两层服务开发的软件应用，不同用户以简单客户端的方式调用该层服务，如以浏览器的方式调用服务。用户可以根据自己的实际需要，通过网络向提供商定制所需的应用软件服务，按服务多少和时间长短支付费用。最早提供该服务模式的是 Saleforce 公司运行的客户关系管理（CRM）系统，它是在该公司 PaaS 层 force.com 平台之上开发的 SaaS。Google 的在线办公软件（如文档、表格、幻灯片处理等）也采用 SaaS 服务模式。

云计算提供的不同层次服务使开发者、服务提供商、系统管理员和用户面临许多挑战。图 3-1 对此做出了归纳概括。低层的物理资源经过虚拟化转变为多个虚拟机，以资源池多重租赁的方式提供服务，提高了资源的效用。核心中间件起到任务调度、资源和安全管理、性能监控、计费管理等作用。一方面，云计算服务涉及大量调用第三方软件及框架和重要数据处理的操作，这需要有一套完善的机制，以保证云计算服务安全有效地运行；另一方面，虚拟化的资源池所在的数据中心往往电力资源耗费巨大，解决这样的问题需要设计有效的资源调度策略和算法。在用户通过代理或者直接调用云计算服务的时候，需要和服务提供商之间建立服务等级协议，这必然需要服务性能监控，以便设计出比较灵活的付费方式。此外，还需要设计便捷的应用接口，方便服务调用。用户在调用中选择什么样的云计算服务，这就要设计合理的度量标准，并建立一个全球云计算服务市场以供选择调用。

五、云计算与大数据的关系

云计算的核心模式是大规模分布式计算，将计算、存储、网络等资源以服务的模式提供给用户，按需使用。云计算为企业和用户提供了高可扩展性、高可用性和高可靠性，提高了资源使用效率，降低了企业信息化建设、投入和运维成本。随着美国亚马逊、Google，微软公司提供的公共云服务的不断成熟与完善，越来越多的企业正在往云计算平台上迁移。

近几年，云计算技术在我国取得了长足的发展。我国设立了北京、上海、深圳、杭州、无锡等第一批云计算示范城市，北京的"祥云"计划、上海的"云海"计划、深圳的"云计算国际联合实验室"、无锡的"元云计算项目"以及杭州的"西湖云计算公共服务平台"先后启动和上线，天津、广州、武汉、西安、重庆、成都等也都推出了相应的云计算发展计划，或成立了云计算联盟，积极开展云计算的研究开发和产业试点。

大数据的爆发是社会和行业信息化发展中遇到的棘手问题。由于数据流量和体量增长迅速，数据格式存在多源异构的特点，而对数据处理又要求准确、实时，能够发掘出大体量数据中潜在的价值。传统的信息技术架构已无法处理大数据问题，它存在着扩展性差、容错性差、性能低、安装部署及维护困难等瓶颈。由于物联网、互联网、移动通信网络技术在近年来的迅猛发展，数据产生和传输的频度与速度大大加快，催生了大数据问题，数据的二次开发、深度循环利用让大数据问题日益突出。

云计算与大数据是相辅相成、辩证统一的关系。云计算、物联网技术的广泛应用是人们的愿景，大数据的爆发则是在发展中遇到的棘手问题。云计算是技术发展趋势，大数据是现代信息社会飞速发展的必然现象。解决大数据问题，需要现代云计算的手段和技术。大数据技术的突破不仅能解决现实困难，也会促使云计算、物联网技术真正落地并推广应用。

从现代 IT 技术的发展中可以总结出以下几个趋势和规律。大型机与 PC 之争以 PC 完胜为终结。苹果 iOS 和 Android 之争，开放的 Android 平台在 2~3 年即抢占了 1/3 的市场份额。这些都体现了现代 IT 技术需要本着开放、众包的观念，才能取得长足发展。与现有的常规技术相比，云计算技术的优势在于利用众包理论和开源体系建设基于开放平台和开源新技术的分布式架构，能够解决现有集中式的大型机处理方式难以解决或不能解决的问题。淘宝、腾讯等大型互联网公司也曾经依赖 Sun、Oracle、EMC 这样的大公司，后来都因为成本太高而采用开源技术，自身的产品最终也贡献给开源界，这也反映了信息技术发展的趋势。

（一）大数据是信息技术发展的基本阶段

根据现在的信息技术发展情况可以预测，各个国家和经济实体都会将数据科学纳入亟待研究的应用范畴，数据科学将发展成人类文明中至关重要的宏观科学，其内涵和外延已经覆盖所有与数据相关的学科和领域，逐渐构架出清晰的纵向层级关系和横向扩展边界。

纵向上，从文字、图像的出现算起，发展到以数学为基础的自然学科，再发展到以计算机为工具甚至到云计算、物联网、移动互联的今天，围绕的核心就是数据。只是今天的数据，按照宏观数据理论，已经扩展为所有人类文明所记载的内容，而不再是狭义的数值；横向上，数据科学正向其他社会学科和自然学科渗透，并影响了其他学科研发流程和探究方法的传统思维，建立了各个学科、各个领域间的新型关系，弱化了物理性边界，使事物变得更加一体化。

正是这种横向、纵向上的延展，使数据达到了前所未有的数量、容量和质量，而且加速倾向严重，其重要性更是上升到了生产要素的战略高度，使人们意识到大数据时代（或叫数据时代）真正来临了。这一切的起因就是信息技术的高速发展。所以，大数据是人们必须面临的问题，是发展中必然要经历的阶段。

（二）云计算等新兴信息技术正在真正落地和实施

云计算及大数据处理技术已经渗透到国内传统行业及新兴产业，政策、资金引导力度不断加大。纵观国内市场，云计算已广泛应用在互联网企业、社交网站、搜索、媒体、电子商务等新兴产业领域。同时，在国家政策的引导下，科研经费投入力度加大，国家重大项目资金、政府引导型基金、地方配套资金和企业发展所需的科研基金涉及国民经济多个支柱型行业和领域，其规模、数量增长迅猛，时效显著。在这一大背景下，传统行业的云计算应用将蓬勃发展，但目前大多仍着眼于硬件建设和资源服务层面（如智慧城市中宽带建设、数据中心项目等），核心软件关键技术（如大数据处理）更多的是在课题研究领域，真正的应用并不多见。

重点领域的行业需求迫切。一些企业（如电力、民航、银行、电信等）为了自身业务的发展，确实迫切需要新的技术解决在大数据处理方面遇到的问题。另外，随着经济的发展以及市场环境的不断变化，越来越多的企业意识到数据在开拓市场、提升自身竞争力等方面所起到的重要作用，挖掘数据、寻找新价值的需求逐渐受到重视。同时，现代信息技术作为产业升级、打造新兴产业的引擎，又极大地推动了大数据处理技术的发展。可以预见，大数据处理市场将会变得空前广阔，"数据为王"的理念将会被越来越多的人接受。

（三）云计算等新兴技术是解决大数据问题的关键

云计算的迅速崛起逐步解决了高成本、高含量的问题，但低成本、高速度的数据应用使数据泛滥成灾，出现数量大、结构变化快、速度时效性高、价值密度低等问题，形成了大数据问题。只有解决了大数据这个疑难杂症，才能使云计算等新兴技术真正落地和应用。怎么解决、用什么技术、坚持什么原则，是需要认真考虑的问题。

大数据问题的解决要从大数据的源头开始梳理。既然大数据源于云计算等新兴 IT 技术，就必然有新兴 IT 技术的基因继承下来。低成本、按需分配、可扩展、开源、泛在化等特点是云计算的基因，这些基因体现在大数据上有了性质的突变。比如，低成本这个基因在大数据问题上就演变出数据产生的低成本和数据处理的高成本；按需分配的虚拟化基因促使数据的应用变得更加平台集中化；可扩展、开源和泛在化使数据变得增速异常等。综合起来就是，大量的普遍存在的低成本、低价值密度数据多集中在平台上，使处理成本增加，技术难度加大，泛在化倾向加重。

泛在化倾向加重就意味着这个问题本身是全链条、全领域的增速共生事件，就必须以最广泛的视野和观念来克服和改善，简单的单项处理技术和局部突破在这个数据裂变量面前经常会变得力不从心，无法完成。这与云计算技术突破传统 IT 技术的大型机原理、高成本瓶颈和技术垄断是一个道理。这说明低成本的复制、可扩展的弹性、众人参与的开源等原则既是云计算的基础手段，也是解决大数据问题最实用的办法。再深入分析，云计算等先进的 IT 技术的天性就是要快速、方便地处理数据，特别是互联网产业的爆炸式发展让这个路径变得越来越唯一。覆盖和变革全信息产业的云计算等新兴 IT 技术抽象出了"云"的理念、原则和手段，成为人们理解大数据、应用大数据的关键。

第二节　云资源的管理与调度

建立云计算数据中心和应用平台后，一项重要和关键的技术是将云计算数据中心虚拟共享资源有效地按用户需求动态管理和分配，并提高资源的使用效率，从而为云计算的广泛应用提供便利。其中涉及两个技术点，即数据中心的资源调度和管理。图 3-2 是资源调度、管理流程的一个示例。

一、云资源管理

在数据中心规模日益庞大的今天，如果不能提升数据中心的管理能力，全面、充分地调度数据中心各项资源，那么数据中心在性能上并不能称得上优秀，特别是服务器数量增加、虚拟化环境日趋复杂、数据中心能耗的增加对数据中心管理者在服务器利用、服务器能耗等方面提出了极大的挑战。因此，只有采用更加高效的数据中心管理平台，才能让数据中心的性能更上一个台阶。

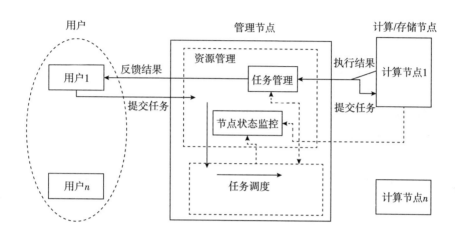

图3-2 云计算资源调度、管理流程

对数据中心的管理要从三个方面入手：第一步是搭建最基础的数据中心设备管理平台，通过这个平台对数据中心内部的各个设备进行实时监控，当出现异常情况后，立即通过管理软件对其进行处理；第二步是管理和控制能源消耗的设备，对已经部署的制冷设备进行实时调节；第三步是对虚拟层设备的管理，主要是对实施虚拟化后设备的运行情况进行监视，以免因虚拟层的崩溃而对设备的正常运行造成影响。

（一）云数据中心资源管理的内容

云数据中心资源管理的内容主要是用户管理、任务管理与资源管理。

1. 用户管理

用户管理主要分为账号管理、用户环境配置、用户交互管理与使用计费。

账号管理：云数据中心的主要作用之一是为用户提供计算和存储资源。使用这些资源，用户应当注册账号以便统一管理。数据中心管理员登录高权限的账号，可以对数据中心进行普通用户无法访问的操作。

用户环境配置：不同数据中心账户保存它们各自的环境配置，并提供配置的导出和导入功能。

用户交互管理：记录用户登录状态变化和对资源的各种操作的模块，并将用户操作写入日志以备查询。

使用计费：根据用户使用的资源种类、时长、用户级别等计算其应支付的费用，计费系统一般根据提供商自身的业务特点，基于虚拟化。

2. 任务管理

任务管理主要有映像部署与管理、任务调度、任务执行和生命周期管理。

映像部署与管理：云数据中心的基础是虚拟化平台，资源管理系统通过映像文件部署一台全新的虚拟机，而无须新建空虚拟机并安装操作系统。同时，用户也可以将自己的虚拟机保存为自定义的映像文件，以快速部署 DIY 系统。

任务调度：负责在数据中心服务器上分配用户任务的模块。

任务执行：负责执行数据中心具体的任务的模块。

生命周期管理：对资源生命周期进行管理，定期释放过期的资源，以节省数据中心存储空间和能耗。

3. 资源管理

主要包括多种调度算法、故障检测、故障恢复和监控统计。

多种调度算法：负责从监控统计模块获取数据，计算数据中心各个服务器的负载状态，并适时执行多种调度算法，以使所有的服务器工作保持最佳的状态。

故障检测：该模块周期性地启动，测试数据中心的软硬件状况，记入日志或数据库，并且在检测到指定错误时向管理员报告。

故障恢复：通常对可预计的故障预先设定好故障处理模块，当发生这些故障时，会自动启动应对措施。

监控统计：监控数据中心各类资源的状态，汇总数据并及时提供给其他模块进行相应的计算。

(二) 资源管理的目标

云计算的资源管理的目标是接受用户的资源请求，并把特定的资源分配给资源请求者，主要包括数据存储和资源管理两个方面的内容。在此，将云资源管理的目标概括为以下四点：

1. 自动化

自动化就是数据中心资源管理模块在无须人工干预的情况下能够处理用户请求、服务器软硬件故障，并对各项操作进行记录。

2. 资源优化

定时对数据中心资源分配进行优化，以保持数据中心资源的合理分配。资源的优化依据不同的策略，不同的策略有不同的优化目标，通常有以下三种：

(1) 通信调优策略。主要依据数据中心网络带宽调度资源，该策略使服务器之间的通信带宽、服务器与外部的通信带宽得到合理分配。

(2) 热均衡策略。主要依据数据中心内服务器的产热分布进行资源调度，该策略调整数据中心的资源使用分布情况，从而达到指定服务器之间的产热均衡，使数据中心的散热设备得到充分利用，节约资源。

（3）负载均衡策略。主要依据数据中心内各个服务器的物理资源（主要包括 CPU、内存、网络带宽等资源）使用情况，通过控制任务分配和资源迁移，使数据中心达到综合负载均衡的状态。

3. 简洁管理

资源管理的目标之一是使管理员和用户能够较为容易地管理资源。因此，功能和界面设计应以简洁和实用为主。

4. 虚拟资源与物理资源的整合

虚拟资源与物理资源的整合是通过虚拟化技术实现的，虚拟化技术对创建云计算中心至关重要。虚拟化技术是云计算中的关键技术，因为云计算中一台主机能够同时运行多个操作系统平台，其处理能力和存储空间能根据需求不同而被不同平台上的应用动态共享。动态分配和回收物理主机资源，增加了云资源管理的难度。

二、云资源调度策略

（一）资源调度关键技术

云计算建立在计算机界长期技术累积的基础上，包括软件和平台作为一种服务、虚拟化技术和大规模的数据中心技术等关键技术。数据中心（可能是分布在不同地理位置的多个系统）是容纳计算设备资源的集中之地，同时负责对计算设备的能源提供和空调维护等。数据中心可以单独建设，也可以置于其他建筑之内。动态分配管理虚拟和共享资源在新的应用环境——云计算数据中心面临新的挑战，因为云计算应用平台分布广泛且种类多样，加之用户需求的实时动态变化很难准确预测，而且需要考虑系统性能和成本等因素，使问题变得非常复杂。需要设计高效的云计算数据中心分配调度策略算法，以适应不同的业务需求和满足不同的商业目标。目前的数据中心分配调度策略主要包括先来先服务、负载均衡、最大化利用等。提高系统性能和服务质量是数据中心的关键技术指标，然而随着数据中心规模的不断扩大，能源消耗成为日益严重和备受关注的问题，因为能源消耗对成本和环境的影响都极大。

云数据中心资源调度关键技术主要包括以下六个方面：

（1）调度策略。是资源调度管理的最上层策略，需要数据中心所有者和管理者界定，主要是确定调度资源的目标。

（2）优化目标。调度中心需要确定不同的目标函数以判断调度的优劣，目前有最大化满足用户请求、最低成本、最大化利润、最大化资源利用率等优化目标函数。

（3）调度算法。好的调度算法需要按照目标函数产生优化的结果，并且需要在极短的时间之内完成，同时自身不能消耗太多资源。一般来讲，调度算法基本都是 NP-hard（非确定性多项式时间难题）问题，需要极大的计算量，而且不能通用。业界普遍采用近似优化的调度算法，并且针对不同应用采用的调度算法不同。

（4）调度系统结构。与数据中心基础架构密切相关，目前多是多级分布式体系结构。

（5）数据中心资源界定及其相互制约关系。分析清楚资源及其相互制约关系，有利于调度算法综合平衡各类因素。

（6）数据中心业务流量特征分析。掌握业务流量特征有助于优化调度算法。

（二）资源调度策略分类

1. 性能优先

（1）先来先服务。最大限度地满足单台虚拟机的资源要求，一般采用先来先服务的策略，同时结合用户优先级。主要考虑如何最大限度地满足用户需求，并考虑用户优先级别（包括重要性和安全性等）。初期的 IBM 虚拟计算等都是如此，多用于公司或学校内部。可能没有具体的调度优化目标函数，但须说明管理员是如何分配资源的。服务器可分为普通、高吞吐量、高计算密度等类别供用户选择。

（2）负载均衡。负载均衡是指使所有服务器的平均资源利用率达到平衡，如 VMware 和 Sim 公司产品采用了负载均衡策略。

优化目标：资源利用的平衡即所有物理服务器（CPU、内存利用率、网络带宽等）利用率基本一致。每当有资源被分配使用时，需要计算、监控各类资源。目前的利用率（或直接使用负载均衡分配算法），将用户分配到资源利用率最低的资源上。

负载平衡通过软、硬件都可以实现。硬件方式通过提供负载平衡专门的设备，如多层交换机，可以在一个集群内分发数据包。通常情况下，实施、配置和维护基于硬件的解决方案需要时间和资金成本的投入。软件方式可以采用 Round Robin（轮询调度）等调度方式。

（3）提高可靠性。优化目标：使各资源的可靠性达到指定的具体要求。

业务可靠性与服务器本身的可靠性（平均故障时间、平均维修时间等）相关，还有停机、停电、动态迁移等造成的业务中断影响业务的可靠性。

例如，一台物理服务器的可靠性是 90%，用户要求的业务的可靠性是 99.9%，调度需要至少双机备份。假设一次动态迁移使业务的可靠性降低 0.1%，则调度策略需要减少（或避免）动态迁移。

在一定前提下，尽量减少虚拟机迁移次数（平均迁移次数、总迁移次数、单台虚拟机最大迁移次数）。需要统计虚拟机迁移对可靠性造成的量化影响。提高可靠性的方式是备份冗余等方式，使用主备份方式时主用机与备用机不放置在同一物理机上或同一机架上。具体指标也可以由用户指出（作为需求选项由用户选择）。

2. 成本优先

（1）提高整体利用率。优化目标：资源利用率最高，使所有数据中心计算资源得到充分利用（或用最少的物理机满足用户需求）。

输入：当前数据中心的资源分布，用户请求（特定的虚拟机）。

输出：用户请求的虚拟机配置在数据中心的物理机编号。

定义：物理（虚拟）服务器的利用率（或效率）＝已分配CPU/已开物理机可虚拟出的CPU总数。

这一参数说明当前服务器的使用情况，由此可以排列出不同服务器效率的高低。选择虚拟机时总是按照其利用率从小到大排列。

（2）最大化利润。优化目标：最大化利润，使用各种资源的收入（单位时间）减去使用各种资源的总成本得出利润。

考虑因素主要包括：①单位资源单位时间的成本（每台物理机可能不一样）＝固定成本（含折旧、人力等）＋变动成本（与其功耗相关），虚拟机的功耗率＝虚拟机满负载的总成本/虚拟机总CPU容量。②每台物理机上的成本＝启动成本（每次新开一台服务器的成本）＋单位资源单位时间的成本×时间×资源大小。③单个用户请求的收入＝该用户选择的虚拟机单位时间价格×使用时间，资源总收入为所有用户的收入之和。④每次用户使用结束后，比较迁移条件，如果满足则可以进行迁移，以减少物理服务器开机数量，减少成本。

（3）最小化运营成本。降低运营成本，减少制冷、电力、空间成本。

优化目标：最小化成本，使所有资源成本之和最小化。考虑因素主要包括以下几点：

1）单位资源单位时间的成本（每台物理机可能不一样）＝固定成本（含折旧、人力等）＋变动成本（与其功耗相关）。

2）虚拟机的功耗率＝虚拟机满负载的总成本/虚拟机总CPU容量。

3）每台物理机上的成本＝启动成本（每次新开一台服务器的成本）＋单位资源单位时间的成本×时间×资源大小。

4）单个用户请求的收入＝该用户选择的虚拟机单位时间价格×使用时间，资源总收入为所有用户的收入之和。

综上所述，需要考虑到公司实际的业务需求和商业目标而选取不同的调度策略。对于以满足公司内部业务需求为主的应用，可以考虑最小化成本、最大化利用率和负载均衡等；对于以商业应用为主的需求，可以考虑利润最大化。

三、云计算数据中心负载均衡调度

(一) 云计算数据中心负载均衡调度策略概述

云计算数据中心将虚拟机按用户需求规格（可能不一致）动态，自动分配给用户，但是由于用户的需求规格和数据中心所有的物理服务器的规格配置不一致，若采用简单的分配调度方法，如常用的轮转法、加权轮转法、最小负载（或链接数）优先、加权最小负载优先法、哈希法等，很难达到物理服务器负载均衡，会造成服务性能不均衡和其他相关问题。

(二) 云计算数据中心负载均衡调度策略中主要调度算法分析

本节主要介绍的调度算法包括轮转调度算法、加权轮转调度算法、目标地址哈希调度算法、源地址哈希调度算法、加权最小链接算法。

1. 轮转调度算法

把新的连接请求按顺序轮流分配到不同的服务器上，从而实现负载均衡。该算法的优点是简单易行，但不适用于服务器性能不一致的情况。

轮转调度算法就是以轮转的方式依次将请求调度到不同的服务器，即每次调度执行 i= (i+1) mod，并选出第 i 台服务器。该算法的优点是简洁，无须记录当前所有连接的状态，所以它是一种无状态调度。

在系统实现时，引入了一个额外条件，当服务器的权值为 0 时，表示该服务器不可用而不被调度。这样做的目的是将服务器切出服务（如屏蔽服务器故障和系统维护），同时与其他加权算法保持一致。所以，该算法要做出相应的改动。

轮转调度算法流程：假设有一组服务器 $S=\{S_0, S_1, S_2, \cdots, S_{n-1}\}$，一个指示变量 i 表示上一次选择的服务器，$W(S_i)$ 表示服务器用的权值。变量 i 被初始化为 n-1，其中 n>0。

轮转调度算法假设所有的服务器处理性能均相同，不管服务器的当前连接数和响应速度。该算法相对简单，不适用于服务器组中处理性能不一致的情况。

2. 加权轮转调度算法

克服轮转调度算法的不足，用相应的权值表示服务器的处理能力，权值较大的服务器将被赋予更多的请求。一段时间后，服务器处理的请求数趋向于各自权值的比例。

加权轮转调度算法流程：

假设有一组服务器 $S=\{S_0, S_1, \cdots, S_{n-1}\}$，$W(S_i)$ 表示服务器 S_i 的权值，一个指示变量 i 表示上一次选择的服务器，指示变量 cw 表示当前调度的权值，max (s) 表示集合 S 中所有服务器的最大权值，gcd (s) 表示集合中所有服务器权值的最大公约数。变量，初始化为-1，cw 初始化为 0。

```
while(true){
    i=(i+1)mod n;
    if(i==0){
        cw=cw—gcd(S);
        if(cw<=0){
            cw=max(S);
            if(cw==0){
                return NULL;
            }
        }
    }
    if(W(Si)>=cw)
        returnSi;
}
```

加权轮转调度算法考虑了服务器处理性能不一致、服务器的当前连接数等因素。该算法相对轮转调度算法实用性更强，但是当请求服务时间变化比较大时，加权轮转调度算法容易导致服务器间的负载不平衡。

3. 目标地址哈希调度算法

以目标地址为关键字查找一个静态哈希表来获得所需的真实服务器。

目标地址哈希调度算法也是针对目标 IP 地址的负载均衡，但它是一种静态映射算法，通过一个哈希函数将一个目标 IP 地址映射到一台服务器。

目标地址哈希调度算法先根据请求的目标 IP 地址，作为哈希键从静态分配的哈希表中找出对应的服务器，若该服务器是可用的且未超载，将请求发送到该服务器，否则返回空。该算法的流程如下。

假设有一组服务器 S = {S₀，S₁，S₂，…，Sₙ₋₁}，W (Sᵢ) 表示服务器 Sᵢ 的权值，C(5)表示服务器 5 的当前连接数。ServerNode 是一个有 256 个桶的哈希表，一般来说，服务器的数目会远小于 256，当然表的大小也是可以调整的。

算法的初始化是将所有服务器顺序、循环地放置到 ServerNode 表中。若服务器的连接数大于 2 倍的权值，则表示服务器已超载。

在实现时，采用素数乘法 Hash 函数，通过乘素数使哈希键值尽可能地达到较均匀分布，所采用的素数乘法 Hash 函数如下：

staticinlineunsignedhashkey（unsignedintdest_ip）

retum（destjp∗2654435761UL）&HASH_TAB_MASK；

其中，2654435761UL 是 2 到 232（4294967296）间接近于黄金分割的素数。

4. 源地址哈希调度算法

以源地址为关键字查找一个静态 Hash 表来获得所需的真实服务器。

源地址哈希调度算法正好与目标地址哈希调度算法相反，它根据请求的源地址，作为哈希键从静态分配的哈希表中找出对应的服务器，若该服务器是可用的且未超载，将请求发送到该服务器，否则返回空。它采用的哈希函数与目标地址哈希调度算法相同。它的算法流程与目标地址哈希调度算法基本相似，区别在于将请求的目标 IP 地址换成请求的源 IP 地址，所以这里不重复叙述。

在实际应用中，源地址哈希调度和目标地址哈希调度可以结合使用在防火墙集群中，它们可以保证整个系统的唯一出入口。

5. 加权最小链接算法

克服最小链接算法的不足，用相应的权值表示服务器的处理能力，将用户的请求分配给当前连接数与权值之比最小的服务器。它是 LVS（虚拟服务器）（Limix Virtual System）默认的负载分配算法。假设有一组服务器 $S = \{S_0, S_1, S_2, \cdots, S_{n-1}\}$，$W(S_i)$ 表示服务器用的权值，$C(S)$ 表示服务器 S_i 的当前连接数，所有服务器当前连接数的总和为 $C_{sum} = \sum_{i=1}^{n-i} C(S_i)$；当前的新连接请求会被发送到服务器 Sm 当且仅当服务器满足以下条件：

$$\frac{\dfrac{C(S_m)}{C_{sum}}}{W(S_m)} = \min\left\{\frac{\dfrac{C(S_m)}{C_{sum}}}{W(S_i)}\right\} (i=0, 1, \cdots, n=1)$$

其中，$W(S_i)$ 不为 0。因为 C_{sum} 在这一轮查找中是个常数，所以判断条件可以简化为：

$$\frac{C(S_m)}{W(S_m)} = \min\left\{\frac{C(S_i)}{W(S_i)}\right\} (i=0, 1, \cdots, n-1)$$

其中，$W(S_i)$ 不为 0。

因为除法所需的 CPU 周期比乘法多，且在 Linux 内核中不允许浮点除法，服务器的权值大于 0，所以判断条件 $\dfrac{C(S_m)}{W(S_m)} > \dfrac{C(S_i)}{W(S_i)}$ 可以进一步优化为 $C(S_m) \times W(S_m) > C(S_i) \times W(S_i)$。

同时，保证服务器留权值为 6 时，服务器不被调度。所以，算法只需要执行以下流程：

```
for (m=0; m<n; m+4-) {
if (W (Sm) >0) {
```

```
for (i=m+1; i<n; i++) {
if (C (Sm) * W (Si) >C (Si) * W (Sm) )
m=i;
)
returnSm;
```

第三节　云存储系统的技术与分类

云存储不是一个设备，而是一种服务。具体来说，它是把数据存储和访问作为一种服务，并通过网络提供给用户。云计算是提供计算能力，相应地，云存储是提供存储能力。云存储专注于为用户提供以网络为基础的在线存储服务，通过规模化降低用户使用存储的成本。用户无须考虑存储容量、存储设备的类型、数据存储的位置以及数据完整性保护和备份等烦琐的底层技术细节，按需付费就可以从云存储供应商那里获得近乎无限大的存储空间和企业级的服务质量。本节主要介绍云存储系统，从云存储的基础概念出发，介绍云存储涉及的关键技术，并对云存储系统按分类进行描述。

一、云存储的基本概念

云存储是在云计算概念上延伸和发展出来的一个新概念，是指通过集群应用、网络技术或分布式文件系统等功能，将网络中大量不同类型的存储设备通过应用软件集合起来协同工作，共同对外提供数据存储和业务访问功能的一个系统。

（一）云存储结构模型

随着宽带网络的发展，很多云存储厂商在云计算所引发的浪潮中如雨后春笋般冒了出来，其中亚马逊的 AWSS3（亚马逊简单存储服务）最具有代表性。中国越来越多的公司也推出了云存储服务。比如，百度云网盘、金山快盘、微博微盘、腾讯微云、360 云盘等，国外的 Dropbox（一款云存储和文件同步服务平台），都有很大的用户量，其中国内的一些网盘更是为用户提供了多达 2TB 的免费存储空间。这些云存储服务的出现为资料保存、分发、共享提供了极大的便利。

云存储实际上是网络上所有的服务器和存储设备构成的集合体，其核心是用特定的应用软件实现存储设备向存储服务功能的转变，为用户提供一定类型的数据存储和业务访问服务。与传统的存储设备相比，云存储不仅是一个硬件，而且更是一个网络设备、存储设备、服务器、应用软件、公用访问接口、接入网、客户端程序等多个部分组成的复杂系统。各部分以存储设备为核心，通过应用软件对外提供数据存储和业务访问服务。

为了解释云存储系统的结构模型，在这里参考互联网的结构模型。相信大家对局域网、广域网和互联网的一些概念都比较清楚，在常见的局域网系统中，为了能更好地使用局域网，使用者需要非常清楚地知道网络中每一个软硬件的型号和配置。比如，采用什么型号的交换机，有多少个端口，采用了什么路由器和防火墙，分别是如何设置的；系统中有多少个服务器，分别安装了什么操作系统和软件；各设备之间采用什么类型的连接线缆，分配了什么 IP 地址和子网掩码；等等。广域网和互联网对具体的使用者是完全透明的，这也是人们经常看到一些系统架构图用一个云状的图形表示广域网和互联网的原因。

图 3-3 代表的是广域网和互联网带给大家的互联互通的网络服务，无论人们在任何地方，通过一个网络接入线缆和用户名、密码，就可以接入广域网和互联网，享受网络带来的服务。在存储的快速发展过程中，不同的厂商对云存储提供了不同的结构模型，这里介绍一个比较有代表性的云存储结构模型，这个模型的结构如图 3-3 所示。

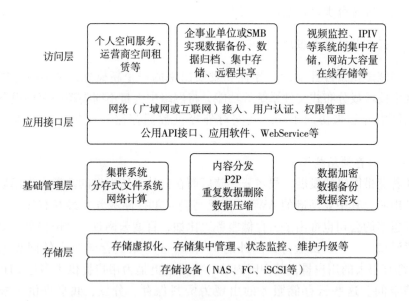

图 3-3　云存储结构模型

云存储系统的结构模型自底向上由四层组成，分别为存储层、基础管理层、应用接口层和访问层。

1. 存储层

存储层是云存储的基础部分。存储设备可以是 FC（光纤通道）存储设备，可以是 NAS（网络附属存储）和 iSCSI（互联网小型计算机系统接口）等 IP 存储设备，也可以是 SCSI（小型计算机系统接口）或 SAS（串行连接 SCSI 接口）、DAS（直接附加存储）等存储设备。云存储中的存储设备往往数量庞大且分布在不同地域，彼此之间通过广域网、互联网或者 FC 光纤通道网络连接在一起。存储设备之上是一个统一的存储设备管理系统，可以实现存储设备的逻辑虚拟化管理、多链路冗余管理以及硬件设备的状态监控和故障维护。

2. 基础管理层

基础管理层是云存储的核心部分，也是云存储中最难以实现的部分。基础管理层通过集群、分布式文件系统和网格计算等技术实现云存储中多个存储设备之间的协同工作，使多个存储设备可以对外提供同一种服务，并提供更大、更强、更好的数据访问性能。CDN（内容分发网络）内容分发系统保证用户在不同地域访问数据的及时性，数据加密技术保证云存储中的数据不会被未授权的用户访问。同时，通过各种数据备份可以保证云存储中的数据不会丢失，保证云存储自身的安全和稳定。

3. 应用接口层

应用接口层是云存储中最灵活多变的部分。用户通过应用接口层实现对云端数据的存取操作，云存储更加强调服务的易用性。不同的云存储运营单位可以根据实际业务类型开发不同的应用服务接口，提供不同的应用服务。服务提供商可以根据自己的实际业务需求为用户开发相应的接口，如视频监控应用平台、IPTV（网络电视）和视频点播应用平台、网络硬盘应用平台、远程数据备份应用平台等。

4. 访问层

经过身份验证或授权的用户可以通过标准的公用应用接口登录云存储系统，享受云存储提供的服务。访问层的构建一般都遵循友好化、简便化和实用化的原则。访问层的用户通常包括个人数据存储用户、企业数据存储用户和服务集成商等。目前，商用云存储系统对中小型用户具有较大的性价比优势，尤其适合处于快速发展阶段的中小型企业。由于云存储运营单位的不同，云存储提供的访问类型和访问手段也不尽相同。

（二）云存储与传统存储系统的区别

用户使用云存储并不只是使用某一个存储设备，而是使用整个云存储系统带来的一种数据访问服务。用一句话概括云存储与传统存储的区别，那就是云存储不是存储，而是一种服务。

云存储系统需要存储的文件将随着用户数量的增长和存储内容的增加而呈指数级增长态势，这就要求存储系统的容量扩展能够跟上数据量的增长，做到无限扩容，同时在扩展过程中做到简便易行，不能影响到数据中心的整体运行。也就是说，数据中心存储系统容量的变化对普通的数据服务使用者来说是透明的，即存储硬件的增减都不会影响到数据的访问。如果容量的扩展需要复杂的操作，甚至停机，那么无疑会降低数据中心的运营效率。

云时代的存储系统不仅需要容量的提升，对性能的要求同样迫切。与只面向有限的用户不同，在云时代，存储系统将面向更为广阔的用户群体，用户数量级的增加使存储系统也必须在吞吐性能上有飞速提升，只有这样才能对请求做出快速反应。这就要求存储系统能够随着容量的增加而拥有线性增长的吞吐性能，这显然是传统的存储架构无法达到的目标。

由于传统的存储系统没有采用分布式的文件系统，无法将所有访问压力平均分配到多个存储节点，因而在存储系统与计算系统之间存在明显的传输瓶颈，由此带来单点故障等多种后续问题。集群存储正好解决了传统存储系统面临的问题。要想了解云存储系统与传统存储系统的区别，就必须清楚传统的存储系统在实际生产环境中遇到的问题。显然，随着数据量的增多，传统的存储系统在下面这些问题的解决上显得越来越力不从心。

1. 传统存储的问题

（1）性能问题。由于数据量的激增，数据的索引效率越来越被人们所关注。而动辄上 TB（太比特）的数据，甚至是几百 TB 的数据，在索引时往往需要花几分钟的时间。

传统的存储技术是把所有数据都当作对企业同等重要和同等有用的数据进行处理，所有的数据集成到单一的存储体系中，以满足业务持续性需求，但是在面临大数据时就显得捉襟见肘了。

（2）成本激增。在大型项目中，前端信息采集点过多，单台服务器承载量有限，就造成需要配置几十台甚至上百台服务器的状况，这必然造成建设成本、管理成本、维护成本、能耗成本的急剧增加。

（3）磁盘碎片问题。视频监控系统往往采用回滚写入方式，这种无序的频繁读写操作导致了磁盘碎片的大量产生。随着使用时间的增加，将严重影响整体存储系统的读写性能，甚至导致存储系统被锁定为只读，而无法写入新的视频数据。

2. 云存储系统与传统存储相比具有的优势

（1）量身定制。这主要是针对私有云，云服务提供商专门为单一的企业客户提供一个量身定制的云存储服务方案，或者是企业自己的 IT 机构部署一套私有云服务架构。私有云不仅能为企业用户提供最优质的贴身服务，而且还能在一定程度上降低安全风险。AmazonS3（亚马逊网络服务旗下的一款云存储服务）和 Open Stack 都能提供私有云环境。

（2）成本低。目前，企业在数据存储上付出的成本是相当大的，而且这个成本会随着数据的暴增而不断增加。为了减少这一成本压力，许多企业将大部分数据转移到云存储上，让云存储服务提供商为它们解决数据存储问题，这样就能花很少的价钱获得最优的数据存储服务。提供这些服务的企业有 AWSS3、Windows Azure（微软云计算服务平台早期名称）等。

（3）管理方便。其实，这一项也可以归纳为成本上的优势。因为将大部分数据迁移到云存储上后，所有的升级维护任务都由云存储服务提供商完成，减少了企业存储系统管理上的成本压力。云存储服务还有强大的可扩展性，当企业用户发展壮大后，发现自己先前的存储空间不足，就要考虑增加存储服务器以满足现有的存储需求，云存储服务可以很方便地在原有基础上扩展服务空间，满足企业的需求。

二、存储虚拟化技术

随着存储需求的不断增长，企业所需要的存储服务器和磁盘都会随之相应地快速增长。面对这种存储管理困境，存储虚拟化就是其中一种可选的解决方案。那么，存储虚拟化的定义是什么呢？全球网络存储工业协会给出了定义："通过将存储系统/子系统的内部功能从应用程序、计算服务器、网络资源中进行抽象、隐藏或隔离，实现独立于应用程序、网络的存储与数据管理。"

存储虚拟化技术的实现手段是将底层存储设备进行统一抽象化管理，底层硬件的异构性、特殊性等特性都被屏蔽了，对于服务器层来说只保留其统一的逻辑特性，从而实现了存储系统资源的集中、方便、统一的管理。存储虚拟化可以让管理员将不同的存储作为单个集合的资源进行识别、配置和管理，存储资源的调度、存储设备的增减对用户来说都是透明的。存储虚拟化是存储整合的一个重要组成部分，能减少管理问题，而且能够提高存储利用率，从而降低新增存储的费用。

存储虚拟化与传统存储相比有什么不同之处？答案是肯定的。第一个区别是存储虚拟化相较传统存储最大的优势在于磁盘的利用率很高。传统的存储磁盘利用率很低，只有 30%～70%，而采用了虚拟存储技术之后，磁盘利用率能提高到 70%～90%。对于存储资源如此宝贵的企业来说，虚拟存储技术对它们的吸引力还是很大的。第二个区别是在存储的灵活性上，虚拟化的优点在于可以把不同厂商生成的不同型号的异构的存储平台整合进来，适应异构环境，从而为资源的存储管理提供更好的灵活性。第三个区别是管理方便，存储虚拟化提供了一个大容量存储系统集中管理的手段，避免了由于存储设备扩充所带来的管理方面的麻烦。第四个区别是性能更好，虚拟化存储系统可以很好地进行负载均衡，把每一次数据访问所需的带宽合理地分配到各个存储模块上，提高了系统的整体访问带宽。

虚拟化存储根据在 I/O 路径中实现虚拟化的位置不同，可以分为三种实现技术：主机的虚拟存储、网络的虚拟存储以及存储设备的虚拟存储。下面对三种存储虚拟化技术的实现进行简要介绍。

（一）基于主机的虚拟化存储技术

基于主机的虚拟化存储实现的核心技术是增加一个运行在操作系统下的逻辑卷管理软件，这个软件的功能是将磁盘上的物理块号映射成逻辑卷号，并以此把多个物理磁盘阵列映射成一个统一的虚拟的逻辑存储空间（逻辑块），实现存储虚拟化的控制和管理。从技术实施层面看，基于主机的虚拟化存储不需要额外的硬件支持，便于部署，只通过软件即可实现对不同存储资源的存储管理。但是，虚拟化控制软件也导致了此项技术的主要缺点：第一，软件的部署和应用影响了主机性能；第二，各种与存储相关的应用通过同一个主机，存在越权访问的数据安全隐患；第三，通过软件控制不同厂家的存储设备，存在额外的资源开销，进而降低了系统的可操作性与灵活性。

（二）基于网络的虚拟化技术

存储网络的虚拟化技术的核心是在存储区域网中增加虚拟化引擎，实现存储资源的集中管理。其具体实施一般通过具有虚拟化支持能力的路由器或交换机实现。在此基础上，存储网络虚拟化又可以分为带内虚拟化与带外虚拟化两类。二者的主要区别如下：带内虚拟化使用同一数据通道传送存储数据和控制信号，而带外虚拟化使用不同的通道传送数据和命令信息。

（三）基于存储设备的虚拟存储技术

存储设备虚拟化技术依赖提供相关功能的存储设备的阵列控制器模块，常见于高端存储设备，其主要应用针对异构的 SAN（存储区域网络）存储构架。此类技术的主要优点是不占主机资源，技术成熟度高，容易实施；缺点是核心存储设备必须具有此类功能，且消耗存储控制器的资源，同时由于异构厂家磁盘阵列设备的控制功能被主控设备的存储控制器接管，导致其高级存储功能将不能使用。

三、分布式存储技术

除了虚拟存储技术以外，还有一种云存储技术称为分布式存储技术。由于分布式存储技术出现的时间相对传统存储来说较晚，所以分布式存储相比传统的集中阵列存储设备，其技术和解决方案还处于发展的初级阶段。总体来看，只具备部分场景下的存储需求实现能力。但从发展趋势来看，通过一个可扩展的网络连接各离散的处理单元的分布式存储系统，其高可扩展性、低成本、无接入限制等优点是现有存储系统无法比拟的①。

分布式存储技术是指运用网络存储技术、分布式文件系统、网格存储技术等多种技术，实现云存储中的多种存储设备、多种应用、多种服务的协同工作。

网络存储技术将数据的存储从传统的服务器存储转移到网络设备存储。网络存储技术中比较典型的有直接附加存储（DAS）、网络附加存储（NAS）、存储区域网络（SAN）。

分布式文件系统是指文件系统管理的物理存储资源并不一定直接连接在本地节点上，而是通过网络与网络节点互连。分布式文件系统可以将负载由单个节点转移到多个节点。常见的比较典型的分布式文件系统如 GFS 与 HDFS，存储在其中的每个文件都有 3 份拷贝，这 3 份拷贝位于不同的节点上，通过文件系统的控制可以将数据的访问负载均衡到其他机器上。这样，既能提高文件的读取效率，又能使整个文件系统处于一种均衡状态，从而使机器的利用率得以提升。分布式文件系统还可以避免由于单点失效而造成的整个系统崩溃。

网格存储具备更高的容错和冗余度，在负载出现波动的情况下可以保持高性能。网格存储技术具备先进的异构性、透明访问性、协同性、自主控制性和全生命周期性等特性。用户在使用网格的时候，可以不用关心存储容量、数据格式、数据安全性以及数据读取位置和数据是否会丢失等问题。

面对云计算浪潮的来袭，大数据的存储向分布式文件系统提出了新的要求。随着互联网应用的不断发展，本地文件系统由于单个节点本身的局限性，已经很难满足海量数据存取的需求，因而不得不借助分布式文件系统，把系统负载转移到多个节点上。传统的分布式文件系统（如 NFS）中，所有数据和元数据存放在一起，通过单一的存储服务器提供，这种模式一般称为带内模式（In-band-Mode）。随着客户端数目的增加，服务器就成了整个系统的瓶颈。因为系统所有的数据传输和元数据处理都要通过服务器，不仅单个服务器的处理能力有限，存储能力受到磁盘容量的限制，吞吐能力也受到磁盘 I/O 和网络 I/O 的限制。在当今对数据吞吐量要求越来越大的互联网应用中，传统的分布式文件系统已经很难满足应用的需要。

于是，一种新的分布式文件系统的结构出现了，那就是利用存储区域网络

---

① 李佐军. 大数据的架构技术与应用实践的探究 ［M］. 长春：东北师范大学出版社, 2019.

（SAN）技术，将应用服务器直接和存储设备相连接，大大提高数据的传输能力，减少数据传输的延时。在这样的结构里，所有的应用服务器都可以直接访问存储在 SAN 中的数据，而只有关于文件信息的元数据经过元数据服务器处理才能被提供，减少了数据传输的中间环节，提高了传输速率，降低了元数据服务器的负载。每个元数据服务器可以向更多的应用服务器提供文件系统元数据服务，这种模式一般称为带外模式。区分带内模式和带外模式的主要依据是关于文件系统元数据操作的控制信息是否和文件数据一起都通过服务器转发传送。前者需要服务器转发，后者是直接访问。随着 SAN 和 NAS 两种体系结构的成熟，越来越多的研究人员开始考虑如何结合这两种结构的优势，创造更好的分布式文件系统。各种应用对存储系统提出了更多的要求。

大容量：现在的数据量比以前任何时期都多，生成的速度也更快。

高性能：数据访问需要更高的带宽。

高可用性：不仅要保证数据的高可用性，还要保证服务的高可用性。

可扩展性：应用在不断变化，系统规模也在不断变化，这就要求系统提供很好的扩展性，并在容量、性能、管理等方面都能适应应用的变化。

可管理性：随着数据量的飞速增长，存储的规模越来越庞大，存储系统本身也越来越复杂，这给系统的管理、运行带来了很高的维护成本。

按需服务：能够按照应用需求的不同提供不同的服务，如不同的应用、不同的客户端环境、不同的性能等。

四、云存储系统分类

按照云存储资源的所有者划分，云存储系统可分为公共云存储、私有云存储和混合云存储三类。

（一）公共云存储

公共云存储是云存储提供商推出的付费使用的存储工具。云存储服务提供商建设并管理存储基础设施，集中空间满足多用户需求，所有的组件放置在共享的基础存储设施里，设置在用户端的防火墙外部，用户直接通过安全的互联网连接访问。在公共云存储中，通过为存储池增加服务器，可以更快、更容易地实现存储空间的增长。

公共云存储服务大多是收费的，如亚马逊等公司都提供云存储服务，通常根据存储空间收取使用费。用户只需要开通账号就能使用，不用了解任何云存储方面的软硬件知识或掌握相关技能。

（二）私有云存储

私有云存储多是独享的云存储服务，为某一企业或社会团体独有。私有云存储建立在用户端的防火墙内部，并使用其所拥有或已授权的硬件和软件。企业的所有数据保存在内部，并且被内部 IT 员工完全掌握。

私有云存储可由企业自行建立并管理，也可由专门的私有云服务公司根据企业的需要提供解决方案，协助建立并管理。私有云存储的使用成本较高，企业需要配置专门的服务器，获得云存储系统及相关应用的使用授权，还要支付系统的维护费用。

（三）混合云存储

混合云存储就是把公共云存储和私有云存储结合在一起。

混合云存储把公共云存储和私有云存储整合成更具功能性的解决方案，混合云存储的"秘诀"就是处于中间的连接技术。为了更高效地连接外部云和内部云的计算与存储环境，混合云解决方案需要提供企业级的安全性、跨云平台的可管理性、负载/数据的可移植性以及互操作性。

混合云存储主要用于按客户要求的访问，特别是需要临时配置容量的时候。从公共云上划出一部分容量配置一种私有或内部云，可以帮助公司面对迅速增长的负载波动或高峰。尽管如此，混合云存储也带来了跨公共云和私有云分配应用的复杂性。另外，从数据访问者的角度看，分布式文件系统可以根据接口类型分成块存储、对象存储和文件存储三类。比如，Ceph（一个开源的、分布式统一存储系统）具备块存储、文件存储和对象存储的能力，GlusterFS（一个开源、分布式文件系统）支持对象存储和文件存储，Megile 加 FS 只能作为对象存储并且通过 key 访问。本节将针对每个技术分类进行详细介绍，并结合相应分类的代表性系统进行具体阐述。

五、分布式文件存储

分布式文件存储是云存储的一项关键技术，下面从分布式文件系统存储的特点和其中的关键技术入手，再结合一个典型的分布式文件系统 GFS 进行全面介绍。

文件存储系统可提供通用的文件访问接口，如 POSIX（可移植操作系统接口）、NFS、CIFS（Internet 文件系统）、FTP 等，实现文件与目录操作、文件访问、文件访问控制等功能。目前，分布式文件系统存储的实现有软硬件一体和软硬件分离两种方式，主要通过 NAS 虚拟化，或者基于 x86 硬件集群和分布式文件系统集成在一起，以实现海量非结构化数据处理。

软硬件一体方式的实现基于 x86 硬件，利用专有的、定制设计的硬件组件，与分布式文件系统集成在一起，以实现目标设计的性能和可靠性目标，产品代表有 Isilon（戴尔旗下一款企业级分布式存储方等）、IBMSONASGPFS（IBM 公司推出的存储解决方案）。软硬件分离方式的实现基于开源分布式文件系统对外提供弹性存储资源，可采用标准 PC 服务器硬件，Hadoop 的 HDFS 就是典型的开源分布式文件系统。

（一）分布式文件存储的概念

1. 分布式文件系统的概念

说到分布式文件系统，不得不先提及文件系统。众所周知，文件系统是操作系统的一个重要组成部分，通过对操作系统管理的存储空间的抽象，为用户提供统一的、对象化的访问接口，屏蔽对物理设备的直接操作和资源管理。如果没有文件系统就可以让用户直接与计算机存储硬件交互，那么这种方式的效率和可行性简直令人难以想象。

根据计算环境和所提供功能的不同，文件系统可划分为 4 个层次，从低到高依次是单处理器单用户的本地文件系统（如 DOS 的文件系统）、多处理器单用户的本地文件系统（如 OS/2 的文件系统）、多处理器多用户的本地文件系统（如 UNIX 的本地文件系统）、多处理器多用户的分布式文件系统（如 Lustre 文件系统）。

本地文件系统是指文件系统管理的物理存储资源直接连接在本地节点上，处理器通过系统总线可以直接访问。分布式文件系统是指文件系统管理的物理存储资源不一定直接连接在本地节点上，而是通过计算机网络与节点相连。分布式文件系统的设计基于 C/S 客户端—服务器模式，一个典型的分布式文件系统服务网络可能包括多个可以同时供多个用户访问的服务器。另外，网络节点的对等特性允许一些系统扮演客户机和服务器的双重角色。也就是说，一个节点既可以是一个服务器节点，也可以是一个客户机节点，这种概念在 P2P（对点网络）网络中是常见的。

2. 分布式文件系统存储的特点

在前面介绍分布式存储技术时提到了分布式存储系统的要求，那么分布式文件存储实现的时候就应该充分考虑这些要求，分布式文件存储具有以下特点：

（1）扩展能力。毫无疑问，扩展能力是分布式文件存储最重要的特点。分布式文件系统存储中元数据管理一般是扩展的重要问题，GFS 采用元数据中心化管理，然后通过 Client 暂存数据分布来减小元数据的访问压力。GhisterFS（一种可扩展网络文件系统）采用无中心化管理，在客户端采用一定的算法对数据进行定位和获取。

（2）高可用性。在分布式文件系统中，高可用性包括两层含义：一是整个文件系统的可用性；二是数据的完整和一致性。整个文件系统的可用性是分布式系统的设计问题，类似于 NoSQL（非关系型数据库）集群的设计，如中心分布式系统的 Master 服务器、网络分区等。数据完整性则通过文件的镜像和文件自动修复等手段来解决。另外，部分文件系统（如 GhisterFS）可以依赖底层的本地文件系统提供一定支持。

（3）协议和接口。分布式文件系统提供给应用的接口多种多样，如 HT-TPRestFul（表述性状态转移）接口、NFS 接口、FTP 等 POSIX（可移植操作系统接口）标准协议，通常还会有自己的专用接口。

（二）分布式文件存储实例

2003 年，Google 公开了自己的分布式文件系统的设计思想，在业内引起了轰动。Google File System（谷哥文件系统）是一个可扩展的分布式文件系统，用于大型的、分布式的、对海量数据进行访问的应用。它运行于廉价的普通硬件上，但提供了容错复制功能，可以为大量的用户提供总体性能较高的可靠服务。

1. GFS 的设计观点

GFS 与过去的分布式文件系统有很多相同的目标，如性能、可扩展性、可靠性、可用性，但 GFS 的设计受到了当前及预期的应用方面的工作量及技术环境的驱动，这反映了它与早期的文件系统明显不同的设想，需要对传统的选择进行重新检验并进行完全不同的设计观点的探索。GFS 与以往的文件系统的不同观点如下：

（1）组件错误（包括存储设备或存储节点的故障）不再被当作异常，而是将其作为常见的情况加以处理。因为文件系统由成百上千个用于存储的普通计算机构成，这些机器由廉价的普通部件组成，却面向众多的数据访问者。俗话说："一分钱一分货。"廉价部件用得多了，质量就堪忧了，因此一些机器随时都有可能无法工作，甚至存在无法恢复的可能。所以，实时监控、错误检测、容错、自动恢复对系统来说必不可少。

（2）按照传统的标准，文件都非常大。长度达几个 GB 的文件是很平常的，每个文件通常包含很多个应用对象。当经常要处理快速增长的、包含数以万计对象的数据集时，即使底层文件系统提供支持，也很难管理成千上万的 KB 规模的文件块。因此，在设计中，操作的参数、块的大小必须重新考虑。对大型文件的管理一定要做到高效，对小型文件也必须支持，但不必优化。

（3）大部分文件的更新是通过添加新数据完成的，而不是改变已存在的数据。在一个文件中随机的操作在实践中几乎不存在，一旦写完，文件就只可读，很多数据都有这些特性。一些数据可能组成一个大仓库以供数据分析程序扫描，有些是运行中的程序连续产生的数据流，有些是档案性质的数据，有些是在某个机器上产生、在另外一个机器上处理的中间数据。由于这些对大型文件的访问方式，添加操作成了性能优化和原子性保证的焦点，而在客户机中缓存数据块失去了吸引力。

（4）工作量主要由两种读操作构成：对大规模的流式读取和小规模的随机读取。在前一种读操作中，可能要读几百 KB，通常达 1MB 或更多。根据局部性原理，来自同一个客户的连续操作通常会读文件的一个连续的区域。

（5）工作量还包含许多对大量数据进行的连续的向文件添加数据的写操作，所写的数据的规模和读相似。一旦写完，文件很少改动。在随机位置对少量数据的写操作也支持，但不必非常高效。

2. GFS 的设计策略

在了解 GFS 与以往文件系统的不同观点之后，接下来重点分析它的设计策略。由于 GFS 最初是用来存储大量网页的，而且这些数据一般都是一次写入多次读取的，所以在设计文件系统的时候就要特别考虑该如何进行设计，主要体现在以下几个方面：

（1）一个 GFS 集群由一个 Master 和大量的 ChunkServer（块服务器）构成，并被许多客户访问。文件被分成固定大小的块，每个块由一个不变的、全局唯一的 64 位的 chunk-handle（数据块句柄）标识，chunk-handle 是在块创建时由 Master 分配的。

（2）出于可靠性考虑，每一个块被复制到多个 ChunkServer 上。默认情况下，保存 3 个副本，但这可以由用户指定。这些副本在 Linux 文件系统上作为本地文件存储。

（3）每个 GFS 集群只有一个 Master，维护文件系统所有的元数据，包括名字空间、访问控制信息、从文件到块的映射以及块的当前位置。

（4）Master 定期通过 HeartBeat 消息与每一个 ChunkServer 通信，给 ChunkServer 传递指令并收集它的状态。

（5）客户和 ChunkServer 都不缓存文件数据。因为用户缓存数据几乎没有作用，这是由于数据太多或工作集太大而无法缓存。不缓存数据简化了客户程序和整个系统，因为不必考虑缓存的一致性问题。此外，ChunkServer 也不必缓存文件，因为块是作为本地文件存储的。依靠 Linux 本身的缓存 Cache 在内存中保存数据。

3. GFS 的组件

GFS 的组件主要有两个：Master 和 ChunkServer。

（1）Master。Master 的功能和作用如下：

1）保存文件/Chunk 名字空间、访问控制信息、文件到块的映射以及块的当前位置，全内存操作（64 字节每 Chunk）。

2）Chunk（数据块）租约管理、垃圾和孤儿 Crunk 回收、不同服务器间的 Chunk 迁移。

3）记录操作日志：操作日志包含对元数据所做修改的历史记录。它作为逻辑时间定义了并发操作的执行顺序。文件、块以及它们的版本号都由它们被创建时的逻辑时间而唯一、永久地标识。

4）在多个远程机器备份 Master 数据。

5）设置 Checkpoint，用于快速恢复。

（2）ChunkServer 的一些特性：

1）Chunk（数据块）的大小被固定为 64MB，这个尺寸相对来说还是挺大的，这是因为较大的 Chunk 尺寸能够减少元数据访问的开销，减少同 Master 的交互。

2）Chunk 位置信息并不是一成不变的，可能会由于系统的负载均衡、机器节点的增减而动态改变。

块规模是设计中的一个关键参数，GFS 选择的是 64MB，这比一般的文件系统的块规模要大得多。每个块的副本作为一个普通的 Linux 文件存储，在需要的时候可以扩展。块规模较大的好处如下。

减少 Client 和 Master 之间的交互。在开始读取文件之前，客户端需要向 Master 请求块位置信息，对于读写大型文件这种减少尤为重要。

Client 在一个给定的块上很可能执行多个操作，和一个 ChunkServer 保持较长时间的 TCP 连接可以减少网络负载。这减少了 Master 上保存的元数据的规模，从而可以将元数据放在内存中。这又会带来一些别的好处。块规模较大也有不利的一面：Chunk 较大可能产生内部碎片。同一个 Chunk 中存在许多小文件可能产生访问热点，一个小文件可能只包含一个块，如果很多 Client 访问该文件，那么存储这些块的 ChunkServer 将成为访问的热点。

（三）GFS 的容错和诊断

GFS 为文件系统提供了很高的容错能力，主要体现在两个方面：高可靠性和数据完整性。

1. 高可靠性

（1）快速恢复。不管如何终止服务，Master 和数据块服务器都会在几秒内恢复状态和运行。实际上，对正常终止和不正常终止进行区分，服务器进程都会因被切断而终止。客户机和其他服务器会经历一个小小的中断，然后它们的特定请求超时，重新连接重启的服务器，重新请求。

（2）数据块备份。每个数据块都会被备份到不同机架的不同服务器上，通常是每个数据块都有 3 个副本。对不同的名字空间，用户可以设置不同的备份级别。在数据块服务器掉线或数据被破坏时，Master 会按照需要复制数据块。

（3）Master 备份。为确保可靠性，Master 的状态、操作记录和检查点都在多台机器上进行了备份。一个操作只有在数据块服务器硬盘上刷新并被记录在 Master 及其备份上之后，才算是成功的。如果 Master 或硬盘失败，系统监视器会发现并通过改变域名启动它的一个备份机，而客户机仅使用规范的名称访问，并不会发现 Master 的改变。

2. 数据完整性

每个数据块服务器都会利用校验和来检验存储数据的完整性。原因是每个服务器随时都有崩溃的可能，在两个服务器间比较数据块也是不现实的，在两台服务器间复制数据并不能保证数据的一致性。

每个 Chunk 按 64KB 的大小分成块，每个块有 32 位的校验和，校验和与日志存储在一起，和用户数据分开。在读数据时，服务器先检查与被读内容相关部分的校验和，因此服务器不会传播错误的数据。所检查的内容和校验和不符时，服务器就会给数据请求者返回一个错误的信息，并把这个情况报告给 Master。客户机就会读其他的服务器来获取数据，Master 则会从其他的副本来复制数据，等一个新的副本完成时，Master 就会通知报告错误的服务器删除出错的数据块。

附加写数据时的校验和计算优化了，因为这是主要的写操作。因此，只是更新增加部分的校验和，即使末尾部分的校验和数据已被损坏而没有检查出来，新的校验和与数据会不相符，这种冲突在下次使用时会被检查出来。相反，如果是覆盖现有数据的写，在写以前必须检查完第一个和最后一个数据块后，才能执行写操作，最后计算和记录校验和。如果在覆盖以前不先检查首位数据块，计算出的校验和会因为没被覆盖的数据而产生错误。在空闲时间，服务器会检查不活跃的数据块的校验和，这样可以检查出不经常读的数据的错误。一旦错误被检查出来，服务器会复制一个正确的数据块代替错误的。

（四）GFS 的扩展性能

对于分布式文件系统存储来说，系统的可扩展性是系统设计好坏的一个关键指标。由于 GFS 采用单一的 Master 的设计结构，因此扩展主要在于 ChunkServer 节点的加入，每当有 ChunkServer 加入的时候，Master 都会询问其所拥有的块的情况，Master 在每次启动的时候也会主动询问所有 ChunkServer 的情况。

GFS 单一 Master 的设计方式使系统管理简单、方便，但也有不利的一面：随着系统规模的扩大，单一 Master 是否会成为瓶颈？这看起来是限制系统可扩展性和可靠性的一个缺陷，因为系统的最大存储容量和正常工作时间受制于主服务器的容量和正常工作时间，也因为它要将所有的元数据进行编制，并且因为几乎所有的动作和请求都经过它。

元数据是非常紧凑的，只有数 KB 到数 MB 的大小，并且主服务器通常是网络上性能最好的节点之一。至于可靠性，通常有一个"影子"主服务器作为主服务器的镜像，一旦主服务器失败，它将接替工作。另外，主服务器极少成为瓶颈，因为客户端仅取得元数据，然后会将它们缓存起来，随后的交互工作直接与ChunkServer 进行。同样，使用单个主服务器可以降低软件的复杂性，有多个主服务器时，软件将变得复杂，才能够保证数据完整性、自动操作、负载均衡和安全性。

根据分布式文件系统存储的特点，并结合上面 GFS 的实例，可总结出分布式文件系统存储在设计、实现时主要关注以下三个方面：

（1）设计特点：分布式能力、性能、容灾、维护和扩展、成本。

（2）分布式文件系统主要关键技术：全局名字空间、缓存一致性、安全性、可用性、可扩展性。

（3）其他关键技术：文件系统的快照和备份技术、热点文件处理技术、元数据集群的负载平衡技术、分布式文件系统的日志技术。

六、分布式块存储

（一）分布式块存储的概念

在讨论分布式块存储之前，先来解释一下块存储的概念，块存储简单来说就是提供了块设备存储的接口，用户需要把块存储卷附加到虚拟机或裸机上以与其交互。这些卷都是持久的，因为它们可以从运行实例上被解除或重新附加而数据保持不变。

这样解释，有些人可能还不太了解什么是块存储，下面先从单机块设备工具开始介绍，以便对块存储建立起初步的印象。简单来说，一个硬盘是一个块设备，内核检测到硬盘后，在/dev/下会看到/dev/sda/。为了用一个硬盘得到不同的分区来做不同的事，可使用 fdisk 工具得到/dev/sda1、/dev/sda2 等。这种方式通过直接写入分区表来规定和切分硬盘，是比较原始的分区方式。庆幸的是，有一些单机块设备工具能帮我们完成分区，其中 LVM（逻辑卷管理器）是一种逻辑卷管理器，通过 LVM 对硬盘创建逻辑卷组和得到逻辑卷，要比 fdisk（一个用于磁盘分区的命令行工具名称）方式更加弹性。LVM 基于 Device-mapper（设备映射器）用户程序实现，Device-mapper 是一种支持逻辑卷管理的通用设备映射机制，为存储资源管理的块设备驱动提供了一个高度模块化的内核架构。

在面对极具弹性的存储需求和性能要求下，单机或独立的 SAN（存储区域网络）越来越不能满足企业的需要。如同数据库系统一样，块存储在 scaleup（纵向扩展）的瓶颈下也面临着 scaleout 的需要。可以用以下四个特点描述分布式块存储系统的概念：

（1）分布式块存储可以为任何物理机或虚拟机提供持久化的块存储设备。

（2）分布式块存储系统管理块设备的创建、删除和 attach/detach（连接/分画）。

（3）分布式块存储支持强大的快照功能，快照可以用来恢复或创建新的块设备。

（4）分布式存储系统能够提供不同 I/O 性能要求的块设备。

（二）分布式块存储实例

分布式块存储目前已经相对成熟，市场上也有很多基于分布式块存储技术实现的产品。下面结合几个市场上流行的产品进行介绍。

1. AmazonEBS（亚马逊弹性块存储）

Amazon 作为领先的 IaaS 服务商，其 API 目前是 IaaS 的事实标准。AmazonEC2 目前在大多数方面远超其他 IaaS 服务商。AmazonEBS 是专门为 AmazonEC2 虚拟机设计的弹性块存储服务。AmazonEBS 可以为 AmazonEC2 的虚拟机创建卷 volumes，AmazonEBS 卷类似于没有格式化的外部卷设备。卷有设备名称，也提供了块设备接口。用户可以在 AmazonEBS 卷上驻留自己的文件系统，或者直接作为卷设备使用。EBS 定价为每月每 GB 容量 10 美分，或者每向卷发出 100 万次请求 10 美分。据 Amazon 称，用户还可以将虚拟机的数据以快照的方式存储到 Amazon 的 S3。

一般来说，可以创建多达 20 个 AmazonEBS 卷，卷的大小可从 1GB 到 1TB。在相同 AvaliablityZone（可用区）中，每个 AmazonEBS 卷可以被任何 AmazonEC2 虚拟机使用。如果需要超过 20 个卷，则需要提出申请。

同时，AmazonEBS 提供了快照功能。可以将快照保存到 AmazonS3 中，其中第一个快照是全量快照，随后的快照都是增量快照。可以使用快照作为新的 AmazonEBS 卷的起始点。这样，当虚拟机数据受到破坏时，可以选择回滚到某个快照来恢复数据，从而提高数据的安全性与可用性。

AmazonEC2 实例可以将根设备数据存储在 AmazonEBS 或本地实例存储上。使用 AmazonEBS 时，根设备中的数据将独立于实例的生命周期保留下来，在停止实例后仍可以重新启动使用，与笔记本电脑关机并在再次需要时重新启动相似。另外，本地实例存储仅在实例的生命周期内保留，这是启动实例的一种经济方式，因为数据没有存储到根设备中。

EBS 可以在卷连接和使用期间实时拍摄快照。不过，快照只能捕获已写入 AmazonEBS 卷的数据，不包含应用程序或操作系统已在本地缓存的数据。如果需要确保能为实例连接的卷获得一致的快照，那么需要先彻底断开卷连接，再发出快照命令，然后重新连接卷。

EBS 快照目前可以跨 regions（区域）增量备份，意味着 EBS 快照时间会缩短，这也增加了 EBS 使用的安全性。下面通过 AmazonEBS 容错处理和使用快照加载新卷的过程了解 AmazonEBS 的功能。

AmazonEBS 可以将任何实例（运行中的虚拟机）关联到卷。当一个实例失效时，AmazonEBS 卷可以自动解除与失效节点的关联，从而将该卷关联到新的实例。步骤如下：

（1）运行中的 AmazonEC2 实例被关联到 AmazonEBS 卷，而这个实例突然失效或出现异常。

（2）为了恢复该实例，解除 AmazonEBS 卷和实例的关系（如果没有自动解除），加载一个新的 AmazonEC2 实例，将其关联到 AmazonEBS 卷。

（3）在 AmazonEBS 卷失效的情况下（概率极低），可以根据快照创建一个新的 AmazonEBS 卷。

可以使用 AmazonEBS 快照作为一个起点来加载若干个新卷。加载过程如下：

（1）假设现在有个大数据量的 WebService 服务正在运行。

（2）当数据都正常的时候，可以为自己的卷创建快照，并将这些快照存储在 AmazonS3 上。

（3）当服务数据剧增时，需要根据快照加载新的卷，然后启动新的实例，再将新的实例关联到新的卷。

（4）当服务下降时，可以关闭一个或多个 AmazonEC2 实例，并删除相关的 EBS 卷。总的来说，AmazonEBS 是目前 IaaS 服务商最引人注目的服务之一，目前的 OpenStack、CloudStack 等其他开源框架都无法提供 AmazonEBS 的弹性和强大的服务。了解和使用 AmazonEBS 是学习 IaaS 块存储的最好手段。

2. Cinder 指代 OpenStack 的块存储服务组件、通常用英文形式表示

OpenStack（一个开源云计算管理平台项目）是目前流行的 IaaS 框架，提供了与 AWS 类似的服务并且兼容其 API。OpenStackNova 是计算服务，Swift 是对象存储服务，Quantum 是网络服务，Glance 是镜像服务，Cinder 是块存储服务，Keystone 是身份认证服务，Horizon 是控制台，另外还有 HeatsOslo Heat 借助 Oslo 提供的基础工具实现自身功能、CeilometerIronic OpenStack 云计算平台的重要组件等项目。

OpenStack 的存储主要分为以下三大类：

（1）对象存储服务（Swift）。

（2）块设备存储服务，主要是提供给虚拟机作为"硬盘"的存储。这里又分为本地块存储和分布式块存储。

（3）数据库服务，目前是一个正在孵化的项目 Trove，前身是 Rackspace 开源出来的 RedDwarf（数据库即服务组件），对应 AWS 里面的 RDCO Cinder（针对 Cinder 的配置方案）是 OpenStack 中提供类似于 EBS 块存储服务的 API 框架，它并没有实现对块设备的管理和实际服务，而是为后端不同的存储结构提供了统一的接口，不同的块设备服务商在 Cinder 中实现其驱动支持以与 OpenStack 进行整合。后端的存储可以是 DAS、NAS、SAN、对象存储或者分布式文件系统。也就是说，Cindei 的块存储数据完整性、可用性保障是由后端存储提供的。

在 Cinder Support Matrix（OpenStack 块存储服务的支持矩阵）中可以看到众多存储厂商（如 NetAPP（迈安纳）、IBM、SolidFire. EMC（无对应中文）等）和众多开源块存储系统对 Cinder 的支持。

从图 3-4 中也可以看到，Cinder 只是提供了一层抽象，然后通过其后端支持的 driver 实现发出命令来得到回应。块存储的分配信息以及选项配置等会被保存到 OpenStack 统一的 DB（数据库）中。

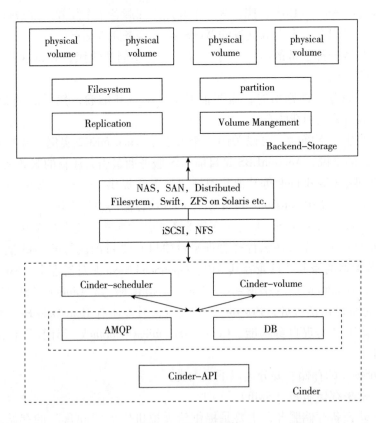

图 3-4　Cinder 架构

通过上面的介绍，目前分布式块存储的实现仍然是 AmazonEBS 独占鳌头，其卓越稳定的读写性能、强大的增量快照、跨区域块设备迁移以及令人惊叹的 QoS 控制都是目前开源或其他商业实现无法比拟的。

不过，AmazonEBS 始终不是公司私有存储的一部分，作为企业 IT 成本的重要部分，块存储正在发生改变。EMC 发布了其 ViPR（戴尔旗下一款软件定义存储方案）平台，并开放了其接口，试图接纳其他厂商和开源实现。Nexenta（一家专注于软件定义存储解决方案的公司）在颠覆传统的存储专有硬件，在其上软件实现原来只有 SDN（软件定义网络）的能力，让企业客户完全摆脱了存储与厂商的绑定。Inktank（英克坦克公司）极力融合 OpenStack，并扩大 Ceph 在 OpenStack 社区的影响力。这些都说明了无论是目前的存储厂商还是开源社区都在极力推动整个分布式块存储的发展，存储专有设备的局限性正在进一步弱化原有企业的存储架构。在分布式块存储和 OpenStack 之间可以打造更牢固的纽带，将块存储在企业私有云平台上做更好的集成和运维。

七、分布式对象存储

（一）对象存储的概念

1. 对象存储的定义

存储局域网（SAN）和网络附加存储（NAS）是目前两种主流网络存储架构，而对象存储是一种新的网络存储架构，基于对象存储技术的设备就是对象存储设备（OSD）。1999 年成立的全球网络存储工业协会（SNIA）的对象存储设备工作组发布了 ANSI 的 X3T10 标准。总体来讲，对象存储综合了 NAS 和 SAN 的优点，同时具有 SAN 的高速直接访问和 NAS 的分布式数据共享等优势，提供了具有高性能、高可靠性、跨平台以及安全的数据共享的存储体系结构。

2. 对象存储的架构

对象存储的核心是将数据通路（数据读或写）和控制通路（元数据）分离，并且基于对象存储设备（OSD）构建存储系统，每个对象存储设备具有一定的智能，能够自动管理其上的数据分布。

对象存储结构组成部分有对象、对象存储设备、元数据服务器、对象存储系统的客户端。

（1）对象。对象是系统中数据存储的基本单位，一个对象实际上就是文件的数据和一组属性信息的组合，这些属性信息可以定义基于文件的 RAID 参数、数据分布和服务质量等，而传统的存储系统中用文件或块作为基本的存储单位，在块存储系统中还需要始终追踪系统中每个块的属性，对象通过与存储系统通信维护自己的属性。在存储设备中，所有对象都有一个对象标识，通过对象标识

OSD 命令访问该对象。

（2）对象存储设备。对象存储设备具有一定的智能，有自己的 CPU、内存、网络和磁盘系统，OSD 同块设备的不同不在于存储介质，而在于两者提供的访问接口，OSD 的主要功能包括数据存储和安全访问。目前，国际上通常采用刀片式结构实现对象存储设备。

（3）元数据服务器（MetaDataServer，MDS）。MDS 控制 Client 与 OSD 对象的交互。

（4）对象存储系统的客户端。为了有效支持 Client 访问 OSD 上的对象，需要在计算节点上实现对象存储系统的 Client，通常提供 POSIX 文件系统接口。

（二）分布式对象存储实例

分布式对象存储的代表性实例是云计算巨头 AWS 的 S3（Simple Storage Service），在开源界对应着 OpenStack 的 Swift，下面对这两个系统进行详细分析。

1. AWSS3

Amazon Simple Storage Service（亚马逊简易存储服务）是亚马逊 AWS 服务在 2006 年第一个正式对外推出的计算服务。下面结合实际使用体验，介绍 S3 的背景与概览、数据结构和特点等。

（1）S3 的背景与概览。S3 为开发人员提供了一个高度扩展、高持久性和高可用性的分布式数据存储服务。它是一个完全针对互联网的数据存储服务，应用程序通过一个简单的 Web 服务接口就可以通过互联网在任何时候访问 S3 上的数据。当然，用户存放在 S3 上的数据可以进行访问控制，以保障数据的安全性。这里所说的访问 S3 包括读、写、删除等多种操作，在刚开始接触 S3 时要把 S3 与日常所说的网盘区分开来，虽然都属于云存储范畴，但 S3 是针对开发人员、主要通过 API 编程使用的一个服务，网盘这样的云存储服务则提供了一个给最终用户使用的服务界面。虽然 S3 也可以通过 AWS 的 Web 管理控制台或命令行使用，但是 S3 主要针对开发人员，在理解上可以看成云存储的后台服务。比如，Dropbox 是很多人都喜欢使用的云存储服务，它就是一个典型的 AWS 客户，其所有的用户文件都保存在 S3 中。

S3 云存储解决了大规模数据持久化存储的问题。前面提到 EBS 虽然是持久化的，但有容量限制，最大容量为 1TB。在这个信息爆炸的时代，如何保存海量数据成为一大难题。有了 S3 云存储后，用户可以把注意力集中到其他地方，更专注业务，而不用关心运维和容量规划。

（2）S3 的数据结构。S3 的数据存储结构非常简单，就是一个扁平化的两层结构：一层是存储桶又称存储段；另一层是存储对象，又称数据元。

存储桶是 S3 中用来归类数据的一个方式，是存储数据的容器。每一个存储对象都需要存储在某一个存储桶中。存储桶是 S3 命名空间的最高层，会成为用户访问数据的域名的一部分，因此存储桶的名字必须是唯一的，而且需要保持 DNS 兼容，如采用小写、不能用特殊字符等。

由于数据存储的地理位置有时对用户来说很重要，因此在创建存储桶的时候 S3 会提示选择区域信息。

存储对象就是用户实际要存储的内容，其构成就是对象数据内容再加上一些元数据信息。这里的对象数据通常是一个文件，而元数据就是描述对象数据的信息，如数据修改的时间等。从这个 URL 访问可以看出，存储桶的名称需要全球唯一，存储对象的命名需要在存储桶中唯一。只有这样，才能通过一个全球唯一的 URL 访问到指定的数据。

S3 存储对象中的数据大小可以从 1 字节到 5TB。在默认情况下，每个 AWS 账号最多能创建 100 个存储桶，不过用户可以在一个存储桶中存放任意多个存储对象，理论上存储桶中的对象数是没有限制的，因为 S3 完全按照分布式存储方式设计。除了在容量上 S3 具有很高的扩展性外，S3 在性能上也具有高度扩展性，允许多个客户端和应用线程并发访问数据。

S3 的存储结构与常见的文件系统还是有一定区别的，在对两者进行比较的时候，需要注意的是，S3 在架构上只有两层结构，并不支持多层次的树形目录结构。但可以通过设计带的存储对象名称模拟出一个树形结构。例如，有些 S3 工具就提供了一个操作选项是"创建文件夹"，实际上就是通过控制存储对象的名称实现的。

（3）S3 的特点。作为云存储的典型代表，AmazonS3 在扩展性、持久性和性能等几个方面有自己明显的特点。S3 云存储最大的特点是无限容量、高持久性、高可用性，但它是一个 key-value 结构的存储。与 EBS 相比，它缺少目录结构，所以在用户的业务里一般都会使用数据库保存 S3 云存储上数据的元信息。

1）耐久性和可用性。为了保证数据的耐久性和可用性，用户保存在 S3 上的数据会自动地在选定地理区域中多个设施（数据中心）和多个设备中进行同步存储。S3 存储提供了 AWS 平台中最高级别的数据持久性和可用性。除了分布式的数据存储方式外，S3 还内置了数据一致性检查机制来提供错误更正功能。S3 的设计不存在单点故障，可以承受两个设施同时出现数据丢失，因此非常适合用于任务关键性数据的主要数据存储。实际上，AmazonS3 旨在为每个存储对象提供 99.999999999% 的年持久性和 99.99% 的年可用性。除了内置冗余外，S3 还可通过使用 S3 版本控制功能使数据免遭应用程序故障和意外删除造成的损坏。对于可以根据需要轻松复制的非关键数据（如转码生成的媒体文件、镜像缩略图等），可以使用 AmazonS3 中的降低冗余存储（RRS）选项。RRS 的持久性为

99.99%，当然它的存储费用更低。尽管 RRS 的持久性稍逊于标准 S3，但仍高出一般磁盘驱动器约 400 倍。

2）弹性和可扩展性。AmazonS3 的设计能够自动提供高水平的弹性和扩展性。一般的文件系统可能会在一个目录中存储大量文件时遇到问题，而 S3 能够支持在任何存储桶中无限量地存储文件。另外，与磁盘不同的是，磁盘大小会限制可存储的数据总量，而 AmazonS3 存储桶可以存储无限量的数据。在数据大小方面，目前 S3 的唯一限制是单个存储对象的大小不能超过 5TB，但是可以存储任意数量的存储对象，S3 会自动将数据的冗余副本扩展和分发到同一地区内其他位置的服务器中，这一切完全通过 AWS 的高性能基础设施实现。

3）良好的性能。S3 是针对互联网的一种存储服务，因此它的数据访问速度不能与本地硬盘的文件访问相比。但是，从同一区域内的 AmazonEC2 可以快速访问 AmazonS3。如果同时使用多个线程、多个应用程序或多个客户端访问 S3，那么 S3 累计总吞吐量往往远远超出单个服务器可以生成或消耗的吞吐量。S3 在设计上能够保证服务端的访问延时比互联网的延时少很多。

为了加快相关数据的访问速度，许多开发人员将 AmazonS3 与 AmazonDynamoDB（亚马逊科技提供的一种全托管的 NoSQL 数据服务）或 AmazonRDS（亚马逊科技提供的一项托管关系型数据服务）配合使用。由 S3 存储实际信息，DynamoDB 或 RDS 充当关联元数据（如存储对象名称、大小、关键字等）的存储。数据库提供索引和搜索的功能，通过元数据搜索高效地找出存储对象的引用信息。然后，用户可以借助该结果准确定位存储对象本身，并从 S3 中获取它。当然，为提高最终用户访问 S3 中数据的性能，还可以使用 Amazon Cloud Front（亚马逊科技旗下内容分发网络服务）这样的 CDN 服务。

4）接口简单。AmazonS3 提供基于 SOAP（简单对象访问协议）和 REST（表述性状态转移）两种形式的 Web 服务，API 用于数据的管理操作。这些 API 提供的管理和操作既针对存储桶，也针对存储对象，虽然直接使用基于 SOAP 或 REST 的 API 非常灵活，但是由于这些 API 相对比较底层，因此实际使用起来相当烦琐。为方便开发人员使用 AWS，专门基于 RESPAPI 为常见的开发语言提供了高级工具包或软件开发包（SDK）。这些 SDK 支持的语言包括 Java、.NET、PHP、Ruby 和 Python 等。另外，如果需要在操作系统中直接管理和操作 S3，那么 AWS 也为 Windows 和 Linux 环境提供了一个集成的 AWS 命令行接口（CLI）。在这个命令行环境中可以使用类似于 Linux 的命令实现常用的操作，如 Is、cp、mv、sync 等。还可以通过 AWS 的 Web 管理控制台简单地使用 S3 服务，包括创建存储桶、上传和下载数据对象等操作。当然，现在也有很多第三方的工具能够帮助用户通过图形化的界面使用 S3 服务，如 S3 Organizer

（Firefox 的一个免费插件）、Cloud Berry Explorer for AmazonS3 （一款用于管理亚马逊简易存储服务的图形区工具）等。

2. Open Stack Swift （OpenStack 平台的一个分布式对象存储服务项目）

作为 AWSS3 的开源实现，Open Stack Swift 的出现逐渐打破了 S3 的垄断地位，提供了弹性可伸缩、高可用的分布式对象存储服务，适合存储大规模非结构化数据。下面从 Swift 的背景与概览、数据模型和系统架构入手进行介绍。

（1）Open Stack Swift 背景与概览。Swift 最初是由 Rackspace 公司开发的高可用分布式对象存储服务，于 2010 年贡献给 OpenStack 开源社区作为其最初的核心子项目之一，为其 Nova 子项目提供虚拟镜像存储服务。Swift 构筑在比较便宜的标准硬件存储基础设施上，无须采用 RAID （磁盘冗余阵列），通过在软件层面引入一致性散列技术和数据冗余性，牺牲一定程度的数据一致性达到高可用性和可伸缩性，支持多租户模式、容器和对象读写操作，适合解决互联网的应用场景下非结构化数据存储问题。Swift 项目是基于 Python 开发的，采用 Apache2.0 许可协议，可用来开发商用系统。

（2）Swift 数据模型。Swift 采用层次数据模型，共设三层逻辑结构：Accoimt/Ccnlainer/Object （账户/容器/对象），每层节点数均没有限制，可以任意扩展。这里的账户和个人账户不是一个概念，可理解为租户，用来作顶层的隔离机制，可以被多个个人账户共同使用；容器代表封装一组对象，类似于文件夹或目录；叶子节点代表对象，由元数据和内容两部分组成，如图 3-5 所示。

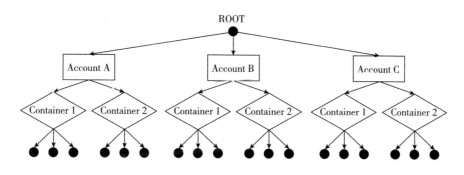

图 3-5　Swift 数据模型

（3）Swift 系统架构。Swift 采用完全对称、面向资源的分布式系统架构设计，所有组件都可扩展，避免因单点失效而扩散并影响整个系统运转。通信方式采用非阻塞式 I/O 模式，提高了系统吞吐和响应能力。Swift 的系统架构如图 3-6 所示。

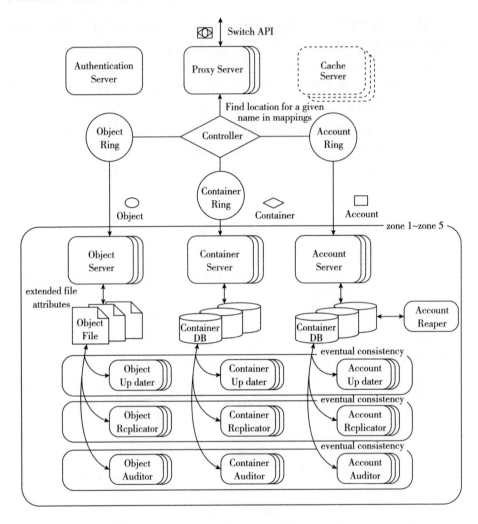

图 3-6　Swift 系统架构

1）代理服务。对外提供对象服务 API，会根据信息查找服务地址并转发用户请求至相应的账户、容器或者对象服务。由于采用无状态的 REST 请求协议，可以进行横向扩展来均衡负载。

2）认证服务。验证访问用户的身份信息，并获得一个对象访问令牌，在一定时间内会一直有效，验证访问令牌的有效性并缓存下来直至过期。

3）缓存服务。缓存的内容包括对象服务令牌、账户和容器的存在信息，但不会缓存对象本身的数据。缓存服务可采用 Memcached（高性能的分布式内存对象缓存系统）集群，Swift 会使用一致性散列算法分配缓存地址。

4）账户服务。提供账户元数据和统计信息，并维护所含容器列表的服务，每个账户的信息都被存储在一个 SQLite（一款轻量级的嵌入式关系数据库管理系统）数据库中。

5）容器服务。提供容器元数据和统计信息，并维护所含对象列表的服务，每个容器的信息也都被存储在一个 SQLite 数据库中。

6）对象服务。提供对象元数据和内容服务，每个对象的内容会以文件的形式存储在文件系统中，元数据会作为文件属性来存储，建议采用支持扩展属性的 XFS 文件系统。

7）复制服务。会检测本地分区副本和远程副本是否一致，具体通过对比散列文件和高级水印来完成，发现不一致时会采用推式（Push）更新远程副本，例如对象复制服务会使用远程文件复制工具 rsync（文件同步和复制工具）来同步。另外一个任务是确保被标记删除的对象从文件系统中移除。

8）更新服务。当对象因高负载而无法立即更新时，任务将会被序列化到本地文件系统中进行排队，以便服务恢复后进行异步更新。例如，成功创建对象后容器服务器没有及时更新对象列表，这个时候容器的更新操作就会进行排队，更新服务会在系统恢复正常后扫描队列并进行相应的更新处理。

9）审计服务。检查对象、容器和账户的完整性，如果发现错误，文件将被隔离，并复制其他的副本以覆盖本地损坏的副本。其他类型的错误会被记录到日志中。

10）账户清理服务。移除被标记为删除的账户，删除其所包含的所有容器和对象。

八、统一存储

前面讨论了云存储系统的 3 个分类，分别是分布式文件系统存储、分布式块存储和分布式对象存储。所谓统一存储，可以说是同时支持以上 3 种存储技术的一种集成式解决方案。下面从统一存储的概念出发，结合一个统一存储的系统实例 Ceph 进行描述。

（一）统一存储的概念

统一存储实质上是一个可以支持基于文件的网络附加存储（NAS）以及基于数据块的 SAN 的网络化的存储架构。由于其支持不同的存储协议为主机系统提供数据存储，因此也被称为多协议存储，这些多协议系统可以通过网络连接口或者光纤通道连接到服务器上。

统一存储的定义，简而言之，就是既支持基于文件的 NAS 存储，包括 CIFS、NFS 等文件协议类型，又支持基于块数据的 SAN 存储，包括 FC（高速网络协

议)、iSCSI 等访问协议,并且可由一个统一界面进行管理。在数据存储架构中部署统一存储系统有如下优势:

(1) 规划整体存储容量的能力。部署一个统一存储系统可以不必对文件存储容量以及数据块存储容量分别进行规划。

(2) 利用率可以得到提升,容量本身并没有标准限制。统一存储可以避免与分别对数据块及文件存储支持相关的容量利用率方面的问题,用户不必担心多买了支持其中一种协议而少买了支持另外一种协议的存储。

(3) 存储资源池的灵活性。用户可以在无须知道应用是否需要数据块或者文件数据访问的情况下,自由分配存储来满足应用环境的需要。

(4) 积极支持服务器虚拟化。在很多时候,用户在部署他们的服务器虚拟化环境时会因为性能方面的要求而对基于数据块的裸设备映射(RDM)提出要求。统一存储为用户如何存储他们的虚拟机提供了选择,而无须分别购买存储区域网络(SAN)和网络附件存储(NAS)设备。

(二) 统一存储系统实例

统一存储的一个代表实例就是 Ceph。Ceph 是开源实现的 PB 级分布式文件系统,其分布式对象存储机制为上层提供了文件接口、块存储接口和对象存储接口。下面从 Ceph 的基本概念入手,分析其设计目标与特点、设计架构与组件,并对 Ceph 的数据分布算法进行重点介绍。

1. Ceph 的设计目标与特点

Ceph 最初是一项关于存储系统的 PhD 研究项目,由 Sage Weil(韦尔)在 University of California(加利福尼亚大学)、Santa Cruz(UCSC)(圣克鲁斯)实施。先介绍 Ceph 系统的设计目标。要知道,设计一个分布式文件系统需要多方面的努力,Ceph 的目标可以简单定义为 3 个方面:可轻松扩展到数 PB 容量,高可靠性,对多种工作负载的高性能(每秒输入/输出操作和带宽)。对应上面所说的 Ceph 的设计目标,相对于其他分布式文件系统,Ceph 统一存储文件系统有以下三个设计目标:

(1) 可扩展性。Ceph 的可扩充性主要体现在 3 个方面:Ceph 系统在 LGPL(库通用公共许可证)许可下基于 POSIX 规范编写,具有良好的二次开发和移植性;存储节点容量可以很容易地扩展到 PB 级;Ceph 是一个比较通用的文件系统,不像 GFS 针对大文件的场合比较适合,Ceph 适合于大部分 workloads(运行在计算机系统上的各种任务、应用程序或计算作业)。

(2) 性能和可靠性。可扩展性和性能之间必然有一种平衡,Ceph 的存储节点的扩展导致的性能降低是一种非线性的降低。其可靠性和目前的分布式系统一样采用 N-way 副本策略,但也有其自己的特点,即元数据不采用单一节点方式,而采用集群方式，对热点节点的元数据也采用了多副本策略。

（3）负载均衡。负载均衡策略主要体现在元数据和存储节点上。元数据集群中，热点节点的元数据会迁移到新增元数据节点上。存储节点同样会定期迁移到新增节点上，从而保证所有节点的负载均衡。

2. Ceph 的系统架构与组件

Ceph 系统架构可以大致划分为 4 部分：客户端（数据用户）、元数据服务器（缓存和同步分布式元数据）、一个对象存储集群（将数据和元数据作为对象存储，执行其他关键职能）以及集群监视器（执行监视功能）。Ceph 和传统的文件系统之间的重要差异之一是，它将智能都用在了生态环境而不是文件系统上。Cephclient 是 Ceph 文件系统的用户。

（1）Ceph 客户端。Ceph 文件系统或者至少是客户端接口是在 Linux 内核中实现的。值得注意的是，在大多数文件系统中，所有的控制和智能在内核的文件系统源本身中执行。但是，在 Ceph 中，文件系统的智能分布在节点上，这简化了客户端接口，并为 Ceph 提供了大规模扩展能力。

（2）Ceph 元数据服务器。Ceph 元数据服务器的工作是管理文件系统的名称空间。虽然元数据和数据两者都存储在对象存储集群中，但是两者分别管理，支持可扩展性。事实上，元数据在一个元数据服务器集群上被进一步拆分，元数据服务器能够自适应地复制和分配名称空间，避免出现热点。

因为每个元数据服务器只是简单地管理客户端入口的名称空间，它的主要应用是一个智能元数据缓存（实际的元数据最终被存储在对象存储集群中）。进行写操作的元数据被缓存在一个短期的日志中，最终还是被推入物理存储器中。这个动作允许元数据服务器将最近的元数据回馈给客户（这在元数据操作中很常见）。这个日志对故障恢复也很有用：如果元数据服务器发生故障，那么它的日志就会被重放，保证元数据安全存储在磁盘上。

元数据服务器管理 inode 空间，将文件名转变为元数据。元数据服务器将文件名转变为索引节点，文件大小和 Ceph 客户端用于文件 I/O 的分段数据。

（3）Ceph 对象存储。和传统的对象存储类似，Ceph 存储节点不仅包括存储，而且还包括智能。传统的驱动只响应来自启动者的命令，但是对象存储设备是智能设备，它能作为目标和启动者支持与其他对象存储设备的通信和合作。

从存储角度来看，Ceph 对象存储设备执行从对象到块的映射（在客户端的文件系统层中常常执行的任务）。这个动作允许本地实体以最佳方式决定怎样存储一个对象。Ceph 的早期版本在一个名为 EBOFS 的本地存储器上实现一个自定义低级文件系统，这个系统实现一个到底层存储的非标准接口，这个底层存储已针对对象语义和其他特性（如对磁盘提交的异步通知）调优。

（4）Ceph 监视器。Ceph 包含实施集群映射管理的监视器，但是故障管理的一些要素是在对象存储本身中执行的。当对象存储设备发生故障或者添加新设备时，监视器就检测和维护有效的集群映射。这个功能按一种分布的方式执行，这种方式中映射升级可以和当前的流量通信。Ceph 使用 Paxos，它是一系列分布式共识算法。

3. Ceph 的数据分布算法解析

从 Ceph 的原始论文 *Ceph：Reliable，Scalable，and High-Performance Distributed Storage*（可靠、可扩展且高性能的分布式存储）来看，Ceph 专注于扩展性、高可用性和容错性。Ceph 放弃了传统的 Metadata 查表方式（HDFS），而改用算法（CRUSH）定位具体的 block（块）。在此详细剖析一下 Ceph 的数据分布算法——CRUSH（Controlled Replication Under Scalable Hashing）算法。

CRUSH 是 Ceph 的一个模块，主要解决可控、可扩展、去中心化的数据副本分布问题，它能够在层级结构的存储集群中有效地分布对象的副本。CRUSH 实现了一种伪随机（确定性）的函数，它的参数是 objectid（用于唯一标识对象的标识符）或 object groupid（对象标识符），并返回一组存储设备（用于保存 object 副本）。CRUSH 需要 Clustermap（描述存储集群的层级结构）和副本分布策略。

CRUSH 算法通过每个设备的权重计算数据对象的分布。对象分布是由 Clustermap（集群映射）和 Data distribution policy（数据分发策略）决定的。Clustermap 描述了可用存储资源和层级结构（比如有多少个机架、每个机架上有多少个服务器、每个服务器上有多少个磁盘）。Data distribution policy 由 placementrides（放置规则）组成 Onlie（在线的）决定了每个数据对象有多少个副本以及这些副本存储的限制条件（如 3 个副本放在不同的机架中）。

CRUSH 算出 x 到一组 OSD 集合（OSD 是对象存储设备）：

$(osd0，osd1，osd2，\cdots，osdn) = CRUSH（x）$

CRUSH 利用多参数 HASH 函数，HASH 函数中的参数包括 x，使从 x 到 OSD 集合是确定和独立的。CRUSH 只使用了 clustermapplacementrulesxoCRUSH（集群映射放置规则）是伪随机算法，相似输入的结果之间没有相关性。

（1）层级的 Clustermap 由 Device（装置）和 Bucket（存储桶）组成，它们都有 ID 和权重值。Bucket 可以包含任意数量 Item（一条单独的记录），Item 可以都是 Devices 或者 Buckets。管理员控制存储设备的权重。权重和存储设备的容量有关。Bucket 的权重被定义为它所包含的所有 Item 的权重之和。CRUSH 基于 4 种不同的 BucketType（存储桶类型），每种都有不同的选择算法。

（2）副本分布。副本在存储设备上的分布影响数据的安全。Clustermap 反映了存储系统的物理结构。CRUSH 决定把对象副本分布在不同的区域（某个区域发生故障时并不会影响其他区域）。每个 rule 都包含一系列操作（用在层级结构上）。这些操作如下：

1）tack（a）：选择一个 Item，一般是 Bucket，并返回 Bucket 所包含的所有 Item。这些 Item 是后续操作的参数，这些 Item 组成向量 i。

2）select（n，t）：迭代操作每个 Item（向量中的 Item），对于每个 Item（向量 i 中的 Item）向下遍历（遍历这个 Item 所包含的 Item），都返回 n 个不同的 Item（Type 为 t 的 Item），并把这些 Item 都放到向量中。select 函数会调用 c（ru）函数，这个函数会在每个 Bucket 中伪随机选择一个 Item。

3）emit：把向量放到 result 中。

存储设备有一个确定的类型。每个 Bucket 都有 Type 属性值，用于区分不同的 Bucket 类型（比如 row、rack、host 等，Type 可以自定义）。rules（规则）可以包含多个 take 和 emit 语句块，这样就允许从不同的存储池中选择副本的 storagetarget。

（3）冲突、故障、超载。Se 加 ct（n，t）操作会循环选择第 t 个副本，n 作为选择参数。

在这个过程中，假如选择的 Item 遇到 3 种情况（冲突、故障、超载），CRUSH 会拒绝选择这个 Item，并使用 L 作为选择参数重新选择 Item。

1）冲突：这个 Item 已经在向量中，已被选择。

2）故障：设备发生故障，不能被选择。

3）超载：设备使用容量超过警戒线，没有剩余空间保存数据对象。

故障设备和超载设备会在 Clustermap 上标记（还留在系统中），这样就避免了不必要的数据迁移。

（4）MAP（映射）改变和数据迁移。当添加移除存储设备，或有存储设备发生故障（Clustermap 发生改变）时，存储系统中的数据会发生迁移。好的数据分布算法可以最小化数据迁移大小。

（5）Bucket 的类型。CRUSH 映射算法解决了效率和扩展性这两个矛盾的目标，而且当存储集群发生变化时，可以最小化数据迁移，并重新恢复平衡分布。CRUSH 定义了 4 种具有不同算法的 Buckets，每种 Bucket 都基于不同的数据结构。

不同的 Bucket 有不同的性能和特性。

1）Uniform Buckets（统一存储桶）：适用于具有相同权重的 Item，而且 Bucket 很少添加删除 Item，它的查找速度是最快的。

2）ListBuckets（列出存储桶）：它的结构是链表结构所包含的 Item 可以具有任意的权重。CRUSH 从表头开始查找副本的位置，它先得到表头 Item 的权重

Wh、剩余链表中所有 Item 的权重之和 Ws，然后根据 hash（x，r，item）得到一个［0~1］的值 v，假如这个值 v 在［0-Wh/Ws］之中，则副本在表头 Item 中，并返回表头 Item 的 ID，否则继续遍历剩余的链表。

3）TreeBuckets（树状存储桶）：链表的查找复杂度是 O（n），决策树的查找复杂度是 O（logn）。Item 是决策树的叶子节点，决策树中的其他节点知道它左右子树的权重，节点的权重等于左右子树的权重之和。CRUSH 从 root 节点开始查找副本的位置，它先得到节点的左子树的权重 W1，得到节点的权重 Wn，然后根据 hash（x，r，node_id）得到一个［0~1］的值 v，假如这个值 v 在［0~Wl/Wn）中，则副本在左子树中，否则在右子树中。继续遍历节点，直到到达叶子节点。TreeBucket 的关键是当添加删除叶子节点时，决策树中的其他节点的 node_id 不变。决策树中节点的 nodejd 的标识是根据对二叉树的中序遍历来决定的（node_id 不等于 Item 的 ID，也不等于节点的权重）。

4）Straw Buckets（抽签式存储桶）：这种类型让 Bucket 包含的所有 Item 公平地竞争。这种算法就像抽签一样，所有的 Item 都有机会被抽中（只有最长的签才能被抽中）。

第四节　虚拟化技术的发展

虚拟化技术是云计算发展的基础，云计算服务商以按需分配为原则，为客户提供具有高可用性、高扩展性的计算、存储和网络等 IT 资源。虚拟化技术将各种物理资源抽象为逻辑资源，隐藏了各种物理上的限制，为在更细粒度上对其进行管理和应用提供了可能性。近些年，计算的虚拟化技术（主要指 x86 平台的虚拟化）取得了长足发展。相比较而言，尽管存储和网络的虚拟化也得到了诸多发展，但是还有很多问题亟待解决，在云计算环境中尤其如此。软件定义网络是Emulex 网络的一种新型网络创新架构，其核心技术 OpenFlow（一种网络通信协议）将网络设备控制面与数据面分离开来，从而实现了网络流量的灵活控制。尽管 OpenFlow 和 SDN 不是专门为网络虚拟化而生的，但是它们带来的标准化和灵活性却给网络虚拟化的发展带来了无限可能。

一、起源与发展

OpenFlow 起源于斯坦福大学的 CleanSlate 项目组。CleanSlate（美国国家科学基金会资助的一个科研项目）项目的最终目的是重新发明 Internet，改变设计已略显不合时宜且难以进化发展现有的网络基础架构。2006 年，斯坦福大学的学生 Martin Casado（马丁·卡萨多）领导了一个关于网络安全与管理的项目 Ethane（项目名，无中文形式），该项目试图通过一个集中式的控制器，让网络管理员可以方便地定义基于网络流的安全控制策略，并将这些安全策略应用到各种网络设备中，从而实现对整个网络通信的安全控制。Martin 和他的导师 Nick McKeown（尼克·麦基翁）将传统网络设备的数据转发和路由控制两个功能模块相分离，通过集中式的控制器以标准化的接口对各种网络设备进行管理和配置，这将为网络资源的设计、管理和使用提供更多可能性，从而更容易推动网络的革新与发展。于是，他们便提出了 OpenFlow 的概念，并且 Nick McKeown 等于 2008 年在 ACMSIGCOMM（美国计算机协会特殊兴趣组通信）发表了题为 OpenFlow：Enabling Innovation in Campus Networks（开放流协议：推动校园网络创新）的论文，首次详细介绍了 OpenFlow 的概念。该篇论文除了阐述 OpenFlow（开放流协议）的工作原理外，还列举了 OpenFlow 几大应用场景，包括校园网络中对实验性通信协议的支持、网络管理和访问控制、网络隔离和 VLAN、基于 WiFi 的移动网络、非 IP 网络、基于网络包的处理。当然，目前关于 OpenFlow 的研究已经远远超出了这些领域。

基于 OpenFlow 为网络带来的可编程的特性，Nick 及其团队进一步提出了 SDN 的概念。如果将网络中所有的网络设备视为被管理的资源，那么参考操作系统的原理，可以抽象出一个网络操作系统的概念，这个网络操作系统不仅抽象了底层网络设备的具体细节，还为上层应用提供了统一的管理视图和编程接口。这样，基于网络操作系统这个平台，用户可以开发各种应用程序，通过软件定义逻辑上的网络拓扑，来满足对网络资源的不同需求，而无须关心底层网络的物理拓扑结构。

二、OpenFlow 标准和规范

自 2009 年初发布第一个版本以来，OpenFlow 规范已经经历了 1.1、1.2、1.3 等版本。OpenFlow Switch 规范主要定义了 Switch 的功能模块及其与 Controller 之间的通信信道等。OpenFlow 规范主要分为以下四个部分：

（一）OpenFlow 的端口

OpenFlow 规范将 Switch 上的端口分为 3 种类别。

（1）物理端口：设备上物理可见的端口。

（2）逻辑端口：在物理端口基础上由 Switch 设备抽象出来的逻辑端口，如为 tunnel 或聚合等功能而实现的逻辑端口。

（3）OpenFlow 定义的端口：OpenFlow 目前总共定义了 ALL、CONTROLLER、

TABLE、INPORT、ANY、LOCAL.NORMAL 和 FLOOD 8 种端口，其中后 3 种为非必需的端口，只在混合型的 OpenFlow Switch（OpenFlow-hybrid Switch，即同时支持传统网络协议和 OpenFlow 协议的 Switch 设备，相对于 OpenFlow-only Switch（仅支持开放流协议的交换机）而言）中存在。

（二）OpenFlow 的 FlowTable

OpenFlow 通过用户定义的或预设的规则来匹配和处理网络包。一条 Open-Flow 的规则由匹配域、优先级、处理指令和统计数据等字段组成。

在一条规则中，可以根据网络包在 L2、L3 或 L4 等网络的任意字段进行匹配，如以太网帧的源 MAC 地址、IP 包的协议类型和 IP 地址或 TCP/UDP 的端口号等。目前，OpenFlow 的规范中还规定了 Switch 设备厂商可以选择性地支持通配符进行匹配。

所有 OpenFlow 的规则都被组织在不同的 FlowTable（流表）中，在同一个 FlowTable 中按规则的优先级进行匹配。一个 OpenFlow 的 Switch 可以包含一个或多个 FlowTable，从 0 依次编号排列。OpenFlow 规范中定义了流水线式的处理流程，如图 3-7 所示。当数据包进入 Switch 后，必须从 FlowTable0 开始依次匹配。FlowTable 可以按次序从小到大越级跳转，但不能从某一 FlowTable 向前跳转至编号更小的 FlowTable。当数据包成功匹配一条规则后，将先更新该规则对应的统计数据（如成功匹配数据包总数目和总字节数等），然后根据规则中的指令进行相应操作，如跳转至后续某一 FlowTable 继续处理，修改或立即执行该数据包对应的 ActionSet（动作集）等。

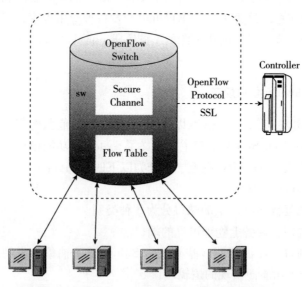

图 3-7　OpenFlow 规范中流水线式的处理流程

当数据包已经处于最后一个 FlowTable 时，其对应的 ActionSet 中的所有 Action 将被执行，包括转发至某一端口、修改数据包某一字段、丢弃数据包等。OpenFlow 规范中对目前所支持的 Instructions（指令）和 Actions（操作）进行了完整、详细的说明和定义。

（三）OpenFlow 的通信通道

OpenFlow 通信通道规范部分定义了一个 OpenFlow Switch 如何与 Controller 建立连接、通信以及相关消息类型等的规范。OpenFlow 规范中定义了三种消息类型。

Controller/Switch（控制器/交换机）消息是指由 Controller 发起、Switch 接收并处理的消息，主要包括 Features Configuration Modify-State（特性配置修改状态）、Read-State（读取状态）、Packet-outABarrier（一种消息类型）和 Role-Request（角色请求）等消息。这些消息主要由 Controller 用来对 Switch 进行状态查询和修改配置等操作。

异步消息由 Switch 发送给 Controller，用来通知 Switch 上发生的某些异步事件的消息，主要包括 Packet-in（数据包入）、Flow-Removed（流表项移除）、Port-status（云端状态）和 Error（错误）等。例如，当某一条规则因为超时而被删除时，Switch 将自动发送一条 Flow-Removed 消息通知 Controller，以方便 Controller 做出相应的操作，如重新设置相关规则等。

对称消息是双向对称的消息，主要用来建立连接、检测对方是否在线等，包括 Hello、Echo 和 Experimenter 三种消息。

图 3-8 展示了 OpenFlow 和 Switch 之间一次典型的消息交换过程，出于安全和高可用性等方面的考虑，OpenFlow 的规范还规定了如何为 Controller 和 Switch 之间的信道加密，如何建立多连接（如主连接和辅助连接）等。

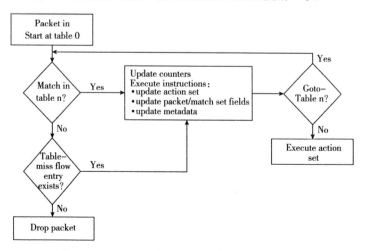

图 3-8　OpenFlow 和 Switch 之间的消息交换过程

（四）OpenFlow 协议及相关数据结构

OpenFlow 规范的最后一部分主要详细定义了各种 OpenFlow 消息的数据结构，包括 OpenFlow 消息的消息头等。

三、OpenFlow 的应用

随着 OpenFlow/SDN 概念的发展和推广，其研究和应用领域也得到了不断拓展。目前，关于 OpenFlow/SDN 的研究领域主要包括网络虚拟化、安全和访问控制、负载均衡、聚合网络和绿色节能等方面。另外，还有关于 OpenFlow 和传统网络设备交互及整合等方面的研究。下面举几个典型的研究案例展示 OpenFlow 的应用。

1. 网络虚拟化 FlowVisor（一个开源软件定义网络虚拟化中间件）

网络虚拟化的本质是能够抽象底层网络的物理拓扑，能够在逻辑上对网络资源进行分片或整合，从而满足各种应用对网络的不同需求。为了达到网络分片的目的，FlowVisor 实现了一种特殊的 OpenFlowController，可以看成其他不同用户或应用的 Controllers 与网络设备之间的一层代理。因此，不同用户或应用可以使用自己的 Controllers 定义不同的网络拓扑，同时 FlowVisor 可以保证这些 Controllers 之间能够互相隔离而互不影响。图 3-9 展示了使用 FlowVisor 可以在同一个物理网络上定义出不同的逻辑拓扑。FlowVisor 不仅是一个典型的 OpenFlow 应用案例，还是一个很好的研究平台，目前已经有很多研究和应用都是基于 FlowVisor 做的。

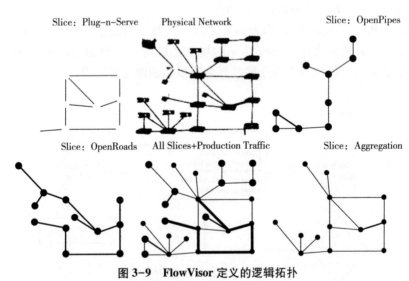

图 3-9　FlowVisor 定义的逻辑拓扑

2. 负载均衡 Asterix（负载均衡）

传统的负载均衡方案一般需要在服务器集群的入口处通过一个网关或者路由

器来监测、统计服务器工作负载，并据此动态分配用户请求到负载相对较轻的服务器上。既然网络中所有的网络设备都可以通过 OpenFlow 进行集中式的控制和管理，同时应用服务器的负载可以及时地反馈到 OpenFlow Controller 那里，那么 OpenFlow 就非常适合做负载均衡的工作。Asterix 通过 HostManager 和 Net-Manager（网络管理器）分别监测服务器和网络的工作负载，然后将这些信息反馈给 FlowManager（流节理器）。这样，FlowManager 就可以根据这些实时的负载信息重新定义网络设备上的 OpenFlow 规则，从而将用户请求（网络包）按照服务器的能力进行调整和分发。

四、虚拟机与容器

提到虚拟化技术，大家肯定会想到虚拟机，也会想到 VMware、XEN、KVM、Hyper-V 这些产品。这种虚拟化可以简称为 VM（虚拟机）虚拟化，就是以虚拟机为产物的虚拟化方案。还有一种虚拟化方案称为容器虚拟化方案，Container（容器技术）是一种轻量级虚拟化方案，开销比 VM 虚拟化小，操作粒度也比 VM 虚拟化小。在云计算流行之前，很多 IDC 的主机托管/租赁服务都是基于容器的方案。随着云计算对应用环境快速部署和对效率的要求不断提高，轻量级的容器虚拟化方案重新获得青睐，当然相应的技术也经历了演进和革新。

（一）VM 虚拟化与 Container 虚拟化

VM 虚拟化技术有三种：全虚拟化、半虚拟化、硬件虚拟化。全虚拟化由 Hypervisor 截获并翻译所有虚拟机特权指令（如 VMware 的 BT（比特流））；半虚拟化通过修改虚拟机内核，将部分特权指令替换成与 Hypervisor（虚拟机监视器）（也称 VMM）通信（如 XEN 的 para-virtualizaiton（半虚拟化技术））的指令；硬件虚拟化借助服务器硬件虚拟化功能，Hypervisor 不需要截获虚拟机特权指令，虚拟机也不需要修改内核（如 IntelVT（英特尔虚拟化技术）和 AMD-V（一套硬件辅助虚拟化技术））。Hypervisor 负责服务器硬件资源管理，根据要求直接分配给不同虚拟机。Hypervisor 直接运行在服务器硬件上（半虚拟化/硬件虚拟化），也可以运行在一个操作系统上（全虚拟化模式）。

Container 虚拟化又称操作系统级虚拟化，要求在一个操作系统实例里，将系统资源按照类型和需求分割给多个对象独立使用，对象之间保持隔离。系统资源通常指 CPU、内存、网卡、磁盘等。以 Linux Cgroup（Linux 内核提供的一种机制）为例，Cgroup（控制组）是 Linux 内核的一种文件系统，需要内核支持，和其他文件系统一样，Cgroup 在使用之前需要在 VFS（虚拟文件系统）注册。用户可以直接使用 mount（挂载操作）命令挂载 Cgroup，通过 echo 命令修改 Cgroup 配置参数，跟环境变量一样，子进程可以继承父进程配置。Cgroup 提供 Linux 系统里进程的资源分配、资源使用情况统计。

VM 虚拟化与 Container 虚拟化各有优势，存在如下区别：两者目标不同，VM 虚拟化的对象是虚拟机，把一台物理机虚拟成多台虚拟子机；Container 的操作对象是进程，为每个进程分配不同系统资源，进程与进程之间独立。VM 虚拟化组件可以直接运行在硬件之上，Container 只能运行在操作系统之上。VM 虚拟组件负责管理物理机或虚拟子机的硬件资源；Container 环境中，硬件资源由操作系统自身负责管理。

（二）Docker

Docker（一个开源应用容器引擎，一般用英文形式）是一个开源的应用容器引擎，其目标是实现轻量级的操作系统虚拟化解决方案。Rocker 的基础是 Linux 容器（LXC）等技术。在 LXC 的基础上，Docker 进行了进一步的封装，让用户不需要关心容器的管理，使操作更为简便。用户操作 Docker 的容器就像操作一个快速轻量级的虚拟机一样简单。

作为一种新兴的虚拟化方式，Docker 跟传统的虚拟化方式相比具有许多优势。首先，Docker 容器的启动可以在秒级实现，这相比传统的虚拟机方式要快得多。其次，Docker 对系统资源的利用率很高，一台主机上可以同时运行数千个 Docker 容器。容器除运行其中应用外，基本不消耗额外的系统资源，使应用的性能很高，同时系统的开销尽量小。传统虚拟机方式运行 10 个不同的应用就要建立 10 个虚拟机，Docker 只需要启动 10 个隔离的应用即可。具体来说，Docker 在以下几个方面具有较大的优势：

1. 更快速的交付和部署

对开发和运维人员来说，最希望的就是一次创建或配置，可以在任意地方正常运行。开发者可以使用一个标准的镜像构建一套开发容器，开发完成之后，运维人员可以直接使用这个容器部署代码。Docker 可以快速创建容器，快速迭代应用程序，并让整个过程全程可见，使团队中的其他成员更容易理解应用程序是如何创建和工作的。Docker 容器很轻、很快，容器的启动时间是秒级的，节约了大量的开发、测试、部署时间。

2. 更高效的虚拟化

Docker 容器的运行不需要额外的 Hypervisor 支持，它是内核级的虚拟化，因此可以实现更高的性能和效率。

3. 更轻松的迁移和扩展

Docker 容器几乎可以在任意平台上运行，包括物理机、虚拟机、公有云、私有云、个人电脑、服务器等，这种兼容性可以让用户把一个应用程序从一个平台直接迁移到另一个平台。

4. 更简单的管理

使用 Docker，只需要小小的修改，就可以替代以往大量的更新工作。所有的修改都以增量的方式被分发和更新，从而实现自动化且高效的管理。

5. 对比传统虚拟机总结

对比传统虚拟机总结如表 3-3 所示。

表 3-3　对比传统虚拟机

特性	容器	虚拟机
启动	秒级	分钟级
硬盘使用	一般为 MB	一般为 GB
性能	接近原生	弱于
系统支持量	单机支持上千个容器	一般几十个

第五节　开源云管理平台——OpenStack

大数据处理需要大规模物理资源的云数据中心和具备高效的调度管理功能的云计算平台的支撑。云计算平台能为大型数据中心及企业提供灵活、高效的部署、运行和管理环境，通过虚拟化技术支持异构的底层硬件及操作系统，为应用提供安全、高性能、高可靠性和高伸缩性的云资源管理解决方案，降低应用系统开发、部署、运行和维护的成本，提高资源使用效率。作为新兴的计算模式和商业模式，云计算在学术界和业界获得了巨大的发展动力，政府、研究机构和行业领跑者正在积极地尝试应用云计算来解决网络时代日益增长的计算和存储问题。诞生了许多开源云平台。另外，全球各大互联网公司也在极力打造自己的商业云平台，亚马逊的 AWS、谷歌的 AppEngine、阿里巴巴的阿里云和微软的 Windows Azure Services 等商业云计算平台相继出现，无论是开源的，还是商业的，每个云计算平台都有显著的特点和不断发展的社区。在所有开源云平台中，OpenStack 拥有最大的开源社区用户数和最高的社区活跃度，IBM、Intel、微软、思科、Dell、中国开源云联盟等都是 OpenStack 的成员单位。OpenStack 既是一个社区，也是一个开源的云计算管理平台项目，由几个主要的组件组合起来完成具体工作。OpenStack 几乎支持所有类型的云环境，项目目标是提供实施简单、可大规模扩展、丰富、标准统一的云计算管理平台。OpenStack 通过各种互补的服务提供了基础设施即服务（IaaS）的解决方案，每个服务提供 API 以进行集成。

一、OpenStack 的构成

OpenStack 是一个完全开源的云计算系统，使用者可以在需要的时候修改代码来满足需要，并作为开源或商业产品发布、销售。同时，OpenStack 基于强大的社区开发模式，任何人都可以参与到项目中去，参与测试开发，贡献代码。目前，OpenStack 主要由六大组件构成，如图 3-10 所示。

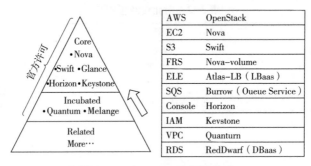

AWS	OpenStack
EC2	Nova
S3	Swift
FRS	Nova-volume
ELE	Atlas-LB（LBaas）
SQS	Burrow（Oueue Service）
Console	Horizon
IAM	Kevstone
VPC	Quanturn
RDS	RedDwarf（DBaas）

图 3-10　OpenStack 组件构成

二、OpenStack 各组件之间的关系

OpenStack 的设计目标是成为一个"可交付的大型可伸缩的云操作系统"。为了达到这个目标，每个组件、服务相互协作，共同提供一个完整的基础设施，即服务（laaS）。这种集成通过每个服务提供公共应用程序编程接口（API）来实现。这些 API 被用作服务与服务之间相互协调的方式，同时允许底层的这些服务任意替换，而不会影响其他服务，因为与这些服务相互通信的 API 永远不会变化。这些组件最终也都提供相同的 API 给云的终端用户。图 3-11 是 OpenStack 六大组件的逻辑关系图。

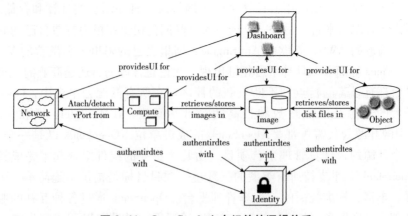

图 3-11　OpenStack 六大组件的逻辑关系

Dashboard 提供了一个统一的 Web 操作界面来访问其他的 OpenStack 服务。

Compute（计算）通过 Image（图像）存储和检索虚拟磁盘文件和相关元数据。

Network（网络）为 Compute 提供了虚拟网络。

BlockStorage（块存储）为 Compute 提供了存储卷。

Image 可以将实际的虚拟磁盘文件存储到 ObjectStore（对象存储）上。

所有服务都要通过 keystone 授权访问。

三、OpenStack 的逻辑架构

图 3-12 给出了 OpenStack 主要模块的一些细节，可以帮助人们更好地理解

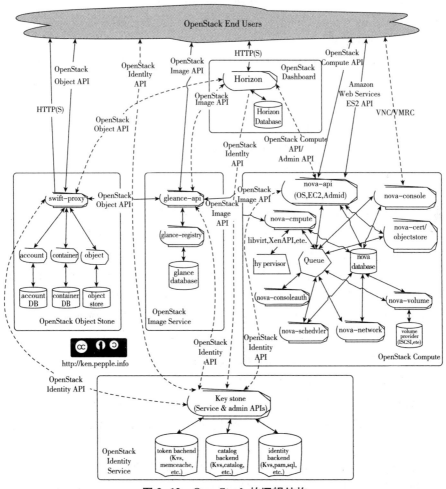

图 3-12　OpenStack 的逻辑结构

如何设计部署、安装和配置这个平台。模块根据其所属的功能组织起来，并根据类型进行分类。这些类型如下：

守护进程：以守护进程运行，在 Linux 平台上通常作为一个服务来安装。

脚本：当一些事件发生时，通过外部模块来运行的脚本。

客户端：一个访问服务所绑定的 Python 的客户端。

CU：一个提交命令的命令行解释器。

下面针对逻辑结构进行阐述。

终端用户通过 nova-api（一般不直译，而用英文形式）对话与 Open Stack Compute 交互，通过 glance-api（一般不直译，而用英文形式）对话与 Open Stack Glance（开源云计算平台镜像服务）交互，通过 Open Stack Object API（Open Stack 对象应用程序编程接口）与 Open Stack Swift 交互。

Open Stack Compute 守护进程之间通过队列（行为）和数据库（信息）交换信息，以执行 API 请求。

Open Stack Glance 与 Open Stack Swift 基本上都是独立的基础架构，Open Stack Compute 通过 Glance API（Glance 应用程序编接口）和 Object API 进行交互。

其各个组件的情况如下。

nova-api 守护进程是 OpenStackCompute 的中心。它给所有 API 查询（CpmpiuteAPI 或 EC2API）提供端点，部署活动（如运行实例），实施一些策略（绝大多数的配额检查）。

nova-compute 进程主要是一个创建和终止虚拟机实例的守护进程。其过程相当复杂，但是基本原理很简单，从队列中接受行为，然后在更新数据库的状态时通过一系列的系统命令执行。

nova-volume（新星卷服务）负责管理映射到计算机实例的卷的创建、附加、取消和删除。这些卷可以来自很多提供商，如 ISCSI 和 AOE（以太网 ATA）等。

Queue（队列）提供中心 hub（集线器），为守护进程传递消息，用 Rabbit-MQ（一般不译，而用英文形式）实现，但理论上可以是 Pythonampqlib（用英文形式）支持的任何 AMPQ（高级消息队列协议）消息队列。

nova database（新星数据库）存储云基础架构中的绝大多数编译时和运行时状态。这包括可用的实例类型、在用的实例、可用的网络和项目。

Open Stack Glance 是一个单独的项目，是一个 Compute 架构中可选的部分，分为三部分：

glance-apixglance-registry（Glance 应用程序接口 Glance 注册表）和 images-tore（图像存储）。其中，glance-api 接受 Open Stack Image API（Open Stack 镜像

应用程序编程接口）调用，glance-registry 负责存储和检索镜像的元数据，实际的 ImageBlob（图像二进制大对象）存储在 imagestore 中。ImageStore 可以是多种不同的 Object Store（对象存储），包括 Open Stack Object Storage（Swift）（Open Stack 对象存储）。

OpenStackSwift 是一个单独的项目，采用分布式存储架构，能防止单点故障，并支持横向扩展。它包括四部分：swift-proxy（swift 代理）、account（账户）、container 和 object。swift-proxy 通过接收 Open Stack Object API 或 HTTP 传入的请求，接受文件上传、修改元数据或容器创建。此外，它还将提供文件或容器清单到浏览器上。swift-proxy 可以使用一个可选的缓存（通常部署在 memcache 中）来提高性能。account 管理账户定义对象存储服务。container 管理一个映射的容器（文件夹），提供对象存储服务。object 管理实际对象（如文件）。

OpenStack 很可能成为未来云计算平台的标准，只要遵循统一的标准，用户便可以随意将自己的应用部署到不同的云平台，而不需要对应用做任何修改。在未来统一的标准下，用户完全不用关心云服务提供商是用 OpenStack 构建的云还是用其他平台构建的云，只需要把应用部署到云资源即可，然后为使用的云资源付费。

第四章 基于 Hadoop 的大数据平台的实现

互联网是以数据为核心的，而金融更加要用数据说话。中国的消费金融和供应链金融在未来的若干年中也许会经历爆发式的增长，而巧的是，这两个领域都是和大数据密切相关的。要做好消费金融需要掌握和了解消费者各个方面的真实数据；而要做好供应链金融，企业的各方面数据也是我们必须要掌握的。

第一节 基于大数据的技术的数字媒体平台建设

本节以华数传媒控股股份有限公司（以下简称华数传媒）为例，对其在广播电视上再现"纸牌屋"进行介绍。

一、简述

华数传媒控股股份有限公司利用基于大数据的技术建设新的数字媒体平台，为用户提供精准的广播电视。

二、背景

中国广电系统正经历着数字化浪潮的冲击，纯网络化的影视播放给传统广电运营商带来很大挑战。新媒体行业百花齐放，同时出现了各式各样的平台。不过，并没有哪一家媒体成功构建起自己的"护城河"，用户的忠诚度并不高，所以各媒体的用户群也并不那么稳定。为了稳定用户群的数量，各家媒体使出浑身解数，采用各种方式比拼内容资源，还有一些不计成本地运用一些新技术，也不乏平台运用大数据的采集、计算、分析，为运营中的各类业务提供有效决策支撑。

在竞争激烈的大环境下，华数传媒敏锐地意识到，要想在网络上生存下来，并占据一席之地，就必须以用户的需求作为产品的发展策略，以适应未来发展的数据基础架构为依托，打造"精准"的内容并且"精准"地传播。通过数字媒体平台充分挖掘消费者潜在的需求，并让他们习惯通过线上支付购买媒体，这是数字媒体商业模式能否成功的关键。

借助大数据技术的发展，华数传媒要打造自己的智能媒体平台，形成有丰富价值的第一手数据，构建属于自己的受众数据库，培养自己的忠实用户。

三、"纸牌屋"带来的思考

在讨论华数传媒的大数据平台之前，让我们先来看一下"纸牌屋"给我们带来的新思路。

"纸牌屋"是近年来影视界应用大数据技术的成功案例。美国的 Netflix（网飞）公司是一家在线影片租赁提供商，在 Netflix 公司，拍什么、给谁看、谁来拍、谁来导、谁来演、谁来配、什么时候播、怎么播等都由数千万观众的真实细致的喜好统计数据决定。

Netflix 公司利用后台技术记录下用户的位置数据和设备数据存储在公司的大数据系统中，主要包括：

（1）用户收看过程中所做的收藏、推荐到社交网络的行为；

（2）在观看过程中暂停、回放、快进、停止的动作；

（3）用户观影后给出的评分；

（4）用户的搜索请求；

（5）用户询问剧集播放时间；

（6）用户所采用的设备等。

Netflix 公司对这些数据进行分析后发现，喜欢观看英国广播公司（British Broadcasting Corporation，BBC）老版《纸牌屋》电视剧的用户，大多喜欢大卫·芬奇导演或凯文·史派西主演的电视剧；而如果要让电视剧有更多的人观看，在片中适当的环节必须要有阴谋、背叛、色情等关键词标签。于是，Netflix 投资 1 亿美元拍摄了新版《纸牌屋》，请大卫·芬奇执导、凯文·史派西主演，并且在整个剧本中设计了让观众喜欢的各种剧情。

不出所料，《纸牌屋》的第一季获得了巨大的成功。在其播出之后的一个季度，Netflix 公司就获得了 300 万新的付费用户，而《纸牌屋》系列到 2016 年已经播到了第四季，成为很多观众喜欢并翘首以盼的美剧。正是因为 Netflix 懂得投用户所好，利用大数据技术成功地提升了用户的服务体验，才能够大获成功。大数据技术的应用让 Netflix 赚得盆满钵满。

有了良好的学习榜样，华数传媒也想利用大数据技术来投用户所好，打造类似于《纸牌屋》的用户体验。

四、用户需求

广电领域的技术与网络差异化越来越小，各家媒体的运营效果没有太大差别。这时，服务体验成为用户选择运营商的重要因素，而互联网新媒体的强力冲击使得广电行业必须与这些互联网媒体缩小技术差距。华数传媒作为广电行业的"领头羊"必须在用户体验服务上保持充分的竞争力，所以如何才能深挖用户价值、分析用户喜好、在现有大数据平台基础上做大做强、保持技术领先优势以及保障市场竞争优势，成为华数传媒目前最关心的问题。华数传媒对新的大数据平台有三方面的需求：

1. 实现数据采集、存储和转发

可通过大数据技术来满足海量、多来源、多样性数据的存储、管理要求，支持平台上数据爆发式的增长，并提供快速实时的数据分析结果，迅速作用于业务。这样一来，华数传媒就可以在第一时间为用户提供真实、实时高效的数据。华数传媒可以为目标用户提供包括最热播的电影、电视剧、少儿影视、视频新闻、视频栏目、直播等内容的实时榜单和周期榜单，使得用户能在第一时间了解网络上内容运营的总体情况。

2. 实现个性化用户推荐

基于对原始数据的分析和决策判断，在大数据平台之上整合业务能力，为用户提供融合的和个性化的内容服务。

符合用户自身偏好特征的剧集和栏目会被推荐。"大家都在看啥""猜你喜欢""热播 Top-N""内容关联推荐"等列表推荐也都会针对每个用户作个性化定制。当然，电影、电视剧、视频新闻和栏目的推荐，均来自系统对客户自身喜好的鉴定，从而实现真正的"个性化"。

3. 可实现从内容传输到内容制造

使用大数据挖掘技术，先于观众知道他们的需求，预知将受到追捧的电视节目和内容。另外，还可通过观众对演员、情节、基调、类型等元数据的标签化，来了解受众偏好，从而进行分析观测，为后续的和第三方的影视制作等内容开发提供数据支撑。

当我们对用户进行标签化之后，就可以对其进行归类、聚类和汇总，以便于华数传媒直观地知晓和预判用户流向。同时，各栏目、页面的浏览和收藏等操作也会被归档用来分析什么样的内容是哪些用户所喜欢的。

五、挑战

在数字化浪潮的冲击下，传统的数据平台已无法支撑日益扩张的海量影视数据，单就视频推荐页面中每天推荐视频的数据模型涉及的数据就价值高达几十亿元，并且数据还在以秒为时间段飞速增长着。

运营商难以精准地推出专为用户量身打造的个性推荐，只能一味地传输数据，却不能保证这些数据是否真正符合用户的口味。同时数据的采集、存储和转发由于技术上的限制也遭遇了一定的困境，使得用户体验处于相对低的水平。

六、解决方案

华数传媒基于一站式 Hadoop 发行版构建了新的大数据平台，综合运用了其中的 Hadoop，分布式内存计算 SQL（结构化查询语言）引擎、分布式 NoSQL 数据库等技术产品组件。

在新平台上，分布式内存计算 SQL 引擎和分布式 NoSQL 数据库作为数据支撑平台中的重要组成部分，分别负责流式数据计算和分布式数据计算。

分布式内存计算 SQL 引擎对互联网电视、互动电视的数据进行实时采集，继而通过流式数据计算工具进行数据整合；而分布式 NoSQL 数据库对呼叫中心和宽带分析的数据进行离线采集，接着通过分布式数据计算工具达到数据整合的目的。华数传媒的新平台整合了各个相关数据源数据，包括 Portal（门户）、CA（认证中心）、CDN（内容分发网络）、用户使用浏览信息、AAA（华数的认证系统）、BOSS（华数的计费系统）结构化数据、用户基本信息、消费数据、用户上网流量数据、网管数据等。华数传媒的大数据平台能够帮助实现的功能如下：

（1）提供基于全量数据的实时榜单。以时间（小时/天/周）、用户等维度，对点播节目、直播节目、节目类别、搜索关键词等进行排名分析、同比环比分析、趋势分析等。地区风向标主要以城市和时间等维度分析点播排行、剧集排行、分类排行、热搜排行及用户数量的变化等。

（2）新媒体指数分析。通过对用户行为分析获取很多的隐性指标，从侧面反映用户对业务的认可度、用户的使用行为习惯等。

（3）智能推荐。运用新的大数据基础架构，通过对用户行为数据的采集分析，进行精准画像，使用智能推荐引擎，实现信息的个性化推荐（TV（电视）屏、手机、PC 等）、个性化营销（个性化广告、丰富产品组合、市场分析等）。基于可持续扩展和优化智能推荐算法，以及大数据带来的实时数据交互能力，为每一个用户量身定做的推荐节目极大提高了产品的到达率。

七、实施效果

在新平台的快速分布式数据查询引擎上，华数传媒实现了对海量数据的秒级查询。而且新平台之上的大数据分析引擎能帮助华数传媒构建规范的指标分析和衡量体系，为业务运营提供强有力的指导。在新平台上，有以下的成果体现：

（1）实现了数据的采集、存储和转发。满足了海量、多来源、多样性数据的存储、管理要求，支持平台硬件的线性扩展，提供快速实时的数据分析结果，并迅速应用于业务。

（2）提供了基于全量数据的实时榜单。以时间（小时/天/周）、用户等维度，对搜索关键词等进行分析。

（3）实现了个性化用户推荐，即智能推荐。通过使用智能推荐引擎，为每一个用户量身定做的推荐节目极大提高了产品的到达率，为用户提供融合、个性化的内容服务，增强了用户忠诚度，实现信息的个性化推荐和个性化营销。

（4）实现了新媒体指数分析。通过对用户行为进行分析获取很多的隐性指标，从侧面反映出用户对业务的认可度、用户的使用行为习惯等。

第二节　基于 Hadoop 的金融大数据平台架构

数据增长速度非常快，导致原有的金融数据仓库在处理这些数据时存在架构上的问题，无法通过业务层面的优化来解决。譬如一个省级农信社的数据审计类的数据通常在十几 TB 到数百 TB 不等，现有基于关系数据库或者大规模并行处理的数据仓库方案已经无法处理这么大数据，亟须一种新的具有更强计算能力的架构设计来解决问题。

一、金融的大数据属性

金融机构管理的就是数据，而金融机构使用数据来进行分析和挖掘也由来已久。

金融是基于数据的，原本就继承了数据分析的基因，因而从一开始，数据就是金融管理的核心，直接或间接存在于金融管理的每一个环节。如果我们充分发挥数据的作用，可以让数据在金融运营的各个环节中都为我们助力。下面我们简单介绍一下如何在金融领域应用数据挖掘技术。

（一）关联规则挖掘技术

采用数据挖掘中的关联规则挖掘技术，可以成功预测银行不同客户的需求。

一旦获得了用户的需求信息，银行就可以改善对不同客户的服务项目。其实包括银行在内的很多企业一直都在开发新的沟通客户的方法，而这些新方法很多时候依赖于数据挖掘产生的信息和规则。

（二）侦测欺诈行为的数据挖掘技术

对于侦测欺诈行为的数据挖掘技术，在电话公司、信用卡公司和保险公司都有着广泛的应用，在这些行业中，每年由于欺诈行为而造成的损失都非常可观。而数据挖掘可以从一些信用不良的客户数据或者历史欺诈交易中找出相似的特征并预测可能发生的欺诈交易，以达到减少损失的目的。

（三）计算还款能力

大数据技术为信息的收集、存储和整理提供了一个更大、更快、更有效率的平台，并且让这些信息更流畅地匹配起来。通过对应的数据模型，金融机构可以更好地辨识出个人和企业的行为特征，从而对其信用状况进行合理评估。把每个人的相关数据导入，我们就可以通过一个数据模型自动地算出每个人的还款能力。下面通过几个简单的场景来对金融行业如何运用数据作直观的了解：

（1）有些银行在自己的 ATM（自助服务设备）机等待屏幕上放置了顾客可能感兴趣的本银行的产品信息，供使用 ATM 机的用户了解。而对于不同的客户其操作过程中等待屏幕上所显示的内容是不同的，等待屏幕上显示的就是通过数据挖掘系统分析出的这个客户最有可能购买的产品或者服务。

（2）如果商业银行的数据库中显示，某个高信用限额的客户更换了地址，那么这个客户很有可能新近购买了一栋住宅，因此有可能需要更高信用限额或者更高端的新信用卡，也可能需要一个住房改善贷款，而这些产品都可以通过信用卡账单邮寄给客户。

（3）当客户打电话咨询银行客服的时候，数据可以有力地帮助电话销售代表，因为客服代表的计算机屏幕上能显示出客户的特点，同时也显示出顾客会对什么样的金融产品感兴趣。

互联网上有更加丰富和完整的数据，对于参与金融的各方来说，信息相对会变得更加对称。把金融市场运营充分互联网化，可以减少交易成本并提升效率。金融大数据挖掘发展的主要方向，就是在基于互联网数据开发的基础上加速挖掘金融业务的商业附加值，搭建出不同于银行传统模式的业务平台和数据分析平台。

二、金融企业的风险控制

对于金融平台，风险控制是最重要的。银行看起来是最能赚钱的，但它其实也可能是欠钱最多的，世界各地银行80%以上的资金都来源于大众的存款，因此银行其实是社会上最大的债务人。

只要一家公司试图通过运作来盈利，就可能有风险。而这里的风险可能来自各个方面，如内部操作、内部运营、交易方、第三方、市场。风险甚至还可能来自商业模式本身。

风险控制可能是传统金融机构比新兴互联网公司更占优势的地方。现代银行已经经历过数百年的风雨，每过几十年就会经历一次金融风暴，而每一次金融风暴都是对风险控制体系的一次磨炼和提升。我们认为，基于大数据的风险管控应该分四步走。

（一）全面风险视图的建立

通过建立数据交互渠道，获得税务、司法、环保、工商等在线信息，通过网络爬虫等技术手段获得舆情信息，并利用半结构化和非结构化数据加工分析技术，将这些数据转化成结构化数据，加工整合形成全面的客户征信视图。在此基础上，不断进行迭代设计，完善业务需求。

（二）客户线上信息识别

通过人脸识别、反欺诈侦测技术来核实客户身份的真实性及申请者是否存在欺诈行为。一般来说，人脸识别系统包括图像摄取、人脸定位、图像预处理，以及人脸识别（身份确认或者身份查找）。系统输入一般是一张或者一系列含有未确定身份的人脸图像，以及人脸数据库中的若干已知身份的人脸图像或者相应的编码，而其输出则是一系列相似度得分，表明待识别的人脸的身份。

在线反欺诈是互联网金融必不可少的一部分，常见的反欺诈系统由用户行为风险识别引擎、征信系统、黑名单系统等组成。为了进一步提升反欺诈能力，设备指纹技术、代理检测技术、生物探针技术被应用到反欺诈系统中，从多维度降低风险。

（三）信用评分模型建设

智能模型是一种欺诈风险量化的模型，它利用可观察到的交易特征变量，计算出一个分值来衡量该笔交易的欺诈风险，并进一步将欺诈风险分为不同等级。智能模型会从客户交易的第一个行为开始进行分析，给客户的每一个动作赋予相对应的风险分数，为智能性反交易欺诈授权策略提供科学依据，对欺诈风险高的交易可以拒绝授权和展开调查。银行风险主要集中在注册、登录、借款、提现、支付、修改信息这 6 个业务场景[①]。

（四）实时风控技术框架

针对个人线上消费贷款的风控需求，反欺诈系统需具备稳定、快速、准确的

---

① 蒋卫祥. 大数据时代计算机数据处理技术探究［M］. 北京：北京工业大学出版社，2019.

特点，以平衡业务拓展、客户体验和风险控制三方的矛盾。通过引入反欺诈风险规则引擎，可以将不断变化的业务规则剥离出来，进行动态管理和多规则多重组合，使系统变得更加灵活，适用范围更加广泛。在交易过程中，通过实时计算当前交易和历史交易特征的偏离值，如平均交易金额、常用的交易类型等，计算该笔交易发生欺诈的概率。

三、某互联网金融公司用 Hadoop 做风控支撑系统

（一）简述

某互联网金融公司想要搭建一个大数据风控支撑平台。

（二）需求

该金融公司构建这个大数据平台的目的是要建立完善的数据化风控模型并能在决策引擎和评分卡系统上使用。金融公司产品的申请、审批是准实时的，风控、贷后、支付系统在线上是实时的，贷款期限最多可以到 15 个月。

金融公司的主要产品都可以在线上完成全部的操作，而各地的线下部门则不以"获客"为主要工作重心，主要负责客户维护、贷后管理和衍生机会的开发。该金融公司的最终目标是完成一个信用借贷的全流程管理系统，通过建立精细化、智能化和场景化的大数据评分体系，提高筛选优质借款人的效率和准确性，把小微信贷的设计、申报、发放、风控等业务以流水线作业方式进行批量化操作，打造互联网金融领域的"信贷工厂模式"。虽然说金融公司要求的是一个大数据风控支撑平台，但是在我们看来，他们想要做的就是一个底层的数据系统。

（三）问题思考

对于互联网金融平台，有一个好的数据化风控系统是关键。做好风险管理是一家金融公司，特别是一个互联网金融平台的核心竞争力，这些平台要用金融机构级别的风控标准来严格要求自己。

传统的风控模式，无论是银行、中小信贷机构还是互联网金融公司，大多关注的是静态的风险，是对风险的静态预判。好的风控其实更加重要的是动态的数据，是用户数据模型的动态变化，而动态数据和静态数据相比其数据量变化会大很多。对于风控模型，变化是唯一的常量。社会在变化，经济环境在变化，商业环境在变化，企业在变化，每个人也都在不断变化，所以当我们在研究用户数据的时候，不能仅从静态的角度来看待任何一个客户和他的贷款申请。

我们可以通过研究分析不同个人特征数据相对应于不同产品的违约率，建立数据风控模型和评分模型，来掌握不同个人特征对某个产品违约率，并将其固化到风控审批的决策引擎和业务流程中，来指导风控各个环节工作的开展。我们这

个风控支撑系统，其核心理念是基于数据的决策流程，可以称之为大数据风控。而大数据风控是互联网金融乃至传统金融风控的必然趋势，它的发展将会给金融领域带来巨大的变化。同时，大数据风控一定是一项体系性工程，不是一蹴而就的。

对于金融公司的风控支撑系统，我们规划的是 8 个字：发现、监控、预警、管理。工作人员从数据中可以发现风险、产品的表现、潜在的客户和机会；通过数据的变化来随时调整算法和数据模型；当数据变化导致新的风险或者机会出现的时候，及时预警；而对于各个部门的工作人员来说，通过数据平台来做管理意味着决策有了依据，真正可以做到以数据为依据做决策。当有了完善的数据系统之后，就要以上面的 8 个字作为我们的目标。在我们看来，任何和用户选择以及属性相关的数据都是需要采集的，对构建用户模型都是有价值的，因而也都是信用数据。而这些数据的价值主要在于：①提高效率；②降低人工在各个环节工作的比例从而降低人工失误的机会，并且保持整体的一致性；③直观展示数据；④持续跟踪用户的状态变化并及时提出预警；⑤根据实际状况随时进化模型。

用户画像和与其相关的数据信息都是需要记录的，这些内容包括身份信息、教育信息、职业信息、社交信息、金融信息、交通信息、通信信息、资产信息、法律信息、医疗记录、学习记录、社交记录等。

（四）解决方案

基于数据的风控一定是一项长期的体系化工程，需要将大数据技术和风控运营管理相结合，如加强贷后监测需要进行的动态数据监控。我们为金融公司设计的数据化风控平台包含了以下内容：

（1）智能化金融-数据集市（底层）。

（2）模型体系（中层）。

（3）政策（应用层）。

我们来看数据集市是如何实现的，该数据平台架构的底层分为两大体系。

（1）可以实时查询的分布式数据库系统。

（2）做异步数据分析和数据挖掘的大数据系统。

第三节　电信运营商大数据平台的实现

移动互联网时代发展到今天，手机不再仅仅作为通信工具，它也是钱包（手机支付）、商店（手机淘宝）、地图（手机导航）、资讯来源（新闻订阅）、社交工具（微信、微博）等。手机角色的扩展丰富了人们的生活，不过与此同时运营商的世界却被颠覆了。运营商面临着一个抉择，是满足于在移动互联网市场中充当管道，还是充分利用基础网络设备和海量用户优势力挽狂澜，继续做行业"领头羊"，我们来看三个运营商应用 Hadoop 的案例，一个是全面应用 Hadoop 来做数据提升，一个是处理室内网络优化，还有一个是针对独立场景来处理垃圾短信。

一、一家运营商的逆袭之路

我们首先来看一个全面应用 Hadoop 大数据技术的运营商案例。

（一）向互联网企业学习——精细化经营

互联网巨头能够纷纷崛起，其重要因素之一是这些企业都能深刻地理解并有意识地引导用户需求与消费习惯。

虽然运营商近年来已经通过调整通话、短信、流量的比例，推出适应不同用户需求的套餐，不过相较形形色色的互联网应用依然显得单调许多，新的收入增长点不多。想要增加收入，实现 OTT 领域的逆袭，运营商必须着眼于通信消费之外的活动，透过用户消费行为细节，深入理解用户，洞察用户的潜在需求，最终引导甚至创造用户需求。

在传统优势语音和短信业务受到巨大侵蚀的情况下，一方面，运营商应该发挥基础网络的巨大优势，以提供高覆盖率、高质量的网络服务，来保有老客户吸引新客户；另一方面，运营商应该优化通信网络结构，在保障网络覆盖率的前提下避免建设多余基站，提高投资效益。要做到理解客户和优化网络，运营商就需要高度关注经营中的细节，换而言之就是做好精细化经营。而能够为精细化经营提供决策支持依据的不是别的，恰恰是蕴藏于运营商手中的海量运营数据、用户行为数据和网络数据。

（二）运营商的第一步

某运营商地方公司（以下通称运营商）为集中处理手中的数据建立了统一的数据分析系统，汇聚了四个方面的数据。

（1）客户关系管理。

（2）计费数据。

（3）经营分析数据。

（4）网络信令数据。

这 4 类数据累计总量达 80TB。根据业务需求，运营商用 SQL 设计编写了很多复杂模型，交给该系统来运行。

这个系统像精密的大脑，从经营管理数据、用户行为数据和网络优化数据中计算出各种指标，用于支撑经营和网络分析的各项决策。

然而，运营商业务繁杂，近年来增长的 3G/4G 业务带来的海量数据极大地增加了数据分析难度。这些数据不但指标数量大（近千个指标，且数量在不断增长），还涉及多个表单（接近 300 张），很多表单涉及十多个月份的数据，导致计算工程浩大。

原先的分析系统使用的是昂贵的 Oracle 数据库，对所有指标进行一次运算至少需要两天时间，一些复杂指标甚至无法得出结果。运营商运营决策的制定具有极高的时效性，如此低效的计算能力让该系统完全无法发挥其应有作用。为了让该系统能够正常运转，运营商将目光投向了在海量数据计算上，有更大优势的大数据技术。

（三）运营商的选择

运营商选择用来进行优化的大数据产品需要满足的条件有以下三个：

（1）支持 SQL，低迁移成本。

（2）分析系统简单易维护。

（3）计算性能优异。

大数据解决方案，目前主要分为 MPP 数据库与 Hadoop 系统两大类，并分别有若干商业化产品可供选择。

运营商技术人员经过仔细调研发现：

（1）MPP 数据库支持经营和网络分析模型使用的是 SQL，但计算性能不够，不能快速完成运算。

（2）基于 Hadoop 的产品大多对 SQL 支持不足。

（3）使用混合架构复杂模型在 Hadoop 上改写计算，简单模型使用甲骨文，这会导致数据分析系统业务过于复杂，后期会产生大量管理维护成本，导致总拥有成本上升。

（4）运营商尝试过使用北美某著名厂商的 Hadoop 发行版，然而该产品支持的 SQL 很少，不支持运营商大多数经营和网络模型，向此 Hadoop 发行版迁移需要改写大量模型，花费极高。

最后，运营商发现了可以满足需求的产品，星环科技的 Hadoop 发行版，一站式大数据平台 Transwarp Data Hub（TDH）（星环科技公司）。TDH 平台下的交互式内存分析引擎 Transwarp Inceptor（星环科技 Inceptor）使用 Spark（斯帕克）作为计算框架，速度极快，且全面支持 SQL，完美满足数据分析系统的运算需求。

（四）问题解决

我们来看一下 TDH 在该运营商部署的整体架构，部署 TDH 之后的工作流程如下：

（1）先用平台自带的数据导入工具将运营商原本存储在 Windows 文件系统、Linux 文件系统和甲骨文中的数据导入 TDH 下的分布式文件系统 HDFS 中。

（2）数据导入完成后，Transwarp Inceptor 利用分布式内存计算出结果。

（3）通过 TDH 自带的 JDBC 接口传输到客户端或者其他 BI 和报表工具。

部署 TDH 方案后，运营商的难题迎刃而解。使用原先的甲骨文系统花两天时间计算都不能完全得出结果的上千个指标，Transwarp Inceptor 在 8 小时内便全部计算完成。

随机选取 4 个甲骨文可以完成计算的指标与 TDH 进行性能对比，在和甲骨文系统做的对比中，TDH 显示出了压倒性的优势。

在完成新系统的部署之后，数据分析系统终于能真正发挥作用了。

（1）清晰透明地反映出运营商的经营管理状况。

（2）将指标数据传达给决策层。

（3）帮助决策层迅速准确地找出问题，并发现新的商机。

（4）对经营数据的分析则可以帮助领导层优化预算与投资，提升资源管理准确性并提高投资效益。

而对网络数据的分析可以帮助运营商优化基站选址，在减少重复投资的同时，提高网络质量。最终通过提升用户体验来减少客户流失，甚至从竞争对手中赢来客户。

（五）故事尚未结束

目前，该运营商数据分析系统仅处理其所在地区的数据。不过像 TDH 这样的大数据平台具有很强的扩展性，只需要通过添加服务器便可扩大规模，提升性能，从而使数据分析系统轻松推广至更大的区域。

当这个成功案例复制到全国各个省份之后，运营商将会得到更全面、更准确的信息，同时又会产生新的和地区人群差异相关的有意思的数据。在移动互联网时代，该运营商的明智选择具有借鉴意义。原本令运营商焦头烂额的海量数据信息，如今通过大数据解决方案，都成为宝贵的数据财富。

通过行之有效的分析方法，不仅可以深度解读用户行为、发现用户消费习惯、创造更多的盈利模式，而且还可以极大程度地发现运营商网络存在的问题，优化运营商网络结构，为运营商更进一步的网络投资提供可靠的决策支持。这里所做的数据分析只是大数据应用于运营商自身业务的冰山一角，还可在其他诸多方面做出贡献。例如，利用大数据在处理半结构化和非结构化数据上的优势，运营商可以轻松处理来自手机终端的图片、音频和视频数据；大数据对流数据的处理能力可以帮助运营商及时发现网络故障并迅速抢修；根据用户实时地点，运营商推荐各种基于位置服务的产品。毫不夸张地说，大数据产品将是运营商在移动互联网时代最重要的工具，我们期待着大数据技术打造的智慧运营商实现逆袭。

二、利用大数据技术重构室内网络优化

（一）简述

某电信运营商利用大数据技术建立室内网络质量评估系统，重构了室内网络优化。由于室内建筑结构和材料是既成因素，弱场强区和盲区的存在无法避免；而高层和大型建筑使局部网络容量不足，形成信道拥塞。这就需要以全新的技术来提高处理数据的能力。

（二）背景

今天人们对网络的依赖达到了前所未有的程度。用户会选择网络质量高的运营商，而抛弃无法提供优异网络服务的运营商。自然而然地，为用户提供高质量的网络服务成为运营商业务的核心。

网络基站的修建和维护费用是运营商的主要成本之一。我国三大运营商在2016年均增加了4G基站的数量，2016年底，我国有近280万座基站用于实现网络热点的全面覆盖，其中每一个基站的建设费用平均都在百万元左右。这些基站提供的网络质量则会直接影响用户体验进而左右运营商的收入。所以网络优化，即以合理的建设和维护成本提高网络质量，从来都是运营商工作的重心之一。离开了网络优化，无法给用户提供优质的网络服务，运营商会面临失去大批客户的风险。在今天，由于大部分的话务和流量使用都发生在室内，专门针对室内的网络优化更是运营商工作的一项重要工作。

（三）问题思考

做室内网络优化存在以下三个难点：

（1）室内网络受建筑结构、材料等影响，由于建筑物自身的屏蔽和吸收作用，造成了无线电波较大的传输损耗，形成了移动信号的弱场强区甚至盲区。

（2）高层和大型建筑带来的话务高密容易使局部网络容量不能满足用户需求，无线信道发生拥塞现象形成信道拥塞。

（3）相比2G/3G网络，4G室内分布系统更注重精细化的室内覆盖，系统指标不仅要关注场强覆盖值，而且还要关注容量、信号质量、切换、频率、干扰，以及网络建设和维护成本等因素。

因此，在具体的工程实施阶段，工程调测量远大于以往的量。我们可以运用Hadoop大数据技术来解决数据处理能力的问题，也用它来处理4G室内分布系统所需要观测的多项指标。

（四）用户需求

运营商面对的数据量越来越大，同时需要处理的数据量也变得越来越大。很多时候，抽样出的样本并不能很清晰地反映出总体的相关性质和状态，运营商希望在尽量多的场景下不再依赖于抽样，而是直接处理全量数据，从而掌握当前网络最真实的状态，而全量数据分析也是大数据不同于传统数据分析的一大特点。该用户的需求就是提高直接处理大量数据的能力，这就需要强大的内存计算能力的支撑。Hadoop 大数据技术的内存计算是实施海量数据分析的关键技术，可以达到如今运营商大数据量下高计算强度的要求。

（五）挑战

在前大数据时代，科学家研究出了各种抽样和统计的方法来弥补数据处理能力的不足，尽可能地使样本反映全量数据中的信息，效果却仍不尽如人意。以前，运营商主要利用 DT（DriveTest，路测）/CQT（Call Quality Test，呼叫质量测试）和用户投诉来发现网络问题。DT/CQT 简言之就是抽查，需要大量人工操作，所以只能抽样选取时间和地点进行测试。一方面，为保证测试效果，抽样密度就会高，随之人工成本也高。而在进行室内网络测试时，办公楼、居民楼等场所需要测试人员事先办理出入手续，这又进一步增加了测试成本。这些因素导致 DT/CQT 无法大规模、常态化地被应用到网络优化中。另外，用户投诉则对网络优化的局限性更加明显。大多用户在出现问题时会选择换个地点或者等一段时间重试。而且即便接到投诉，投诉时的故障场景也大多已经无法重现。

另一方面，运营商所使用的信令数据和通话数据是反映网络质量的绝佳资源。信令数据记录了信号在通信网络的各个环节（移动终端、基站、移动台和移动控制交换中心等）中传输的情况。CDR 数据则记录了每一次语音、短信或者数据业务的全生命周期的特征信息。相对于 DT/CQT 的抽查，信令/CDR 数据是对全网质量各地点、全天候的普查。然而，普查的代价是庞大的数据量。以广东省广州电信为例，其每天产生的 CDR 数据在三千万条左右，而信令数据更是达到了每天四亿条。这些数据并不是每一条都有意义，要在浩瀚的数据中提取出有价值的部分，运营商就必须对数据进行处理和分析，这就需要极高的数据处理能力。事实上，运营商虽然深知信令/CDR 数据对网络优化的价值，却受限于技术无法有效地加以利用。

（六）解决方案

如今，得益于 Hadoop 处理技术的发展，我们能够处理的数据量越来越大，在越来越多的场景下可以不再依赖于抽样而是直接处理全量数据。在网络优化领域，Hadoop 大数据技术可以帮助运营商快速地处理信令/CDR 数据，从而做到对全网质量的普查。在这个场景中，Hadoop 大数据处理技术有三个特点是有相关性的。

（1）能处理非结构化数据的 NoSQL 数据库。随着大数据时代的来临，海量数据的存储给数据库提出了很高的并发负载要求，当前的数据存储往往要面对每秒上万次的读写速度，传统的关系型数据库面对上万次查询还勉强顶得住，但是应付上万次写数据请求，硬盘 IO 就已经无法承受。正常的数据库需要将数据进行归类组织，类似于姓名和账号这些数据需要进行结构化和标签化，但是 NoSQL 数据库完全不关心这些，它能处理各种类型的文档，支持分布式存储，能透明地扩展节点。

（2）能同时处理海量数据的内存计算。此项技术是对传统数据处理方式的一种加速，是实施海量数据分析的关键技术。相对于传统磁盘的计算量，内存技术可以做到 30 亿次的扫描/秒/核，1250 万次的聚合/秒/核，150 万次的插入/秒，250TB/小时的数据处理，1 亿表单/小时。

（3）可拓展的并行处理。大数据可以通过 MapReduce 这一并行处理技术来提高数据的处理速度。其突出优势是具有拓展性和可用性，特别适用于海量的结构化、半结构化及非结构化数据的混合处理。

室内网络分析系统是建立在统一的 Hadoop 大数据平台上的，利用一站式 Hadoop 发行版下的新平台，综合运用了其中的分布式内存计算 SQL 引擎、分布式 NoSQL 数据库等技术产品组件。

分布式内存计算 SQL 引擎和分布式 NoSQL 数据库作为数据支撑平台中的重要组成部分，分别负责流式数据计算和分布式数据计算。

运用 Hadoop 大数据技术打造的室内网络质量评估系统，让工作人员在计算机上只需要点击楼宇便可轻松完成楼宇内网络状况的普查。当然，在"工作人员手指"的背后则是一套复杂的机制。

系统需要对信令/CDR 数据进行室内室外数据分离。当电信运营商的测试人员在计算机上点击一幢楼宇时，系统会以楼宇作为中心点，搜索到周围基站的信令/CDR 数据，这就是楼宇附近的话务数据。

为了有效地处理室内外数据，系统要进行数据清洗，清洗过的数据会分离成室内数据和室外数据。分离出来的室内数据便可以用来建立针对该楼宇的话务模型。

那么当新的海量数据产生时，只要将新数据和该楼宇的话务模型进行比对，就可以得到楼宇内部的话务数据。再对数据进行准确采集，确保采集到的数据都是有意义的，从而进行更好的整理和归档。

（七）实施效果

这套室内网络质量评估系统重新定义了电信运营商的室内网络优化，使该电信运营商的室内网络优化从原来的高度依赖人工、只能点式抽样检测变为现在的高度自动化，可以大范围普查网络。电信运营商的网络检测不再受限于有限的地点和时间，测试人员可以轻松获得全网、全天候、全生命周期的网络质量状况。

室内网络质量评估系统仅需 7 分钟就能完成一栋楼宇的网络质量普查。在系统上线的短短一个月内，电信运营商便完成了一万多栋楼宇的室内网络普查。在这套系统的帮助下，他们可以更加精准地优化网络。例如，运营商可以从话务数据中分析出高 ARPU（每户平均收入）值客户密集的楼宇，加大对这些楼宇内网络的关注，以更好地提高高质量用户的满意度。

而当某栋楼宇突然频繁地出现网络拥塞时，工作人员可以用系统对这栋楼宇的话务行为进行分析，判断出网络拥塞是暂时的还是长期的。如果拥塞只是暂时的，那么说明该楼宇可能正在举办大型活动，在短期内吸引了大量人流，运营商只需在活动期间派出信号车辆来缓解拥塞而不用增加永久新设备，这样可以节省网络建设投资。

信令/CDR 数据还能为网络问题的解决方案提供借鉴，帮助运营商决定是增加基站、更新设备，还是调整参数，使投资更加精细化。通过 Hadoop 大数据的分布式处理技术，能够有效解决前大数据时代中传统 DT/CQT 和用户投诉以及信令数据和 CDR 的不足。通过包含数据分离、数据清洗、数据采集的室内网络优化评估系统，促使室内网络优化的用户体验也出现了跃进，受众数量迅速上升。运营商天生具有数据基因，在业务的各个环节都能采集大量的数据。我们已经看到大数据技术在运营商网络优化上的作用，接下来，我们再来看另一个应用场景，看运营商是如何用大数据技术来提升垃圾短信的过滤效果的。

三、运营商用大数据技术提升垃圾短信过滤效果

（一）背景

随着移动通信技术的不断发展，短信已经成为人们生活中不可或缺的工具之一。越来越多的公司用短信进行促销或商业宣传，不过同时它也成为不法分子实施诈骗的重要手段。垃圾短信泛滥，不但占用了电信运营商宝贵的网络资源，还造成了对用户的骚扰，甚至给用户造成财产损失。信息产业部（现为工业和信息化部）报告显示，2014 年，全国移动短信业务总量 7630.5 亿条，而垃圾短信的数量居然占了 1/4 左右，垃圾短信问题正在变得越来越严重。因此，如何对垃圾短信进行智能识别与实时监测，提高客户满意度与服务质量，成为当前电信行业亟待解决的问题。

（二）用户需求

运营商需要建设一个能对垃圾短信进行智能识别与实时监测的垃圾短信监测

平台，来有效地遏制不法分子通过垃圾短信实施诈骗，减少垃圾短信对用户的骚扰甚至用户的财产损失，从而提高客户满意度与服务质量。

（三）挑战

这个系统在技术上主要有两个挑战：

1. 垃圾短信检测的精度问题

传统单纯以字符串匹配过滤垃圾短信的方法误检率较高，而且事后增加关键词的手段存在滞后性，我们的垃圾短信监测平台需要更好的研判模型。

2. 监测的实时性问题

我们的系统需要能够实时完成对垃圾短信的过滤，降低垃圾短信到达率，从而提高用户满意度。短信数据有 24 小时不间断产生、大规模、高并发的特点，垃圾短信检测平台需要有较高的数据处理能力才能快速进行复杂计算来检测出垃圾短信。

（四）短信过滤原理

我们首先来看一下常用的垃圾短信检测方式有哪些。

1. 黑白名单技术

在互联网上和计算机里，很多软件和系统都应用了黑白名单规则，如操作系统、防火墙、杀毒软件、邮件系统、应用软件等，凡是涉及控制的方面几乎都可以应用黑白名单规则。

黑名单启用后，被列入黑名单的用户（如电话号码、IP 地址、IP 包、邮件地址和病毒等）不能通过。白名单的概念与黑名单相对应。如果设立了白名单，则列入白名单中的用户（如 IP 地址、IP 包、邮件地址等）会优先通过，安全性和快捷性都大大提高。将其含义扩展一步，那么凡有黑名单功能的应用，就会有白名单功能与其对应。

2. 关键词过滤

关键词过滤，指的是在互联网应用和软件中，对信息进行预先的程序过滤、嗅探指定的关键字和词，并进行智能识别，检查是否有违反指定策略的行为。类似于入侵检测系统的过滤、管理，这种过滤机制是主动的，通常对包含关键词的信息进行阻断连接、取消或延后显示、替换、人工干预等处理。关键词过滤技术已经广泛应用在路由器、应用服务器和终端软件上，对应的应用场景主要有网络访问、论坛、即时通信和电子邮件等。

3. 基于规则评分的过滤技术

基于规则评分的过滤技术，通过对正常短信集和垃圾短信集的分析，可以抽取出垃圾短信的特征，做出各种规则对短信进行评分，从而判断每条信息是否都属于垃圾短信。基于规则方法的过滤技术，其优点是规则集可以共享，因此可推广性较强，不过规则的生成需要依赖人工，因而时效性和延展性不强。

4. 贝叶斯过滤法

该方法来源于 18 世纪著名数学家托马斯贝叶斯创建的贝叶斯理论，其理论核心是通过对过去事件的分析，对未来将发生的事件进行一个概率性的推断。把贝叶斯过滤法应用到垃圾短信的过滤上是通过对大量已经判定的垃圾短信和正常短信进行学习，根据两种短信中相同词语出现的概率对比来确定垃圾短信的可能性。贝叶斯过滤法的优点是，可以自主地学习来适应垃圾短信的新规则。该方法是目前过滤垃圾短信最为精确也最为普遍的技术之一，准确率达到 99%，而缺点则是方法的成功实施需要海量的历史数据。

5. 支持向量机

在机器学习领域，支持向量机是一个有监督的学习模型，通常用来进行模式识别、分类，以及回归分析。支持向量机方法是通过一个非线性映射把样本空间映射到一个高维乃至无穷维的特征空间中，使得原来的样本空间中非线性可分的问题转化为特征空间中线性可分的问题。简单来说，就是升维和线性化。升维，就是把样本向高维空间映射，一般情况下这会增加计算的复杂性，甚至会引起"维数灾难"，因而在计算资源有限的时候很少被问津。但是对于分类、回归等问题，很可能在低维样本空间无法线性处理的样本集，在高维特征空间中却可以通过一个线性超平面实现线性划分（或回归）。一般的升维都会带来计算的复杂化，支持向量机方法巧妙地解决了这个难题。它应用核函数的展开定理，就不需要知道非线性映射的显式表达式。同时，由于是在高维特征空间中建立线性学习机，所以与线性模型相比，不但几乎不增加计算的复杂性，而且在某种程度上避免了"维数灾难"。这一切要归功于核函数的展开和计算理论。

（五）解决方案

在我们实现的这个短信检测平台上，采用的垃圾短信检测方式是朴素贝叶斯和支持向量机。该系统的核心模块为"在线预测"模块，是用星环科技的流处理引擎 TranswarpStream（星环科技流处理平台）来实现的。

平台的工作流程如下：

（1）运营商的短信从外部加入分布式消息队列 Kafka±；

（2）Kafka 把信息推送给"在线预测"引擎；

（3）"在线预测"模块利用事先训练好的模型在极短的时间内完成数据转换、特征提取、分析等复杂计算，从而完成实时的垃圾短信判断和预警；

（4）"在线预测"模块判断出的垃圾短信会发送给人工确认，人工检测判断确实为垃圾短信的数据会加入机器学习组件 Discover（数据发现）的训练集，用于模型的迭代训练；

（5）机器学习组件 Discover 通过离线模型训练，能做到自动迭代，从而不断提升垃圾短信的识别率。

垃圾短信实时监测平台能够通过流处理技术快速识别出垃圾短信。当短信检测后显示为"true"（正确）的时候，则为垃圾短信；检测后显示为"false"（错误），则不是垃圾短信。

（六）实施效果

对于正常短信，识别正确率为 96%，而对于垃圾短信，识别正确率为 94.6%。随着时间的变化和数据的积累，这两个数字还可以有进一步的提升。垃圾短信实时监测平台中的流处理引擎 Stream 可以快速完成短信数据的转换、特征提取、分析及实时判断预警等，达到实时的垃圾短信过滤效果。

每个服务器节点每秒可对 1000~3000 条短信实施过滤计算，也就是说如果要处理每秒 100000 条短信的并发，需要设置 30~100 个服务器节点。当同时需要处理的短信数量增加时，我们只需要添加服务器节点就可以满足需求。

第四节　大数据平台安全与隐私保护

大数据是近年来的一个新生概念，但人们对其已经不陌生。在当今社会，大数据技术有其历史性的战略意义，它掌握着庞大的数据信息，更能够对这些数据进行专业化处理。假如将大数据比喻成一种产业的话，那么对数据的加工能力就是该产业实现盈利的关键。不过，大数据也存在着许多安全隐患，而最大的隐患就在于可能会泄露用户的个人隐私。对于这点，大数据还需要加强安全措施，保护用户隐私。

一、Hadoop 中的认证安全

Hadoop 中的认证可以很简单，也可以使用 Kerberos Hadoop（基于 Hadoop 的认证）同样允许用户自定义认证方案，在本节中，我们将看到 Kerberos（认证）认证以及如何使用 HTTPHadoop（基于 HTTP 的协议的 Hadoop 应用）接口来通过认证。

（一）Kerberos 认证

Kerberos（一种网络认证协议）是一种网络认证协议，它使用加密来提供高度安全的认证机制。这种认证机制由于具备以下功能而大受欢迎。

（1）相互认证：在进行会话之前，客户端和服务器可以进行相互认证。

（2）单点登录：一旦登录，令牌（Token）的有效时间就确定了。令牌有效性的持续时间决定了会话的最长时间。

（3）协议消息加密：认证过程中的所有协议消息都会加密，所以它不可能被对手进行中间人式攻击（Man-in-the-Middle Attack）或是重放攻击（Replay Attack）。

（二）Kerberos 的架构和工作流程

Kerberos 的核心是 Kerberos 密钥分发中心。KDC（密钥分发中心）有以下两个重要的组件：认证服务器，票据授予服务器。AS（自治系统）负责验证客户端的有效性。TGS（票据授予服务）则负责发放令牌或票据（有时间限制且加密的消息），受让人可以使用这些令牌或票据对其自身进行认证。

客户端向 Kerberos 中的 AS 请求一个票据授予票据 OAS（开放 API 规范）在自己的数据库中检查客户端，然后送回两条消息。第一条消息是会话密钥，第二条则是 TGT（票据授予票据）。这两条消息都使用客户端的密码作为密钥进行了加密。只有当自己的密码和 AS 中保存的密码一致时，客户端才可以使用这个会话密钥和 TGT 客户端想要访问服务，首先得提交自己的身份信息到 TGS。为了证明其真实性，客户端需要通过它从 AS 那里取得会话密钥向 TGS 发送加密过的认证信息。

TGS 收到请求后将它解密，然后检查客户端和请求的有效性。成功验证后，TGS 授予一张带有时效的票据，同时也会返回一个服务器会话密钥给客户端。这个服务器会话密钥会有两个副本用客户端的机密信息加密，另一个则用服务器机密信息加密。现在，客户端手中握有票据、服务器会话密钥，以及它所需要访问的服务的认证信息。服务所在的服务器验证会话密钥，然后根据验证结果授予访问权限。如果需要相互认证，则服务器也会送回认证信息，这样客户端就可以对其有效性进行检查。这是可行的，因为会话密钥有两个副本，分别用服务器和客户端的机密信息进行了加密。

（三）Kerberos 认证和 Hadoop

Hadoop 的认证客户端需要一个密码去进行 Kerberos 的认证工作流。对于一个长时间运行的 MapReduce 作业来说，这可能不太现实，因为作业时间可能会超出票据的有效时间。在 Hadoop 中，使用 kinit（一般用英文形式，可理解为 Kerberos 初始化）命令来初始化客户端得到一个密码。虽然票据的有效时间可能是几个小时，但对于某些长时间运行的作业，最好是将这个密码写入一个叫 keytab（密钥表）的文件。使用 ktuti1（密钥表实用工具）命令来创建 keytab 文件，然后使用 -t 参数在 kinit 命令中指定这个 keytab 文件。klist（Kerberos 列表）命令可以显示一个用户拥有的不同票据。kdestroy 命令可以注销那些不再使用的票据。

（四）HTTP 接口的认证

默认情况下，Hadoop 集群所有的 HTTP 网络端口都没有启用认证。这意味着任何人只要知道网页地址就可以在集群中访问这些不同的服务。不过可以通过配置 HTTP 网络接口，明确要求 Kerberos 认证使用 HTTPSPNEGO（基于 HTTP 的简单且受保护的协商机制）协议。这种协议可以很好地支持所有主流的浏览器。

也可以启用简单认证。这需要在网页地址中追加用户名作为查询字符串的参数，参数的值是这个用户的身份名称。也可以使用自定义的认证方案。Hadoop 的所有网络端口都支持这种扩展，前提是用户正确地重写了 AuthenticatorHandler（认证处理器）类。可以使用 core-site. xml（ApacheHadoop 分布式计算框架中的一个重要配置文件）中的如下属性来配置 HTTP 认证。

二、Hadoop 中的授权安全

授权涉及对资源的限制访问。Hadoop 为 HDFS 及所有 Hadoop 服务提供了授权。本部分我们将看到如何启用 Hadoop 的授权，以确保共享资源不会受到非法访问。

（一）HDFS 的授权

HDFS 的授权模式与可移植操作系统接口的授权模式十分相似。在 POSIX（可移植操作系统接口）中，每个资源、文件和目录都与一个所有者用户和组相关联。HDFS 与此类似，其权限被分别赋予不同的身份。这些权限是资源的所有者、与资源相关的组的用户。

有两种访问权限，即读和写。和 POSIX 不同的是，HDFS 中的文件没有执行权限，这是因为 HDFS 中的文件不是可执行的。如果用户或是属于某个组的用户有读权限 r，那么就只允许从 HDFS 中读取这个文件的内容。同样，任何用户或是属于某个组的用户有写权限 w，那就允许写入或是往一个既存文件中追加内容。用户或是组可以同时拥有读和写的权限 rw。

对于目录来说，这个权限的含义略有不同。读权限允许用户或是属于某个组的用户列出目录中的内容。写权限允许用户或组可以在该目录中创建文件和子目录，或是追加该目录中文件内容。目录还有一个特殊的执行权限 x，允许用户或组可以访问该目录的子目录。

HDFS 文件没有 POSIX 中的 setuid 和 setgid 的概念。因为 HDFS 不是可执行的，所以拥有这些操作对它来说是没有意义的。在这种情况下，就算是目录也不需要 setuid 和 setgid。HDFS 的目录允许设置黏滞位（Stickybit），对文件设置黏滞位是没有任何效果的。

就像任何基于 UNIX 的操作系统一样，权限被编码成三个八进制数。第一个八进制数表示所有者的 rwx 位，第二个表示组的，第三个则表示其他所有用户的。例如，下面的命令将所有权限赋给所有者，将读权限赋给该组，而系统中的其他用户则没有任何权限。

Hadoopfs-chmod740masteringhadoop（一个命令行指令相关表述）文件或目录的这组权限被称为模式。使用 chmod 命令（修改模式命令）可以操作这个模式。当一个进程在 HDFS 上创建一个文件或目录时，它自动将所有者设为该进程的所有者。不过，组继承自父目录的组，也就是说跟父目录的组一样。

当客户端操作 HDFS 文件或目录时会提供用户名和该用户所属的组。HDFS 首先会将此用户名和文件或目录的所有者进行匹配。如果匹配成功，那么这个资源的权限检查就完成了。不匹配，则会检查该用户所属的组和该资源所属的组列表是否匹配，以确认该用户是否属于这个组。同样，如果匹配成功，就可针对所需操作进行权限检查。但这两项检查结果都不匹配时，就会继续检查其他权限。如果最终三种权限的检查都不匹配，操作就会被拒绝。

1. HDFS 用户的身份

如上所述，Hadoop 支持两种用户认证的机制，这是由 hadoop. security. authentication（Hadoop 安全认证）属性的值来决定的，有如下两个值可以使用。

（1）simple（Hadoop 采用的一种简单认证方式）：用户的身份由运行客户端进程的操作系统决定和提交。

（2）kerberos：用户的身份由它的 Kerberos 证书决定。

要注意关键的一点是，HDFS 自己并不创建、修改或删除任何身份。所有身份管理都发生在 HDFS 之外，如简单认证时在操作系统，或者是在 Kerberos，HDFS 仅仅使用提供给它的身份信息，然后进行授权检查。

2. HDFS 用户的组列表

企业可以有自己的用户配置文件存储，如轻量级目录访问协议（Lightweight Directory Access Protocol，LDAP）或活动目录。这种情况下，可以通过访问这些目录服务来确定用户的组。Hadoop 内置有一个通过连接 LDAP 数据存储来确定组的映射服务。此外，当与基于 UNIX 的系统做比较时，所有的组和用户名都是被存为字符串，而不是数字。如果在客户端操作过程中撤销权限，客户端仍可以访问那些它已经知道的文件的块。

3. HDFS 的 API 及 shell（命令行解释器）命令

所有的 HDFSAPI 在执行权限检查失败时都会抛出 Access Control Exception（访问控制异常）异常。org. apache. hadoop. fs. permission（Application Hadoop 文件系统权限）包里的 FsPermission（文件系统权限）类用来封装文件或目录中与权限相关的必要信息。FileStatus（文件状态）包含 FsPermission 对象。使用 get-

FileStatus（获取文件状态）方法可以取得文件的状态。此外，FileSystem 类提供了一些方法来设置文件或目录的模式以及所有者/组。

一些 shell 命令也可以修改文件和目录的授权参数，具体如下：

Hdfschmod［-R］<octalmode><filepath>

这个命令可以用来修改文件或目录的模式。使用八进制的模式值来指定所有者、组及其他用户所对应的权限。使用-R 参数可以递归地将所有子文件和子目录的模式都修改成指定的模式，直到遇见文件或目录。严格地说，只有文件或目录的所有者或超级用户（Superuser）才可以修改模式。

同样，chown 命令可以设置指定文件或目录的所有者或组，具体如下：

hdfgchown［-R］［owner］［:［group］］<filepath>

所有者名称和组可以跟随文件路径一起指定。文件的所有者只有超级用户才能修改，其他人都不可以。同样，使用-R 参数可以递归地修改所有目录和子目录的所有者。

chgrp（更改所属组）命令也可以修改一个文件所属的组，具体如下：

hdfschgrp［-R］<group><filepatn>

只有当文件或目录的所有者属于这个指定的组时，才允许修改。另外，超级用户也允许进行这项操作。

4. 指定 HDFS 的超级用户

在 Hadoop 中，启动 NameNode（名称节点）的用户被称为 HDFS 的超级用户。超级用户拥有 HDFS 中最高的权限。对于超级用户的权限检查是不会失败的，而且超级用户的身份允许执行所有操作。

超级用户的身份并不是永恒的。它严格地取决于"谁来启动 NameNode 服务"。所以并没有必要将运行 NameNode 的机器管理员赋予超级用户的身份。然而，管理员可能也需要指定一组用户具备超级用户的身份，不过这些用户并不会去运行 NameNodeo 将 dfs. permissions. superusergroup（DFS 权限越级用户组）属性的值设置为需要执行超级用户权限的一组用户。

HDFS 提供了一个 Web 界面来访问文件系统。Web 服务器以某种身份运行这个界面，而这个身份由 dfs. web. ugi 配置属性指定。属性值由运行这个 Web 界面的用户和组的列表组成，以逗号分隔。这个属性值中的用户也可以指定为超级用户。Web 服务器以超级用户的权限运行时，就可以查看整个命名空间。如果设置为超级用户以外的用户和组，那就只能基于这个用户或组的权限访问有限的内容。另外，在逗号分隔的列表中，可以指定多个组。

5. 关闭 HDFS 授权

整个授权功能都是由 dfs. permissions 属性控制。如果这个属性设为 true，那么所有与权限相关的规则和检查就都会被应用到每个操作中。如果属性设为 false，那么授权功能就被关闭了。关闭权限控制并不会改变文件系统中的文件及目录的模式、所有者，或是组。然而，之前讨论过的 chmod、chown（更改所有者）及 chgrp 命令并不会受到权限关闭的影响。当执行这些命令时，会强制进行权限检查。

（二）限制 HDFS 的使用量

即使有足够的认证和授权的设置，仍然可能发生某种意外，即某个用户或某个组的用户超过了资源使用的公平配额。这也许是由于用户不小心运行了一个错误的处理，或是一个恶意的用户试图在 Hadoop 集群上挂载一个拒绝服务所引起的。

HDFS 提供了配额（Quota）用于限制使用。配额可以限制文件数及使用的空间量。这些配置可以被设置在一个目录级别，对所有子文件和子目录都起作用。

1. HDFS 中的数量配额

使用数量配额可以限制一个目录中子目录和子文件的数量。一个目录的数量配额值为 1 寸（约为 3.3 厘米），表示该目录下不能创建子目录或子文件。默认情况下，创建一个目录时不会设置它的数量配额。这时候最大的配额与 Long. Max_Value 有关。当给目录设置配额时，即使该目录已经超过了配额值，设置也会成功。下面的命令可以用来设置一个或一组目录的配额：

hdfsdfsadmin-setQuota<Quota><dirl>---<dim>

使用 ClrQuota 命令可以删除一个或一组目录的配额，使用方法如下：

hdfsdfsadmin-clrQuota<dirl>，-，<dirn>

2. HDFS 中的空间配额

使用空间配额可以限制每个目录的空间使用量，空间配额以字节为单位。如果一个目录中的某个文件的块大小超过了这个配额，则写入会失败。零配额允许创建文件，但这个文件不能写入内容，这是因为文件元数据并不归入这个配额。另外，目录也不计算在空间配额内。配额能指定的最大字节数为 Long. Max_Value0。

文件的备份会被计算在配额内，如一个三备份的 1TB 文件，则会占用 3TB 的配额。在设置配额时请牢记这一点。

下面的命令可以用来设置 HDFS 中的空间配额：

hdfsdfsadmin-setSpaceQuota<Quota><dirl>>--<dirn>

使用 ckSpaceQuota 命令可以重置空间配额，使用方法如下：

hdfsdfsadmin-clrSpaceQuota<dirl>>--<dirn>

使用带-q 参数的 count 命令可以列出文件和目录的配额。如果没有设置任何配额，这个命令会显示该目录数量配额为 none（一个特殊常量），空间配额为 inf（infinity）：

hdfs-count-q<dirl>---<dirn>

（三）Hadoop 中的服务级授权

Hadoop 有很多串联运行的服务来处理提交的应用和作业。Yarn 的资源管理器可以运行执交的应用。Application Master（应用主控器）将作业作为输入并进行处理。同样，HDFS 的 NameNode 服务提供元数据存储及 HDFS 的目录服务。在任何框架中，访问服务的授权功能都是一项强制性的安全组件。

在 Hadoop 的配置目录里，hadoop-policy.xml（Hadoop 集群用于配置服务级授权策略的重要配置文件）文件描述了访问服务的授权策略。使用 ACL 来定义授权，ACL 定义了用户或组，以及允许或拒绝某个用户或组的访问类型。一开始就会进行这些 ACL 的检查，之后才是其他的授权检查，如 HDFS 授权。

将 core-site.xml（Hadoop 生态系统中至关重要的配置文件）文件中的 hadoop.security.authorization（Hadoop 中一个关键配置属性）属性设置为 true 可以启用 Hadoop 中的服务级授权（Service-LevelAuthorization，SLA）。Hadoop 的 SLA 功能有很多 ACL 的设置，定义了允许或限制访问服务。

三、Hadoop 中的数据保密性

Hadoop 是一个分布式的系统。所有分布式的系统都通过网络相互连接。网络容易受到攻击，从而被恶意地窃取数据。同时，数据在不传输的时候，没有加密保护，也会被读取。

数据在不传输的时候，它的保密性被委托给 DataNode 所在机器的操作系统。大多数现代的操作系统都提供了加密方案，以保护在它们范围内的磁盘上的数据。本部分我们将看到通过网络传输时的保密性以及如何在数据传输过程中启用加密。

在洗牌过程中加密，是一项有利于数据保密性的功能。如之前所述，在 MapReduce 作业的生命周期中，洗牌是将数据从 Map 任务移到 Reduce 任务的步骤。这是通过网络在机器之间进行的数据移动，传输协议是 HTTP。

HTTP 本身以明文发送数据，即使用一种未加密的形式。当有人恶意窥探网络时，会导致信息的泄露：HTTPS 是 HTTP 的安全形式，所有 HTTP 端点间的包负载都使用安全套接层（Secure Socket Layer，SSL）进行加密。Hadoop 通过在 Map 和 Reduce 任务节点间使用 HTTPS 通信，允许加密的洗牌处理。

另外，Hadoop 也允许客户端认证。通过配置设置来实现加密的洗牌处理：关

闭 HTTP 和 HTTPS 之间的洗牌处理；指定一个密钥库（keystore）和信任库（truststore），以便 HTTP 加密；当添加或删除节点时，重新加载信任库。

（一）SSL 的配置更改

加密洗牌处理的配置需要 SSL。启用 SSL，需要进行如下更改：

（1）如果要使用客户端证书，那么 core-site. xml 文件中 hadoop. ssl. require. client. cert 属性需要设置为 true。默认情况下，这个值是 false。

（2）当使用 SSL 连接时，使用 hadoop. ssl. hostname. verifier 属性来指定安全的等级。Java 中的 HttpsUrlConnection 类使用这个值来确定是否允许连接。将认证方案中的服务器身份与实际的服务器身份进行比较，来决定允许还是拒绝连接。这个属性的值有 DEFAULT. STRICT. STRICT」6、DEFAULT_AND_LOCALHOST 和 ALLOW_ALLo 默认值为 DEFAULT。ALLOW_ALL 是最弱的验证形式。这个属性在 coresite. xml 文件中。

（3）hadoop. ssl. keystores. factory. class 属性表不用于实现和管理密钥库的类名。默认情况下，值为 org. apache. hadoop. security. ssl. FileBasedKeyStoresFactory，这个属性在 core-site. xml 文件中。

（4）hadoop. ssl. server. conf 属性表示服务器端用于配置 SSL 的配置文件。默认值为 ssLserver. xml。出于可用性，此文件配在 classpath 中。这个配置文件的值配置了密钥库和其他的 SSL 属性。这个属性在 core-site. xml 文件中。

hadoop. ssl. client. conf 属性与上一个属性类似。但它定义的是客户端的 SSL 属性。默认值为 ssl-client. xml，而且必须配在 classpath 中。

上面所有的属性都被标记为 final，这意味着它们不能被系统或用户用其他任何配置所覆盖。这些属性必须配置在集群的所有节点上。

下面的配置段显示了一个 core-site. xml 样本的配置：

```
<property>
<name>hadoop. ssl. require. client. cert</name>
<value>false</value>
<final>true</final>
</property>
<property>
<name>hadoop. ssl. hostname. verifier</name>
<value>DEFAULT</value>
<final>true</final>
</property>
<property>
```

```
<name>hadoop. ssl. keystores. factory. class</name>
<value>org. apache. hadoop. security. ssl
FileBasedKeyStoresFactory</value>
<final>true</final>
</property>
<property>
<name>hadoop. ssl. server. conf</name>
<value>ssl-server. xml</value>
<final>true</final>
</property>
<property>
<name>hadoop. ssl. client. conf</name>
<value>ssl-client. xml</value>
<final>true</final>
</property>
```

前面的属性在节点间设置了 SSL，这样可以将 HTTPS 作为通信协议使用。要在加密的洗牌处理中启用 HTTPS，可以将 mapred-site. xml 文件中的 mapreduce. shuffle, ssl. enabled 属性设为 true。默认情况下，该属性的值为 false。同样，这个属性是不能被覆盖的，并被标记为 final。下面的代码段显示了 mapred · site. xml 文件中这个属性的配置：

```
<property>
<name>mapreduce. shuffle. ssl. enaoled</name>
<value>true</value><final>true</final>
</property>
```

（二）配置密钥库和信任库

Hadoop 中可以直接使用的密钥库实现只有 File Based Key Store Factoryo（基于文件的密钥库工厂类）信任库和密钥库所对应的文件可以通过设置 hadoop. ssl. server. conf 和 hadoop. ssl. client. conf（Hadoop 中用于配置 SSL 服务端相关参数的配置项）属性的值来指定。

密钥库和信任库的结构非常相似。它们被用于存储私钥和证书。不过在功能上它们服务于不同的目标。一般情况下，密钥库被用来存储启动一个安全的远程连接所需要的私钥和公钥证书。如果启动了一个 SSL 服务器，或服务器需要处理客户端认证，那么必须使用密钥库来存储必要的密钥和证书。

相比之下，信任库被用于在一个连接建立时验证证书。它们通常包含第三方的证书，如根证书或是由标识和认可端点的认证机构所签署的证书。

密钥库和信任库可以是同一个文件。不过，通常最好将它们分开。

一旦配置完成，只要重启集群中所有的 NodeManager 就可以激活加密的洗牌处理。加密的洗牌处理会增加一定的处理开支，因为洗牌处理除要执行原有的职责以外，还不得不进行加密和解密处理。

可以在 Reduce 任务节点上调试 SSL 连接。要实现这一点，只要将 mapreduce. reduce. child. java. opts（Hadoop MapReduce 框架中一个重要配置参数）属性设置为 javax. net. debug＝all（Java 中用于开启详细网络调试信息的一个系统属性）这个 Java 选项就可以了。可以基于每个作业修改这个配置，也可以在 mapred-site. xml 文件中修改，这样就可以调试整个集群中的所有作业了。下面的内容显示了如何在 mapred-site. xml 文件中修改这个属性：

<property>

<name>mapred. reduce. child. java. opts</name>

<value>-Djavax. net. debug＝all</value>

</property>

仅在调试的时候使用这个调试属性，且要谨慎使用。当使用这个选项时，它会减慢作业的执行时间，通过在 NodeManager 上设置环境变量，也可以启用调试：

YARN_NODEMANAGER_OPTS＝, '-Djavax. net. debug＝aHn

第五章　大数据应用的相关技术

本章介绍大数据应用的相关技术，包括数据收集与预处理技术、大数据处理的开源技术工具、常用数据挖掘方法、半结构化大数据挖掘、大数据应用中的智能知识管理。

第一节　数据收集与预处理技术

数据的收集是大数据应用的基础和核心，只有存储了大量数据信息，才能更好地实现信息的共享应用。而信息资源的收集涉及面宽、数量大、变化快，为了满足信息应用不断扩大的需求，建立一套符合实际情况的信息收集方案和方法很有必要。

一、数据收集技术

（一）未电子化结构化的数据收集

未电子化结构化的数据是指目前依然存在于纸介质文件文档中的数据，主要是新产生的纸质的文件、报告和档案馆保存的历史档案、文件。需要按要求选择并录入计算机数据库。这类数据的录入基本上有两种方法：一是手工键入；二是电子扫描。

1. 手工录入文档数据

手工录入文档数据就是把文档逐字键入计算机中。其中的插图需扫描，为保证准确率，录入过程需要多次检查。特点是：工作量大、差错率高且不易保持原貌，优点是文件格式可以设为 txt、doc（文件格式）等，可以直接剪切、粘贴等编辑再利用。

编制数据录入程序直接把数据录入到数据库中，即由数据录入程序提供一个界面，让录入人员通过这个界面把数据录入到数据库中。一个优良的录入程序应当具备如下几个功能：

（1）录入界面中字段出现的次序及排列要与被录入数据出现的次序一致。避免录入人员不断地前后翻阅、查找数据，降低录入速度和效率。

（2）编程者要考虑录入数据的规律，尽可能提供数值选择，或通过下拉菜单、或通过栏目选择区，让录入者从中选取，避免出现不统一的简化名称、错别字、大小写等差异。尤其是关键字段，一旦出现不同就会给今后的数据应用带来问题。

（3）对有上下关联的数据记录可以将上条记录带入新录入记录，以提供修改。如钻井液性能，钻时、井斜等数据。下一条记录和上一条记录有许多相同之处，在上条记录的基础上修改就能很快形成新记录，为录入人员减轻工作强度，提高工作效率。

（4）数据的自我校正功能。每一学科的数据都有其内在的规律，它们相互联系、相互制约，利用这些规律，在录入人员提交数据的时候，计算机程序自动校对，及时提出疑问，让录入人员马上复查更正，会大大节约工时，提高数据的准确率。

（5）好的适应性。一旦数据表出现调整，不用编程人员参与，数据录入人员自己重新定制一下界面就能解决问题。比如制作一个中间池，由使用人员自己定制所需字段和排列次序。这样也能及时调整程序编制时数据字段出现位置不当的问题，毕竟编程人员对数据的了解不及数据录入人员熟悉。编制数据录入程序的方法适用于数据还在前端页面，还没最终保存到后台计算机。此方法特点是便于推广，培训任务小，数据质量易于保证，缺点是增加了编程工作量。

（6）利用成熟的工具，例如 Excel。该部分将数据键入 Excel 表后再导入数据库中。鉴于微软 Office 系统的普遍流行，将尚未录入计算机中的数据键入 Excel 表中，然后再编制相应程序将数据导入数据库就成了数据收集的一种方法。这种办法要求定义好 Excel 表格模板，每张表有几列，每列数据是什么格式，规定好数值型、文本型、日期型等。

录入数据时可以利用 Excel 的自带函数，设置两张表中相对单元格中数据的自动对比，用不同颜色显示两张表的数据异同，从而提高两人在同录相同的数据时数据录入质量。该办法编程量小，在录入人员熟悉 Excel 的前提下，培训工作量小，适合大批量集中录入数据，但是要求录入人员有自律性，不能改动数据列的数据格式。

2. 电子扫描录入文档数据

可以采用电子扫描录入文档数据：将原始文档用扫描仪扫描下来，整理后保存。方法是：根据文档的幅面（B5、A4、A3）选择扫描仪。当然颜色、分辨率也不是越高越好，经过试验，这里推荐：灰度模式、200DPI. JPG 格式，而后转成 PDF 格式保存。扫描好的文件在保持清楚的前提下，其大小也算适中。如果用户追求真彩色、高分辨率，其扫描文件会呈几何级数变大，这不利于保存、管理和今后的查询调用。文档扫描和处理流程如图 5-1 所示。

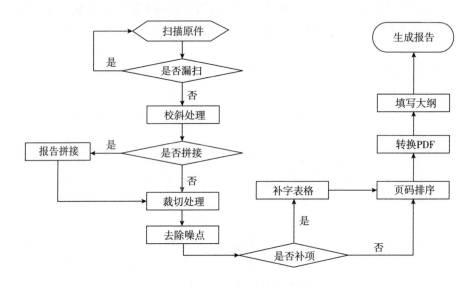

图 5-1　文档扫描处理流程

文档扫描后需要：校斜：对原始扫描件进行校斜处理；拼接：即对插图等大幅面内容分开扫描再进行拼接；去噪、消蓝，去掉文档原稿中的蓝印、发黄等；填补缺失文字、表格，即老的、陈旧的档案。经常出现字迹不清、纸质破损、内容缺失等情况，需要有经验的专家进行补充处理。扫描处理的最终目标是：保持原貌，字迹、表格、图形能看清楚，不能出现错页、缺页。扫描处理的特点是保持原样，工作量相对较小。缺点是 PDF 等类型的文件格式不能做剪切、粘贴等编辑再利用。如果改成 .doc 格式，则需要文字识别软件，但失去保持原貌的优势，增加了校对的工作量。

（二）电子化数据的收集

电子化文档数据是指那些保存在磁盘、光盘等非纸介质的文件、图形，其格式多为 .txt、.doc、.ppt、.pdf、.jpg 等。它们的收集就是要编目保存，大致字段包括：标题、生成日期、简要介绍（关键字）、作者和文档本身，以有利于今后的查询和利用。

计算机信息化发展到今天，每个单位都有应用系统在运行。对工作对象进行描述的数据基本都已经进入计算机中，是电子化数据。新建系统是对已有系统的整合或扩充，除新增数据需要录入外，已有电子化数据只需导入即可。数据导入的前提是了解原库与目标库的结构，清楚两个数据库的内容和格式，依据环境条件又分为以下两类：

（1）数据库之间导入数据。也就是说，数据源是一个在用的数据库，不管它是 Oracle、SybaseAAccess. Foxpro（赛贝斯对 Foxpro 数据库的访问）或其他类型，只要给出读取权限，主要任务就是了解其内容、结构，选取需要的表、字段，编程将数据读取过来，然后存入目标数据库中。因为数据在原库中就有确定的类型、长度及命名，所以只要不出现张冠李戴的程序错误，数据就会成功导入。

数据库之间的数据导入分为一次性导入和持续性导入。顾名思义，一次性导入属于把所有数据一次性导入到目标库，今后不再做导入工作。而持续性导入就是今后还会定期地做数据导入工作。这时程序就要设置触发点，要求根据具体情况设定手工执行，还是由计算机自动运行。自动运行需要设定每天还是每周的某个时刻开始由计算机自动运行导入程序，需要增加判断，判断哪些是新增加的需要导入的数据、哪些是已有的老数据不需要导入。

（2）Excel 表中数据的导入。将存在于 Excel 表中的数据导入指定的数据库中。考虑到 Excel 表中的数据有很大的随意性，即每个单元格的数据类型格式可以互不相同，不管是否同列或同行，上一单元格可能是数值型，下一单元格就可能是字符型，或者日期型，甚至会出现一个单元格中有两个数据，比如"XX. XX–XX. XX"。因为早先设计表时不可能考虑后期的数据传导，其表格就不会像新录数据一样设置统一、标准的模板，所以需要在数据导入前进行数据审查，人机联作，发现问题及时调整，直到每一列都统一成一个类型。其后的数据传导就是和数据库中数据的对接了。

如果不进行数据审查直接导入数据，程序运行中会经常报错，甚至将变形的数据导入数据库中，形成数据错误。审查数据应格外关注数值列出现字符，比如产量，平常是数值 XX 吨，突然出现一个"少量"字符等。

数据收集是与企业结合最紧密的工作之一，所以要尽可能地方便使用者，企业的组织和工序在这变革的年代也是经常变动的，所以程序一定要灵活、可调整。为了程序更有生命力，编程语言应当选用企业维护者更熟悉的，以方便企业人员自己修改、提升。

（三）Packetsniffer 技术

Packetsniffer（包嗅探技术）即包嗅探技术，它是通过侦听从 Web 服务器发送的数据包来获得企业网站中蕴含的数据的。Packetsniffer 技术可以：

（1）通过侦听包可以还原每个 Web 服务器的内容，包括产品信息、用户访问过的信息、用户的基本信息等，因此可以获得比 Web 日志中更多的内容。

（2）可以作为独立的第三方应用程序部署在 Web 服务器端，不需要改动现有的应用架构。

（四）在应用服务器端收集数据

基于以上三种数据收集方法的缺陷，当前业界提出了一种新的方法，即在应用服务器端收集数据。首先应该先了解多层应用框架的概念——它是针对 C/S 模式两层应用框架提出的。在多层（四层）结构的 Web 技术中，数据库不是直接向每个客户机提供服务，而是与 Web 服务器沟通，实现了对客户信息服务的动态性、实时性和交互性。这种功能是通过诸如 CGI（通用网关接口）、ISAPI（互联网服务器应用程序编程接口）、NSAP（网络服务访问点）以及 Java 创建的服务器应用程序实现的。基于四层应用框架如图 5-2 所示。

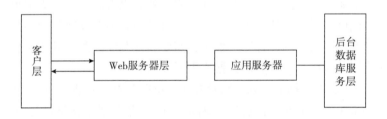

图 5-2 四层应用构架示意图

Web 服务器可以解析 HTTP 协议。当 Web 服务器接收到一个 HTTP 请求时，会返回一个 HTTP 响应，例如送回一个 HTML 页面。为了处理一个请求，Web 服务器可以响应一个静态页面或图片进行页面跳转，或者把动态响应的产生委托给一些其他的程序，例如 CGI 脚本、JSP（Java 服务器页面）（JavaServerPages）脚本、Servlets（Java 编程语言中用于开发基于服务器端的 Web 应用程序组件）、ASP（动态服务器页面）（Active Server Pages）脚本、服务器端 Javascript（脚本语言），或者一些其他的服务器端技术。无论它们（脚本）的目的是什么，这些服务器端的程序通常产生一个 HTML 网页反馈给客户层的浏览器。然后由应用程序服务器（The Application Server）通过各种协议，包括 HTTP 协议，把商业逻辑暴露给客户端应用程序。Web 服务器主要是处理向客户层浏览器发送 HTML 以供浏览，而应用程序服务器提供访问商业逻辑的途径以供客户端应用程序使用。应用程序使用该商业逻辑就像调用对象的一个方法（或过程语言中的一个函数）一样。在大多数情形下，应用程序服务器是通过组件的应用程序接口（API）把商业逻辑暴露给客户端应用程序。此外，应用程序服务器可以管理自己的资源，如安全、事务处理、资源池和消息。

如图5-3所示构建了一个简单的基于用户会话的数据收集实现方法,它实现了从应用服务器端收集数据,以对用户的访问数据做出全面的采集和分析。该模型包括数据收集、数据预处理、数据存储、模式发现、模式分析利用及客户6个层次。

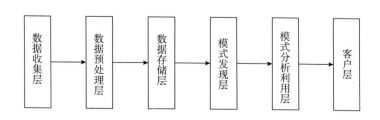

图5-3 基于用户会话的数据挖掘模型

(1)数据收集层。将数据收集机制和应用服务器相集成,在应用服务器端收集数据。需要收集的信息有顾客的账号、姓名、电话、性别、等级等;顾客的购物订单数据;商品信息;购物车上商品信息;用户对产品的评价;访问路径信息;检索时的关键字信息;等等。

(2)数据预处理层。实现对数据收集层所采集的元数据进行处理,包括数据仓库的建立。数据预处理是为数据挖掘所做的前期准备,主要包括数据清理、数据集成、数据变换、数据归约等。

(3)数据存储层。经过处理后的数据由数据存储层进行保存和管理。面向企业网站的Web挖掘应用系统主要有三类存储方式,关系数据库、数据仓库和事务数据库。

(4)模式发现层。首先运用数据挖掘技术把顾客的购物习惯、兴趣和爱好等特征存入模型库,然后运用神经网络、决策树、统计学等方法来建立模型。

(5)模式分析利用层。它由个性化网站及商业智能两部分组成。其中商业智能常用的模式分析技术有:可视化技术、联机分析处理、数据挖掘查询语言。商业智能的服务对象是商家的决策层,数据挖掘的结果可以帮助他们了解客户,调整战略,改进促销手段,从而达到赢得竞争的目的。

(6)客户层。主要实现用户浏览和商家决策支持,其结构简单。

二、数据存储技术

Internet的广泛应用和互联网技术的蓬勃发展,推动了全球化电子商务、大型门户网站和无纸化办公的大规模开展。在各种应用系统的存储设备上,信息正以数据存储的方式高速增长着，不断推进着全球信息化的进程。在这一进程中企业对于应用数据要尽可能实现 365×24 的高可用性，随之而来的是海量存储需求在不断增加。虽然文件服务器和数据库服务器存储容量在不断扩充，可还是会碰到空间在成倍增长、用户仍会抱怨容量不够用的情况，也正是用户对数据存储空间需求的不断增加，推动着海量数据存储技术发生革命性变化。

（一）海量数据存储种类

海量存储介质分为磁带、磁盘和光盘三大类，由这三种介质分别构成的磁带库、磁盘阵列、光盘库三种主要存储设备。三种不同的存储介质具有不同的数据存储特点如表 5-1 所示。

表 5-1　存储介质种类及特点

种类	介质优点	介质缺点	数据存取速度	应用环境
磁带	容量大、保存时间长	数据顺序检索、定位时间长	慢	海量数据的定期备份
磁盘	数据读取、写入速度快、操作方便	发热量大、噪声大、硬盘易损	很快	海量数据的即时存取
光盘	单位存储容量成本低、携带方便，数据查询时间短	表面易磨损、寿命短	快	海量数据的在线访问和离线存储

（1）磁带存储主要有数码音频磁带、先进智能磁带、开放线性磁带、数字线性磁带、超级数字线性磁带五种。

随着制造技术和生产工艺的不断改进，磁带将被做得越来越小，但存储能力越来越大，因此磁带库所占空间将不断减小。

（2）磁盘阵列海量存储。磁盘阵列又称为廉价磁盘冗余阵列，是指使用两个或两个以上同类型、容量、接口的磁盘，在磁盘控制器的管理下按照特定的方式组成特定的磁盘组合，从而能快速、准确和安全地读写磁盘数据。磁盘阵列把多个硬盘驱动器连接在一起协同工作，提高了存取速度，同时把磁盘系统的可靠性提高到接近无错的等级，因此磁盘阵列是一种安全性高、速度快、容量大的存储设备。

磁盘阵列不仅提高数据的可用性及存储容量，而且使得数据存取速度快、吞吐量大，从而避免硬盘故障所带来的灾难后果，能够有效地避免出现一个或多个磁盘损坏时数据丢失，并能够在更换损坏磁盘后快速恢复原有数据，保证系统数据的高可靠性。

（3）光盘海量存储。光盘上的记录信息不易被破坏，具有存储密度高、容量大、检索时间短、易于拷贝复制、保存时间长、应用领域广等诸多优点，因此光盘海量存储技术被大量应用。

1）盘存储容量。12cm 光盘的存储容量在数年内成倍增长，从 CD700M/80Min 音视频或数据内容到 DVD（数字多功能光盘）存储的 4.7G 或 2 小时 15 分钟的 MPEG-2 电影（见表 5-2、表 5-3）以及 HDDVD（高清数字多功能光盘）、Blue-ray（蓝光光盘）可以存储至少 22G 的 BS 数字广播内容（见表 5-4）。

表5-2　CD（光盘）光盘容量

种类	存储音视频时长	容量	保存时间
CDR	80 Min	700 M	70~100 年
CD-RW	74 Min	650 M	30~50 年

表5-3　DVD 光盘容量

名称	激光种类	盘片种类	容量
DVD	红色激光	单面单层 DVD-5	4.7 GB
		单面双层 DVI）9	8.5 GB
		双面单层 DVT>1（）	9.4 GB
		双面双层 DVD 18	17 GB

表5-4　下一代 DVD 光盘容量

种类说明	DVD	HDDVD（Read-Only）	HryDVD（Rewritable）	Blu-ray Disc（Rewritable）
波长	650 nm	405 nm	405 nm	405 nm
单层容量	4.7 G	15 G	20 G	25 G
双层容量	8.5 G	30 G	40 G	50 G

2）光盘海量存储形式。单张光盘的存储容量从 CD 盘片的几百兆到最新的蓝光 DVD 几十 G，这样的容量对于海量信息存储系统来讲是远远不够的，要想获得海量的数据存取，就必须将大量存储不同信息的几十、上百甚至上千张光盘组合起来使用。光盘存储的主要形式有以下几种：光盘塔、SCSI 光盘塔、网络光盘塔、光盘库、光盘镜像服务器，如表 5-5 所示。其中光盘网络镜像服务器是一种网络附加存储设备，代表了光盘库的发展方向。

表5-5　三种光盘设备的性能比较

光盘类型	访问速度	容量	成本	同时共享使用的用户数	应用环境
光盘塔	中等	小	较高	少	片库

光盘类型	访问速度	容量	成本	同时共享使用的用户数	应用环境
光盘库	慢	较大	最高	少	图书馆、信息检索中心
光盘镜像服务器	很快	最大	最低	多	多种网络环境

3）光盘存储技术发展趋势。随着光存储技术的发展，光盘产品不断系列化，光盘产品从 CDROM（只读光盘）光盘到 DVDROM（只读数字多功能光盘）以及 DVDRAM（数字多功能随机存取光盘）光盘，其应用领域越来越广泛，不仅满足海量数据的存储，还能实现一些基本的离线备份功能。

（二）海量存储模式

海量的数据存储需要系统具有良好的数据容错性能和系统稳定性，在发生部分数据错误时，系统可以在线恢复和重建数据，而不影响系统的正常运行。存储早期采用大型服务器存储，基本都是以服务器为中心的处理模式，使用直连存储，而存储设备（包括磁盘阵列、磁带库、光盘库等）作为服务器的外设使用。

随着网络技术的发展，服务器之间交换数据或向磁带库等存储设备备份时，都是通过局域网进行，这时主要应用网络附加存储技术来实现网络存储，但这将占用大量的网络开销，严重影响网络的整体性能。为了能够共享大容量、高速度存储设备，并且不占用局域网资源的海量数据传输和备份，就需要专用存储网络来实现。这种网络不同于传统的局域网和广域网，服务器可以单独的或者以群集的方式接入存储区域网，它是将所有的存储设备连接在一起构成存储局域网络。

（三）海量数据虚拟存储技术

很多企业由于历史因素不得不面对各种各样的异构存储设备。由于生产存储系统的厂商不同，存储设备型号也会不同，同时服务器操作平台更不相同。虚拟存储就是整合各种存储物理设备为一个整体，从而实现在公共控制平台下集中存储资源，统一存储设备的管理，方便用户的数据操作，简化复杂的存储管理配置，使系统提供完整、便捷的数据存储功能。

虚拟存储技术是在用户操作系统看到的存储设备与实际物理存储设备之间搭建了一个虚拟的操作平台，这样从应用程序一直到最终的数据端都可以实施虚拟存储。虚拟化技术的最终功能可以在服务器、网络和存储设备这三个层面上实现，即主机、网络和存储设备三个部分都可实施虚拟存储。

虚拟存储将所有的存储资源在逻辑上映射为一个整体，对用户来说单个存储设备的容量、速度等物理特性都可以被忽略，无论后台的物理存储是什么设备，服务器及其应用系统得到的都是客户熟悉的存储设备的逻辑映像，系统管理员不必关心后台存储过程，只需管理存储空间，这样所有的存储管理操作，如系统升级、改变 RAID 级别、初始化逻辑卷、建立和分配虚拟磁盘、存储空间扩容等均比从前更容易实现，这样存储管理的复杂性被极大简化。

（四）海量数据存储未来趋势

在存储介质方面，磁盘、光盘、磁带作为数据存储的主要载体，会向着小型化、大容量、高速读写、高可靠性发展。三种主要存储介质还可能同时存在一段时间，随着科技的进步与发展，全新的存储介质也许会很快出现。

随着数据容量的不断增长，海量存储功能的需求会不断出现，包括管理以及数据保护等方面。但不论是采用何种存储介质和存储技术，数据存储发展的趋势都将是基于管理方便、简单易用和不断降低成本的原则来实现数据存储的更大容量、更高速度和更高的可靠性能。

三、数据预处理技术

从海量的数据中挖掘出有价值的信息，实现"普通数据—信息—知识"的飞跃。数据预处理技术发挥了不可或缺的作用。因为在数据挖掘过程中，数据库通常会因为数据量过大、来自异构数据源等原因，而使得挖掘的过程受到数据缺损、数据杂乱、数据含噪声等"脏数据"的影响，如表5-6所示。只有进行数据预处理，才能使数据挖掘的结果更加有效，为用户提供干净、准确、简洁的数据。

表 5-6 "脏数据"产生的主要原因

原因	描述
数据缺损	数据记录中的属性值丢失或不确定；缺少必要的数据；数据记录中的信息模糊
数据杂乱	原始数据缺乏统一标准和定义，数据结构也不尽相同，各系统之间的数据不能直接融合使用；各系统间存在大量的冗余信息
数据含有噪声	数据中包含很多错误或孤立点值，其中相当一部分孤立点值是垃圾数据

数据预处理主要理解用户的需求，确定发现任务，抽取与发现任务相关的知识源。根据背景知识中的约束性规则，对数据进行检查，通过清理和归纳等操作生成供挖掘核心算法使用的目标数据。数据预处理一般包括数据清洗、数据集成、数据变换和数据归约四个步骤。

（一）数据清洗

数据清洗是指去除源数据集中的噪声数据和无关数据，处理遗漏数据和清洗脏数据。去除空白噪声，考虑时间顺序和数据变化等。主要包括处理噪声数据、处理空值、纠正不一致数据、数据简化等。

（1）处理噪声数据。数据挖掘中的噪声数据指的是因随机错误或偏差产生的一些不正确的数据。产生噪声数据的原因主要有错误的数据收集手段、数据输入问题、数据传输问题、技术限制以及命令习惯的不一致等。常见的噪声数据处理方法有分箱技术、聚类技术、计算机和人工结合、线性回归等。

（2）处理空值。很多原因都可能导致空值的产生。如设备故障，与其他记录数据的不一致而导致被删除，数据因为被误解而未被输入，某些数据在输入的时刻被认为是不重要的。以及没有注册历史或者数据改变了等原因都可能导致空值的产生。常见的空值处理方法有忽略元祖、人工填写空值、使用属性的平均值填充空缺值、使用与给定元祖同类样本平均值填写空值、使用最可能的值填充空缺数据等。

（3）纠正不一致数据。用于挖掘的数据可能来自多个实际系统，因而存在异构数据转换问题。另外，多个数据源的数据之间还存在许多不一致的地方，如命名、结构、单位、含义等，这需要自动或手工加以规范，来将数据标准化成具有相同格式的结构或过程。常见的方法有：Sorted-Neighborhood（排序邻域）：根据用户的定义对整个数据集进行排序，将可匹配的数据记录进行多次排序，以提高匹配结果的准确性；FuzzyMatch/Merge：将规范化处理后的数据记录进行两两比较，并根据一些模糊的策略合并两两比较的结果。

（4）数据简化。数据简化是在对噪声数据、无关数据等"脏数据"进行清洗的基础上，基于对挖掘任务和数据特征的理解，进一步优化数据项，以缩减数据规模，从而在尽可能保持原貌的前提下最大限度地精简数据量。数据简化的途径主要有如下两条：

1）通过寻找相关在取值无序且离散的属性之间依赖关系，确定某个特定属性对其他属性依赖的强弱并进行比较。通过属性选择能够有效地减少属性，降低知识状态空间的维数。主成分分析的属性选择方法如下：

根据事先指定的信息量（一般是方差最大的是第一主成分），确定主成分分析的层级属性。属性选择主要包括对属性进行剪枝、并枝、找相关等操作。通过剪枝去除对发现任务没有贡献或贡献率低的属性域；通过并枝对属性主成分进行分析，把相近的属性进行综合归并处理。

2）奇异值分解，是线性代数中矩阵分解的方法。假如有一个矩阵 A，对它进行奇异值分解，可以得到三个简化矩阵：将数据集矩阵（M×N）分解成 UE（M×N）、V（N×N）。在相似度矩阵计算过程中，通过 SVD 把数据集从高维降到低维，能够简化数据，去除噪声，减少计算量，提高算法结果。

（二）数据集成

数据集成是将多文件或多数据库运行环境中的异构数据进行合并处理，将多个数据源中的数据结合起来存放在一个一致的数据存储中。常见的数据集成方法有模式集成、数据复制以及两种数据集成方法的比较与融合等。

（1）模式集成。模式集成的基本思想是：将各数据源的数据视图集成为全局模式，使用户能够按照全局模式透明地访问各数据源的数据。全局模式描述了数据源共享数据的结构、语义及操作等，用户直接在全局模式的基础上提交请求，由数据集成系统处理这些请求，转换成各个数据源在本地数据视图基础上能够执行的请求。模式集成方法的特点是直接为用户提供透明的数据访问方法。

模式集成要解决两个基本问题：一是如何构建全局模式与数据源数据视图间的映射关系；二是如何处理用户在全局模式基础上的查询请求。模式集成过程需要将原来异构的数据模式做适当的转换以消除数据源之间的异构性。以映射成全局模式。

（2）数据复制。数据复制方法是将各个数据源的数据复制到与其相关的其他数据源上，并维护数据源整体上的数据一致性，提高信息共享利用的效率。数据复制方法主要有以下两种：

1）数据传输方式。它是指数据在发布数据的源数据源和订阅数据的目标数据源之间的传输形式，可以分为数据推送和数据拉取。数据推送是指源数据源主动将数据推送到目标数据源上；数据拉取是指目标数据源主动向源数据源发出请求，从源数据源中获取数据到本地。

2）数据复制触发方式。集成系统通常预先定义一些事件，如对数据发布端引起的数据变化的某个操作、数据发布端数据缓存积累到一定批量、用户对某个数据源发送访问请求、具有一定间隔的时间点等。当这些事件被触发时执行相应的数据复制。常见的数据复制触发方式按事件定义的不同分为数据变化触发、批量触发、客户调用触发、定时触发等方式。

（3）两种数据集成方法的比较与融合。对比模式集成与数据复制两种方法，它们各有优缺点，适用于不同的情况，如表5-7所示。

表5-7 两种数据集成方法的比较

方法说明	模式集成	数据复制
适用情况	被集成系统规模大；数据更新频繁；数据实时一致要求高；数据机密性要求较高	数据源相对稳定；数据源分布较广；网络延迟大；数据备份
优点	实时一致性好；透明度高	执行效率高；网络依赖性弱
缺点	执行效率低；网络依赖性强；算法复杂	实时一致性差

为了突破两种方法的局限性，将这两种方法混合在一起使用，称为综合方法。综合方法通常是想办法提高基于中间件的性能，该方法仍用虚拟的数据模式

视图供用户使用，同时能够对数据源间常用的数据进行复制。对于用户简单的访问请求，综合方法总是尽力通过数据复制方式，在本地数据源或单一数据源上实现用户的访问需求；而对于那些复杂的用户请求，无法通过数据复制方式实现时，才使用虚拟视图方式。

（三）数据变换

数据变换是通过数学变换方法将数据转换成适合挖掘的形式。数据变换方法主要包括：①平滑变换。主要通过分箱技术、聚类技术、线性回归等方法去除数据中的噪声。②聚集变换。对数据进行汇总和聚集。③属性构造。通过现有属性构造新的属性。④数据泛化。使用概念分层，用高层概念替换低层或"原始"数据。⑤规范化。将属性数据按比例缩放-使之落入一个小的特定区间。常见的规范化方法有最小—最大规范化、z-score（z 值）规范化和按小数定标规范化。

（四）数据规约

数据规约就是在减少数据存储空间的同时，尽可能保证数据的完整性，从而获得比原始数据小得多的数据。对规约数据的挖掘所耗费的系统资源会明显减少。挖掘的效率也会更高。常见的规约方法有：①维归约。通过删除不相关的属性（维）来减少数据量。如果用户在数据简化过程中已经做了属性选择操作，那么此时的维归约操作可从简。②数据压缩。通过对数据的压缩或重新编码，得到比原数据占用空间更小的新数据格式。③数值规约。通过选择数值较小或替代的表示方式来减少数据量。

第二节　大数据处理的开源技术工具

Storm（一个开源分布式实时计算系统）和 Kafka 是未来数据流处理的主要方式，它们已经在一些大公司中使用，包括 Groupon（欧美网络折扣店）、阿里巴巴和 The Weather Channel（一款天气预报软件）等。Storm，诞生于 Twitter，是一个分布式实时计算系统。Storm 用于处理实时计算，而 Ha-doop 主要用于处理批处理运算。Kafka 是一种高吞吐量的分布式订阅消息系统，它可以处理消费者在网站中的所有动作流数据。一起使用它们，就能实时地和线性递增地获取数据。

一、数据流处理工具 Storm 和 Kafka

使用 Storm 和 Kafka 使得数据流处理线性的，确保获取的每条消息都是实时的、可靠的。前后布置的 Storm 和 Kafka 能每秒流畅地处理 10000 条数据。像 Storm 和 Kafka 这样的数据流处理方案引起很多企业关注并想达到优秀的 ETL（抽取转换装载）的数据集成方案。

Storm 和 Kafka 也很擅长内存分析和实时决策支持。在企业的大数据解决方案中，实时数据流处理是一个必要的模块，因为它能有效处理"3v"——volume、velocity 和 variety（容量、速率和多样性）。Storm 和 Kafka 这两种技术将成为大数据应用平台中的一个重要组成部分。

二、查询搜索工具 Drill 和 Dremel

Drill（一个开源分布式 SQL 查询引擎）和 Dremel（保留英文形式）实现了快速低负载的大规模、即时查询数据搜索。它们提供了秒级搜索 P 级别数据的可能，可以应对即时查询和预测，同时提供强大的虚拟化支持。Drill 和 Dremel 提供强大的业务处理能力，不只是为数据工程师提供。业务端的用户都喜欢 Drill 和 Dremel，Drill 是 Google 的 Dremel 的开源版本，Dremel 是 Google 提供的支持大数据查询的技术。Drill 和 Dremel 相比 Hadoop 具有更好的分析即时查询功能。

三、开源统计语言 R

R 是开源的强大的统计编程语言。1997 年以来，有超过 200 万的统计分析师使用 R。这是一门诞生自贝尔实验室的在统计计算领域的现代版的 S 语言，迅速成为新的标准的统计语言。R 使得复杂的数据科学变得更廉价。R 是 SAS（统计分析系统）和 SPASS（自动化定理证明器）的重要领头者，并作为最优秀的统计师的重要工具。R 在大数据领域是一个超棒的、不会过时的技术。而且，R 和 Hadoop 协同得很好，它作为一个大数据的处理的部分已经被证明了。

四、图形分析工具 Gremlin 和 Giraph

Gremlin（一款图形分析工具）和 Giraph（一款图形分析工具）帮助增强图形分析，并在一些图数据库中使用。图数据库是富有魅力的边缘化的数据库。相比来说，Gremlin 和 Giraph 是 pregel 的开源替代品。也就是说，Gremlin 和 Giraph 是 Google 技术的山寨实现的例子，图在计算网络建模和社会化网络方面发挥着重要作用，能够连接任意的数据。另外一个经常的应用是映射和地理信息计算，如从 A 到 B 的地点，计算最短距离。图在生物计算和物理计算领域也有广泛应用，例如，运用图绘制不寻常的分子结构。海量的图、图数据库及分析语言和框架都是一种现实世界上实现大数据中的一部分。

五、全内存的分析平台 SAPHana

SAPHana（全内容分析平台）是一个全内存的分析平台，它包含了一个内存数据库和一些相关的工具软件。用于创建分析流程和用规范正确的格式进行数据的输入/输出。SAP 开始反对为固化的企业用户提供强大的产品供开发免费使用。

六、可视化类库 D3

D3（可视化类库）是一个 Javascript（服务器端）面向文档的可视化的类库。它让用户能直接看到信息并进行正常交互。例如，可以使用 D3 来从任意数量的数组中创建 HTML 表格，或使用任意的数据来创建交互进度条等。程序员使用 D3 能方便地创建界面，组织各种类型的数据。知名公司的大数据技术方案如下：

英特尔：作为与 Linux 一样具有革命性意义的 Hadoop，英特尔推出了基于该平台的发行版（包括免费发行版），以帮助用户更轻松地构建架构和使用分布式计算平台，开发和处理海量数据。Hadoop 是一个能够对大量数据进行分布式处理的软件框架。

微软：为帮助企业快速采用其大数据解决方案，微软将在 Microsoft Windows Azure 平台上提供基于云端的 Hadoop 服务，同时在 Windows Server 上提供基于本地的 Hadoop 版本 0。

EMC：Greenplum 一分析平台（UAP）是结合 Greenplum DB（一款大规模并行处理的关系型数据管理系统）和 Greenplum Hadoop（结合构建的一种数据处理与分析的综合方案）为企业构建高效处理结构化、半结构化、非结构化数据的大数据分析平台。并且客户可以以此平台为基础利用 Greenplum 行业和数学统计方面的专家，充分挖掘自身数据价值，实现数据资产从成本中心到利润中心的转变，以数据驱动业务。

甲骨文：提供了大数据软硬一体优化集成解决方案 Exadata，其行业解决方案包括移动应用用户行为统计分析，基于日志和访问内容的用户画像，机顶盒用户使用习惯和精准营销，语义分析和搜索引擎实时处理，海量指纹识别以及人脸识别查询系统，分布式大数据存储和管理系统，海量历史数据分析平台，基于互联网的舆情监控系统等。Exadata 就是一个预配置的软硬件结合体，可提供高性能的数据读写操作。

IBM：提供了功能全面的大数据解决方案 InfoSphere（IBM 推出的一套全面数据管理软件套件）大数据分析平台，它包括 Bigin-sights 和 Streams。Streams 采用内存计算方式分析实时数据，可以动态地分析大规模的结构化和非结构化数据。Biginsight（大数据调察）基于 Hadoop，增加了文本分析、统计决策工具，同时在可靠性、安全性、易用性、管理性方面提供了工具，并且可与 DB2（IBM 公司开发的一套关系型数据管理系统）、Netezza 等集成。

SAP：和甲骨文 Exadata 类似，SAP 提供了一个具有高性能的数据查询功能，用户可以直接对大量实时业务数据进行查询和分析的软硬一体化解决方案 HANA。

第三节　常用数据挖掘方法

分类是一种重要的数据分析形式，它提取刻画重要数据并利用这些数据建立模型。这种模型称为分类器，预测分类的（离散的、无序的）类标号。例如，我们可以建立一个分类模型，把银行贷款申请划分为安全的或者危险的。这种分析可以让我们更好地规避风险。研究机器学习、模式识别和统计学方面的学者已经提出了很多分类和预测的方法。分类有大量的应用，如欺诈检测、目标营销、性能预测和医疗诊断等。

一、分类

（一）分类的概念

银行贷款员需要分析数据，以便搞清哪些贷款申请者是"安全的"，银行的"风险"是什么。商店的销售经理需要分析数据，以便帮助他推测具有某些特征的顾客是否会购买计算机。医学研究人员希望分析乳腺癌数据，以便预测病人应当接受三种具体治疗方案中的哪种。在上述每一个例子中，数据分析的任务都是分类，都需要构建一个模型或分类器来预测分类，如贷款申请数据是"安全的"或"危险的"，销售数据是"是"或"否"，医疗数据的"治疗方案 A""治疗方案 B"或"治疗方案 C"。这些类别可以用离散值表示，其中值之间的次序没有意义。

（二）分类的一般方法

1. 贝叶斯分类

贝叶斯分类是利用贝叶斯公式，通过计算每个特征下分类的条件概率，来计算某个特征组合实例的分类概率，选取最大概率的分类作为分类结果。常见的贝叶斯分类器有 NaiveBayes、TAN、BAN、GBN 等方法。

下面介绍一种贝叶斯分类方法——朴素贝叶斯分类：

（1）设 $1 = \{a_1, a_2, \cdots, a_m\}$ 为一个待分类项，而每个 n 为 1 的一个特征

属性。

（2）有类别集合 $C= \{y_1, y_2, \cdots, y_n\}$。

（3）计算公式：$P(y_1|x)$，$P(y_2|x)$，$\cdots$，$P(y_n|x)$。

（4）如果 $P(y_k|x)=max\{P(y_1|x)$，$P(y_2|x)$，$\cdots$，$P(y_n|x)\}$，则 $x\in y_k$。

那么现在的关键就是如何计算第 3 步中的各个条件概率。我们可以这么做：

（1）找到一个已知分类的待分类项集合，这个集合叫作训练样本集。

（2）统计得到在各类别下各个特征属性的条件概率估计：$P(a_1|y_1)$，$P(a_2|y_1)$，$\cdots$，$P(a_m|y_1)$；$P(a_1|y_2)$，$P(a_2|y_2)$，$\cdots$，$P(a_m|y_2)$；$\cdots$；$P(a_1|y_n)$，$P(a_2|y_n)$，$\cdots$，$P(a_m|y_n)$。

（3）如果各个特征属性是条件独立的，则根据贝叶斯定理有如下推导：

$$P(y_1|x)=\frac{P(x|y_i)P(y_i)}{P(x)}$$

因为分母对于所有类别为常数，我们只要将分子最大化即可。又因为各特征属性是条件独立的，所以有：

$$P(x|y_i)P(y_i)=P(a_1|y_i)P(a_2|y_i)\cdots P(a_m|y_i)P(y_i)=P(y_i)\prod_{j=1}^{m}p(a_j|y_i)$$

整个朴素贝叶斯分类分为三个阶段：

第一阶段（准备工作阶段）：这个阶段是朴素贝叶斯分类的准备阶段。具体工作是确定特征属性并将每个特征属性划分到相应的分类里去，作为训练样本集合。人工分好类的文本就相当于这个训练样本集合。这一阶段需要人控制完成，并且特征属性、特征属性的划分和训练样本质量的好坏直接影响到最终分类的结果。

第二阶段（分类器训练阶段）：这个阶段是生成分类器的机械性阶段，有很多的统计工作，不需要人控制。分类器自动计算每个类别在训练样本中的出现频率，以及每个特征属性划分对每个类别的条件概率估计，并记录其结果。整个过程可由机器通过相应公式自动计算完成。

第三阶段（应用阶段）：这个阶段使用分类器对待分类项进行分类，直接输出最后的分类结果。该阶段由程序自动完成，不需要人控制。这个阶段需要对每个类别计算 $P(x|y_i)P(y_i)$ 并以 $P(x|y_i)P(y_i)$ 作为最大项。

2. 贝叶斯网络

朴素贝叶斯分类假定类条件独立，即给定样本的类标号，属性的值可以条件地相互独立。这一假定简化了计算。当假定成立时，与其他所有分类算法相比，朴素贝叶斯分类是最精确的。然而在实践中，变量之间的依赖可能存在。贝叶斯信念网络说明联合概率分布，它允许在变量的子集间定义条件独立性。它提供一种因果关系的图形，可以在其上进行学习。这种网络也被称作信念网络、贝叶斯网络和概率网络。为简洁计，我们称它为信念网络。

信念网络由两部分定义。第一部分是有向无环图，其每个节点代表一个随机变量，而每条弧代表一个概率依赖。如果一条弧由节点 y 到 z，则 y 是 z 的双亲或直接前驱，而 z 是 y 的后继。给定其双亲，每个变量条件独立于图中的非后继。变量可以是离散的或连续值的。它们可以对应于数据中给定的实际属性，或对应于一个形成联系的"隐藏变量"（如医疗数据中的综合病症）。

图5-4给出了一个6个布尔变量的简单信念网络。弧表示因果知识。例如，得肺癌受其家族肺癌史的影响，也受其是否吸烟的影响。此外，该弧还表明：给定其双亲 Family History（家庭病史）和 Smoker（吸烟者），变量 Lung Cancer（肺癌）条件地独立于 Emphysema（肺气肿）。这意味，一旦 Family History 和 Smoker 的值已知变量 Emphysema 并不提供关于 Lung Cancer 的附加信息。

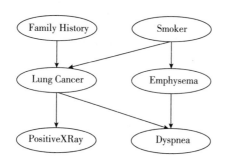

图5-4 一个简单的贝叶斯信念网络

定义信念网络的第二部分是每个属性一个条件概率表（CPT）O 变量的 CPT 说明条件分布（Z | Parents（Z））。其中，Parents（Z）是 Z 的双亲。表5-8给出了 Lung Cancer 的每个值的条件概率。例如，由左上角和右下角，我们分别看到：

$P(Lung\ Cancer = "yes" \mid Family\ History = "yes") = 0.8$

$P(Lung\ Cancer = "no" \mid Family\ History = "no", Smoker = "no") = 0.9$

表5-8 变量 Lung Cancer（LC）值的条件概率

值变量	FH. S	FH. ~S	~FH · S	~FH, ~S
LC	0.8	0.5	0.7	0.1
~LC	0.2	0.5	0.3	0.9

对于属性或变量 Z_1、Z_2…、Z_n 的任意元组（z_1, z_2, …, z_n）的联合概率由下式计算：

$$P(z_1, z_2, \cdots, z_n) = \prod_{j=1}^{n} P(z_i \mid parents(Z_i))$$

其中，$P(z, \mid parents(Z_i))$ 的值对应于 Z 的 CPT 中的表目。

网络节点可以选作"输出"节点，对应于类标号属性。可以有多个输出节点。学习推理算法可以用于网络。分类过程不是返回单个类标号，而是返回类标号属性的概率分布，即预测每个类的概率。

在学习或训练信念网络时，许多情况都是可能的。网络结构可能预先给定，或由数据导出。网络变量可能是可见的，或隐藏在所有或某些训练样本中。隐藏数据的情况也称为遗漏值或不完全数据。

当网络结构给定，而某些变量隐藏时，则可使用梯度下降方法训练信念网络。目标是学习 CPT 项的值。设 S 是 s 个训练样本 X_1, X_2, …, X_{s1} 的集合，源是具有 $U_i = u_{ik}$ 的变量 $Y = y_{ij}$ 的 CPT 项。梯度下降策略采用贪心爬山法。在每次迭代中，修改这些权，并最终收敛到一个局部最优解。

算法按以下步骤处理：

（1）计算梯度。

对每个 i、j、k 进行计算：

$$\frac{\partial \ln P_w(S)}{\partial w_{ijk}} = \sum_{d=1}^{s} \frac{P(Y_i = y_{ij}, U_i = u_{ik}, \mid X_d)}{w_{ijk}}$$

式右端的概率要对 S 中的每个样本 X_d 进行计算。为简洁计，我们简单地称此概率为 K 和 U，表示的变量对某个 X、U 是隐藏时，则对应的概率 P 可以使用贝叶斯网络推理的标准算法，由样本的观察变量计算。

（2）沿梯度方向前进一小步。

用下式更新权值：

$$w_{ijk} \leftarrow w_{ijk+(l)} \frac{\partial \ln P_w(S)}{\partial w_{ijk}}$$

其中，l 是表示步长的学习率，被设置为一个小常数。

（3）重新规格化权值。

由于权值 W_{ijk} 是概率值，它们必须在 0~0 和 1~0，并且对于所有的 i、k $\sum_j w_{ijk}$ 必须等于 1。更新后，可以对它们重新规格化来保证这一条件。

3. 加最临近分类

加最临近分类基于类比学习，其训练样本由 n 维数值属性描述，每个样本代表 n 维空间的一个点。这样，所有的训练样本都存放在 n 维模式空间中。给定一个未知样本，加最临近分类法搜索模式空间，找出最接近未知样本的 6 个训练样本。这 6 个训练样本是未知样本的 R 个"近邻"。"临近性"用欧几里得距离定义。其中，两个点 $x=(x_1, x_2, \cdots, x_n)$ 和 $y=(y_1, y_2, \cdots, y_n)$ 的欧几里得距离是

$$D(X, Y)=\sqrt{\sum_{i=1}^{n}(x_i-y_i)^2}$$

未知样本被分配到 A 个最临近者中最公共的类。

最临近分类是基于要求的或懒散的学习法，即，它存放所有的训练样本，并且直到新的（未标记的）样本需要分类时才建立分类。这与诸如判定树归纳和后向传播这样的急切学习法形成鲜明对比，后者在接受待分类的新样本之前构造一个一般模型。当与给定的无标号样本比较的可能的临近者（即存放的训练样本）数量很大时，懒散学习法可能招致很高的计算开销。这样，它们就需要有效的索引技术。正如所预料的，懒散学习法在训练时比急切学习法快，但在分类时慢，因为所有的计算都推迟到那时。与判定树归纳和后向传播不同，最临近分类对每个属性指定相同的权。当数据中存在许多不相关属性时，这可能导致混淆。

最临近分类也可以用于预测。即，返回给定的未知样本实数值预测。在此情况下，分类返回未知样本的 k 个最临近者实数值标号的平均值。

4. 支持向

支持向量机是最大间隔分类器的一种，属于向量空间的机器学习方法。其基本原理是：如果训练数据是分布在二维平面上的点，它们按照其分类聚集在不同的区域。基于分类边界的分类算法的目标是，通过训练，找到这些分类之间的边界（直线的边界称为线性划分，曲线的边界称为非线性划分）。对于多维数据（如 N 维），可以将它们视为 N 维空间中的点，而分类边界就是 N 维空间中的面，称为超面（超面比 N 维空间少一维）。线性分类器使用超平面类型的边界，非线性分类器使用超曲面。线性支持向量机是基于最大间隔法的。该问题是一个二次规划问题，使用拉格朗日函数合并优化问题和约束，再使用对偶理论，得到上述的分类优化问题。

方法描述如下：求分类面，使分类边界的间隔最大。分类边界是指从分类面分别向两个类的点平移，直到遇到第一个数据点。两个类的分类边界的距离就是分类间隔，如图 5-5 所示。

分类平面表示为：$w \cdot x+b=0$。注意，x 是多维向量。分类间隔的倒数为：$\frac{1}{2}\|w\|^2$。

所以该最优化问题表达为：

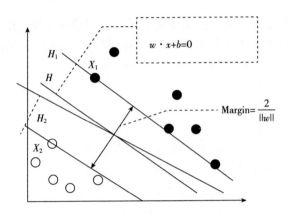

图 5-5　最优分类平面

$$\min_{w+b} \frac{1}{2} \| w \|^2$$

s.t. $y_i((w*x_1)+b) \geqslant 1$, $i=1$, 2, $\cdots$, l。其中的约束是指：要求各数据点 (x_i, y_i) 到分类面的距离大于或等于 1。其中，y 为数据的分类。

二、主成分分析

（一）基本原理

主成分分析是一种掌握事物主要矛盾的统计分析方法，它可以从多元事物中解析出主要影响因素，揭示事物的本质，简化复杂的问题。计算主成分的目的是将高维数据投影到较低维空间。给定 n 个变量的 m 个观察值，形成一个 $n \times m$ 的数据矩阵，n 通常比较大。对于一个由多个变量描述的复杂事物，可以用原有变量的线性组合来表示事物的主要方面，即 PCA（主成份分析）。

PCA 的目标是寻找 r（$r < n$）个新变量，使它们反映事物的主要特征，压缩原有数据矩阵的规模。每个新变量都是原有变量的线性组合，体现原有变量的综合效果，具有一定的实际含义。这个新变量称为"主成分"，可以在很大程度上反映原来 n 个变量的影响，并且这些新变量是互不相关的。通过主成分分析，压缩数据空间，将多元数据的特征在低维空间里直观地表示出来。例如，将多个时间点、多个实验条件下的基因表达谱数据（N 维）表示为三维空间中的一个点，即将数据的维数从 R^N 降到 R^3。

（二）计算步骤

PCA 主要用于数据降维，假设将数据的维数从 R^N 降到 R^3，具体的 PCA 分析步骤如下：

（1）第一步计算矩阵 X 的样本的协方差矩阵 S：

$$S = \frac{1}{m-1} \sum_j (x_j - <x>)(x_j - <x>)^r$$

$$<x> = \frac{1}{m} \sum_j x_j$$

其中，$j=1, 2, \cdots, m$。

（2）第二步计算协方差矩阵 S 的本征向量 $e=1, 2, \cdots, N$ 的本征值 $\lambda_i=1$，$2, \cdots, N$，本征值按大到小排序：$\lambda_1 > \lambda_2 > \lambda_N$。

（3）第三步投影数据到本征矢量张成的空间（在线性代数中张成的空间，通常用 SPAN（S）来表示）。表示所有 S 的线性组合构成的集合。即 S 的张成空间，记作 SPAN（S），这些本征矢相应的本征值为 λ_1、λ_2、λ_3。现在数据可以在三维空间中展示为云状的点集。

对于 PCA，目标是减小 i，降低数据的维数，以便于分析，同时尽可能少丢失一些有用的信息。

令 λ_i 代表第 i 个特征值，定义第 i 个主元素的贡献率为：

$$\frac{\lambda_i}{\sum_{k=1}^{N} \lambda_k} = \frac{\lambda_i}{N}$$

前 r 个主成分的累计贡献率为：

$$\frac{\sum_{k=1}^{r} \lambda_k}{\sum_{k=1}^{N} \lambda_k} = \frac{1}{N} \sum_{k=1}^{r} \lambda_k$$

贡献率表示所定义的主成分在整个数据分析中承担的主要意义占多大的比重，当取前 r 个主成分来代替原来全部变量时，累计贡献率的大小反映了这种取代的可靠性。累计贡献率越大，可靠性越大；反之，则可靠性越小。一般要求累计贡献率达到70%以上。经过 PCA 分析，一个多变量的复杂问题被简化为低维空间的简单问题。

三、聚类分析

（一）基本概念

将物理或抽象对象的集合分组成为由类似的对象组成的多个类的过程被称为聚类。由聚类所生成的簇是一组数据对象的集合，同一个簇中的对象彼此相似，与其他簇中的对象相异。在商业上，聚类能帮助市场分析人员从客户基本库中发现不同的客户群。在生物学上，聚类能用于推导植物和动物的分类，能对基因进行分类，获得对种群中固有结构的认识。聚类分析多年来主要集中在基于距离的聚类分析，如基于 means（人平均值）、k-medoids（中心）和其他一些方法。在机器学习领域，聚类是无指导学习的一个例子。与分类不同，聚类不依赖预先定义的类和训练样本。由于这个原因，聚类是通过观察学习而不是通过例子学习。在概念聚类中，一组对象只有当它们可以被一个概念描述时才形成一个簇。这不同于基于几何距离来度量相似度的传统聚类。概念聚类由两个部分组成：发现合适的簇；形成对每个簇的描述。

（二）聚类算法的主要类型

主要的聚类算法可以划分为如下几类：

1. 划分方法

给定要构建的划分的数目划分方法为：首先创建一个初始划分。然后采用一种迭代的重定位技术，尝试通过对象在划分间移动来改进划分。一个好的划分的一般准则是：在同一个类中的对象之间的距离尽可能小，而不同类中的对象之间的距离尽可能大。

2. 层次方法

层次方法是对给定数据集合进行层次分解。根据层次的分解如何形成，层次方法可以被分为凝聚的或分裂的方法。凝聚的方法，也称为自底向上的方法，一开始将每个对象作为单独的一个组，然后继续合并相近的对象或组。直到所有的组合并为一个（层次的最上层），或者达到一个终止条件。分裂的方法也称为自顶向下的方法，一开始将所有的对象置于一个簇中。在迭代的每一步中，一个簇被分裂为更小的簇，直到最终每个对象在单独的一个簇中，或者达到一个终止条件。

3. 基于密度的方法

绝大多数划分方法基于对象之间的距离进行聚类。这种方法只能发现球状的簇，而在发现任意形状的簇上遇到了困难。随之提出了基于密度的另一类聚类方法，其主要思想是：只要邻近区域的密度（对象或数据点的数目）超过某个阈值，就继续聚类。也就是说，对给定类中的每个数据点，在一个给定区域中必须包含至少某个数目的点。这样的方法可以用来过滤"噪声"数据，发现任意形状的簇。

DBSCAN（基于密度的空间聚类算法）是一个有代表性的基于密度的方法，它根据一个密度阈值来控制簇的增长。OPTICS（基于密度的聚类分析算法）是另一个基于密度的方法，它为自动地、交互地聚类分析计算聚类顺序。

4. 基于网格的方法

基于网格的方法把对象空间量化为有限数目的单元，形成了一个网格结构。所有的聚类操作都在这个网格结构（即量化的空间）上进行。这种方法的主要优点是它的处理速度很快，其处理时间独立于数据对象的数目，只与量化空间中每一维的单元数目有关。STING（统计信息网格）是基于网格方法的一个典型例子。CLIQUE（用于高维数据聚类的算法）和 Wave Cluster（一种用于数据聚类的算法）这两种算法既是基于网格的，又是基于密度的。

5. 基于模型的方法

基于模型的方法为每个簇假定了一个模型，寻找数据对给定模型的最佳匹配，一个基于模型的算法可能通过构建反映数据点空间分布的密度函数来定位聚类。它也基于标准的统计数字自动决定聚类的数目，考虑"噪声"数据和孤立点，从而产生健壮的聚类方法。

（三）常用聚类算法介绍

1. 典型的划分方法：k-means 和 K-medoids（一种经典的聚类算法）

k-means（一种广泛应用的无监督学习算法）算法以上为参数，把 n 个对象分为 k 个簇，以使类内具有较高的相似度，而类间的相似度最低。相似度的计算根据一个簇中对象的平均值（被看作簇的重心）来进行。k-means（k-均值算法）算法的处理流程：首先，随机选择 4 个对象，每个对象初始地代表了一个簇中心。对剩余的每个对象，根据其与各个簇中心的距离，将它赋给最近的簇。然后，重新计算每个簇的平均值。这个过程不断重复，直到准则函数收敛。

Zrmedoids（一种算法）聚类算法的基本策略是：首先为每个簇随意选择一个代表对象；剩余的对象根据其与代表对象的距离分配给最近的一个簇。然后反复地用非代表对象来替代代表对象，以改进聚类质量。聚类结果的质量用一个代价函数来估算，该函数评估了对象与其参照对象之间的平均相异度。

第一种情况：p 当前隶属于代表对象 Q_j。如果 Q_j 被 Qmdom 代替，且 p 离 Q_j 最近，那么 p 被重新分配给 Q_j。

第二种情况：p 当前隶属于代表对象 Q_j。如果 Q_j 被 Qmdom 代替，且 p 离 Qmdom 最近，那么被重新分配给 Qmdom。

第三种情况：p 当前属于 Q_j，Q_j 如果 Qmdom 被代替，而仍然 p 离 Q_j 最近，那么对象的隶属不发生变化。

第四种情况：p 当前隶属于 Q_j，$i \neq j$，如果 Q_j 被 Qmdom 代替，且 p 离 Qmdom 最近，那么 p 重新分配给 Qmdom。

2. 大规模数据库中的划分方法：从 E-medoids（欧式中心点算法）到 CLAR-ANS（基于随机搜索的聚类算法）

典型的 6-medoids（k-medoids 聚类算法的一种情况）算法，如 PAM（一种经典的聚类算法），它对小的数据集合非常有效，但对大的数据集合没有良好的可伸缩性。为了处理较大的数据集合，可以采用一个基于样本的方法 CLARA。

CLARA 的主要思想是：不考虑整个数据集合，选择实际数据的一小部分作为数据的样本。然后用 PAM 方法从样本中选择代表对象。如果样本是以非常随机的方式选取的，那么它应当足以代表原来的数据集合。从中选出的代表对象很可能与从整个数据集合中选出的非常近似。CLARA 抽取数据集合的多个样本，对每个样本应用 PAM 算法，返回最好的聚类结果作为输出。如同人们希望的，CLARA 能处理比 PAM 更大的数据集合。CLARA 的有效性取决于样本的大小。要注意 PAM 在给定的数据集合中寻找最佳的 k 个代表对象，而 CLARA 在抽取的样本中寻找最佳的 6 个代表对象。如果任何取样得到的代表对象不属于最佳的代表对象，CLARA 就不能得到最佳聚类结果。例如，如果对象是最佳的 k 个代表对象之一，但它在取样的时候没有被选择，那么 CLARA 将永远不能找到最佳聚类。

3. CURE（一种基于大数据集的层次聚类算法）：利用代表点聚类

绝大多数聚类算法或者擅长处理球形和相似大小的聚类。或者在存在孤立点时变得比较脆弱。CURE 解决了偏好球形和相似大小的问题，在处理孤立点上也更加健壮。CURE（一种用于处理大规模数据集的层次聚类算法）采用了一种新的层次聚类算法，该算法选择了位于基于质心和基于代表对象方法之间的中间策略。它不用单个质心或对象来代表一个簇，而是选择了数据空间中固定数目的具有代表性的点。一个簇的代表点通过如下方式产生：首先选择簇中分散的对象，然后根据一个特定的分数或收缩因子向簇中心"收缩"或移动它们。在算法的每一步，有最近距离的代表点对（每个点来自一个不同的簇）的两个簇被合并。

每个簇有多于一个的代表点使得 CURE 可以适应非球形的几何形状。簇的收缩或凝聚有助于控制孤立点的影响。因此，CURE 对孤立点的处理更加健壮，而且能够识别非球形和大小变化较大的簇。对于大规模数据库，它也具有良好的伸缩性，而且没有牺牲聚类质量。针对大数据库，CURE 采用了随机取样和划分两种方法的组合：一个随机样本首先被划分，每个划分被部分聚类。

下面的步骤描述了 CURE 算法的核心：

（1）从源数据对象中抽取一个随机样本 S。

（2）将样本 S 划分为一组分块。

（3）对每个划分局部聚类。

（4）通过随机取样剔除孤立点。一个簇增长得太慢时，就去掉它。

（5）对局部的簇进行聚类。落在每个新形成的簇中的代表点根据用户定义的一个收缩因子。收缩或向簇中心移动。这些点描述和捕捉到了簇的形状。

（6）用相应的簇标签来标记数据。

4. DENCLUE（基于密度的聚类算法）：基于密度分布函数的聚类

DENCLUE 是一个基于一组密度分布函数的聚类算法。该算法主要基于下面的想法：每个数据点的影响可以用一个数学函数来形式化模拟，该函数描述了一个数据点在邻域内的影响，被称为影响函数；数据空间的整体密度可以被模拟为所有数据点的影响函数的总和；聚类可以通过确定密度吸引点来得到。这里的密度吸引点是全局密度函数的局部最大值。

5. ST1NG（一种基于网格的空间数据聚类算法）：统计信息网格

STING是一个基于网格的多分辨率聚类技术，它将空间区域划分为矩形单元。针对不同级别的分辨率，通常存在多个级别的矩形单元。这些单元形成了一个层次结构：高层的每个单元被划分为多个低一层的单元。关于每个网格单元属性的统计信息（如平均值、最大值和最小值）被预先计算和存储。这些统计变量可以方便查询处理使用。

6. 神经网络方法

神经网络方法将每个簇描述为一个模型。模型作为聚类的"原型"，不一定对应一个特定的数据例子或对象。根据某些距离函数，新的对象可以被分配给与模型最相似的簇。被分配给一个簇的对象的属性可以根据该簇的模型的属性来预测。

四、关联规则

关联规则挖掘用于发现大量数据中项集之间有趣的关联或相关联系。关联规则挖掘的一个典型例子是购物分析。关联规则研究有助于发现交易数据库中不同商品（项）之间的联系，找出顾客购买行为模式，如购买了某一商品对购买其他商品的影响。分析结果可以应用于商品货架布局、安排以及根据购买模式对用户进行分类。

（一）基本概念

设 $I=\{i_1, i_2, \cdots, i_m\}$ 是项集，其中 $i_k(k=1, 2, \cdots, m)$ 可以是购物篮中的物品，也可以是保险公司的顾客。设任务相关的数据 D 是事务集，其中每个事务 T 是项集，使得 $T \subseteq I$，设 A 是一个项集，且 $A \subseteq T$。关联规则是如下形式的逻辑蕴含 $A \Rightarrow B$，$A \subset I$，$B \subset I$，且 $A \cap B = \phi$，关联规则具有如下两个重要的属性：

支持度：P（A∪B），即 A 和 B 这两个项集在事务集 D 中同时出现的概率。

置信度：P（B│A），即在出现项集 A 的事务集 D 中，项集 B 也同时出现的概率。

同时满足最小支持度阈值和最小置信度阈值的规则称为强规则。给定一个事务集 D，挖掘关联规则问题就是产生支持度和可信度分别大于用户给定的最小支持度和最小可信度的关联规则，也就是产生强规则的问题。

（二）多层关联规则挖掘

对很多应用来说，由于数据分布的分散性，因此很难在数据最细节的层次上发现一些强关联规则。引入概念层次后，就可以在较高的层次上进行挖掘。虽然较高层次上得出的规则可能是更普通的信息，但是对于一个用户来说是普通的信息，而对于另一个用户却未必如此，所以数据挖掘应该提供这样一种在多个层次上进行挖掘的功能。

多层关联规则的分类：根据规则中涉及的层次，多层关联规则可以分为同层关联规则和层间关联规则。多层关联规则的挖掘基本上可以沿用"支持度—可信度"的框架。同层关联规则可以采用两种支持度策略：

（1）统一的最小支持度。对于不同的层次，都使用同一个最小支持度。这样对于用户和算法实现来说都比较容易，但是弊端也是显然的。

（2）递减的最小支持度。每个层次都有不同的最小支持度，较低层次的最小支持度相对较小。同时还可以利用上层挖掘得到的信息进行一些过滤工作。层间关联规则考虑最小支持度的时候，应该根据较低层次的最小支持度来定。

五、时序模式

（一）时序数据基本概念

时序数据广义上是指所有与时间相关，或者说含有时间信息的数据。但在具体的应用中，时序数据往往是指用数字或符号表示的时间序列，但有的时候特指由连续的实值数据元素组成的序列。当然连续的实值数据元素在实际处理时可以通过一定的离散化手段，转换成离散的值数据再进行处理。在大部分情况下，时序数据一般都以时间为基准呈序列状排列，因而，对时序数据的挖掘也可以看作一种比较特殊的序列数据挖掘。

时序数据是随着时间连续变化的数据，因而其反映的大都是某个待观察过程在一定时期内的状态或表现。其研究的主要目的：一是学习待观察过程过去的行为特征，比如顾客的消费习惯等；二是预测未来该过程的可能状态或表现，比如顾客是否会在短时间内进行大规模购物等。这两个目的带来了时序数据挖掘中的两个重要问题：

（1）查找相似的行为模式。

（2）异常活动检测。

例如，在辽阔的草原上，借助远程传感器网络，我们可以通过动物迁移路线挖掘来发现某些类型动物的迁移模式；在运动领域，可以通过对优秀运动员的运动轨迹进行挖掘，发现其有价值的运动模式；在银行监视系统，通过对顾客运行轨迹进行挖掘，发现可疑的运动模式，以辅助报警系统报警。

（二）时序模式挖掘技术

从知识发现的观点来看，时序主题是指以前不知道的频繁发生的模式。目前，已经出现了许多基于时序数据的主题发现技术。为了说明时序主题概念，我们先给出一个无意义匹配概念。无意义匹配是指与某个子序列（不包括自己）。具有最好匹配的子序列 M，但 M 的位置仅是从 C 的开始位置左边或右边的几个点开始的。

非自匹配指给定一条时序 T，如果一匹配的子序列 M 位置从 q 开始，如果条件 $|p-q|$ 满足，则 M 是 C 的一个在距离 Dz（M，C）下的非自匹配。

非正常子序列指给定一条时序 T，一条位置从 1 开始的长度为 n 的子序列 D，如果？与它的最近邻非自匹配有最大的距离，那么 D 为非正常子序。形式化定义为：对于 V 时序 T 的子序？的非自匹配 Me 以及子序 D 的非自匹配 M/如果 min（Dist（D，MG））>min（Dist（C，）），则子序 D 为非正常子序。相应地，也可以将所有的非自匹配距离按从大到小排序。

非正常子序具有如下特性：

（1）不可通过分解计算然后合并结果求得。

（2）不能通过映射到 n 维空间中。

非正常模式发现技术在数据挖掘中有很重要的作用，如提高时序聚类的质量、清洗数据以及检测异常等。我们可以将其用于医学诊断、非正常行为监视以及工业检测等领域。

发现非正常子序的一种比较直接的方法是穷举所有可能的子序列来计算与它的非自匹配子序列的距离，保持最大距离的子序列即是非正常子序列。这种算法的时间复杂度是 O（^2），m 为时序 T 的长度。

六、决策树

（一）基本概念

决策树是一个树结构（可以是二叉树或非二叉树）。其每个非叶节点表示一个特征属性上的测试，每个分支代表这个特征属性在某个值域上的输出，而每个叶节点存放一个类别。使用决策树进行决策的过程就是从根节点开始的，测试待分类项中相应的特征属性，并按照其值选择输出分支，直到到达叶子节点，将叶子节点存放的类别作为决策结果。

决策树的决策过程非常直观，容易被人理解。目前决策树已经成功运用于医学、制造产业、天文学、分支生物学以及商业等诸多领域。

（二）决策树的构造

构造决策树的关键步骤是分裂属性。所谓分裂属性就是在某个节点处按照特征属性的不同划分构造不同的分支，其目标是让各个分裂子集尽可能地让一个分裂子集中待分类项属于同一类别。分裂属性分为三种不同的情况：

（1）属性是离散值且不要求生成二叉决策树。此时用属性的每一个划分作为一个分支。

（2）属性是离散值且要求生成二叉决策树。此时使用属性划分的一个子集进行测试，按照"属于此子集"和"不属于此子集"生成两个分支。

（3）属性是连续值。此时确定一个值作为分裂点，按照"大于分裂点"和"小于或等于分裂点"生成两个分支。

构造决策树的关键性内容是进行属性选择度量，属性选择度量算法有很多，一般使用自顶向下递归分治法，并采用不回溯的贪心策略。这里介绍 ID3 和 C4.5 两种常用算法。

（三）ID3 算法

从信息论知识中我们看到，期望信息越小，信息增益越大，从而纯度越高。所以 ID3 算法的核心思想就是以信息增益度量属性选择，选择分裂后信息增益最大的属性进行分裂。下面先定义几个概念。

设 D 为用类别对训练元组进行的划分，则有：

$$info(D) = -\sum_{i=1}^{m} p_i log_2(p_i)$$

其中，p_i 表示第 i 个类别在整个训练元组中出现的概率，可以用属于此类别元素的数量除以训练元组元素总数量作为估计。现在我们假设将训练元组 D 按属性 A 进行划分，则 A 对 D 划分的期望信息为：

$$info_A(D) = \sum_{j=1}^{v} \frac{|D_j|}{|D|} Info(D_i)$$

而信息增益即为两者的差值：

$$gain(A) = Info(D) - Info_A(D)$$

ID3 算法就是在每次需要分裂时，计算每个属性的增益率，然后选择增益率最大的属性进行分裂。下面我们继续用 SNS 社区中不真实账号检测的例子说明如何使用 ID3 算法构造决策树。为了简单起见，我们假设训练集合包含 10 个元素，如表 5-9 所示。

表 5-9 SNS 社区中不真实账号检测

日志密度	好友密度	是否使用真实头像	账号是否真实
S	s	no	no
S	L	yes	yes
I	m	yes	yes
m	m	yes	yes
l	m	yes	yes

日志密度	好友密度	是否使用真实头像	账号是否真实
m	l	no	yes
m	s	no	no
l	m	no	yes
m	s	no	yes
s	s	yes	no

其中，s、m 和 l 分别表示小、中和大。设 L、F、H 和 R 表示日志密度、好友密度、是否使用真实头像和账号是否真实，下面计算各属性的信息增益。

info（D）= −0.711og20.7−0.31og20.3 = 0.7×0.51+0.3×1.74 = 0.879

$$\text{infoL（D）} = 0.3 \times (-y\log2y \sim |\log2y|) + 0.4 \times \left(-\left[\log?\ \log2\ \frac{1}{4}\right) - \frac{3}{4}\log\right.$$

$$\left.\frac{3}{4}\right) + 0.3\left(-\frac{1}{3}\log2\ \frac{1}{3} - \frac{2}{3}\log2\ \frac{2}{3}\right)$$

$$= 0 + 0.326 + 0.2777$$

$$= 0.603$$

$$\text{info（D）} = -0.71\log_2 0.7 - 0.3\log_2 0.3 = 0.7 \times 0.51 + 0.3 \times 1.74 = 0.879$$

$$\text{info}_L\text{（D）} = 0.3 \times \left(-\frac{0}{3}\log_2 \frac{0}{3} - \frac{3}{3}\log_2 \frac{3}{3}\right) + 0.4 \times \left(-\frac{1}{4}\log_2 \frac{1}{4} - \frac{3}{4}\log_2 \frac{3}{4}\right) +$$

$$0.3 \times \left(-\frac{1}{3}\log_2 \frac{1}{3} - \frac{2}{3}\log_2 \frac{2}{3}\right)$$

$$= 0 + 0.326 + 0.277 = 0.603$$

gain（L）= 0.879−0.603 = 0.276

因此，日志密度的信息增益是 0.276。

用同样方法得到 H 和 F 的信息增益分别为 0.033 和 0.553。

因为 F 具有最大的信息增益，所以第一次分裂选择 F 为分裂属性，分裂后的结果如图 5-6 所示。

在图 5-6 的基础上，再递归使用这个方法计算子节点的分裂属性，最终就可以得到整个决策树。

上面为了简便，将特征属性离散化了，其实日志密度和好友密度都是连续的属性。对于特征属性为连续值，可以这样使用 ID3 算法：先将 D 中元素按照特征属性排序，则每两个相邻元素的中间点可以看作潜在分裂点，从第一个潜在分裂点开始，分裂 D 并计算两个集合的期望信息，具有最小期望信息的点称为这个属性的最佳分裂点，其信息期望作为此属性的信息期望。

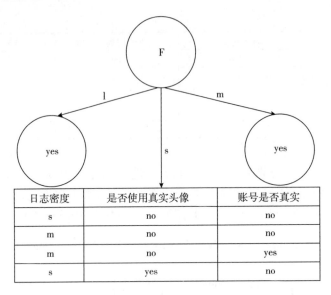

日志密度	是否使用真实头像	账号是否真实
s	no	no
m	no	no
m	no	yes
s	yes	no

图 5-6　属性分裂结果

（四）C4.5 算法

ID3 算法存在一个问题：就是偏向于多值属性。例如，存在唯一标识属性 ID 时，则 ID3 会选择它作为分裂属性，这样虽然使得划分充分纯净，但这种划分对分类几乎毫无用处。ID3 的后继算法 C4.5 使用增益率的信息增益扩充，试图克服这个偏倚。

C4.5 算法首先定义了"分裂信息"，其定义可以表示成：

$$split\_info_A(D) = - \sum_{j=1}^{v} \frac{|D_j|}{|D|} log_2 \left(\frac{|D_j|}{|D|} \right)$$

其中，各符号意义与 ID3 算法相同，然后，增益率被定义为：

$$gain\_ration(A) = \frac{gain(A)}{split\_info(A)}$$

（五）剪枝

有以下几种方法：

（1）代价复杂度后剪枝（CART 使用）。代价复杂度是树叶节点个数与错误率的函数，使用与训练和测试集合完全不同的修剪验证集合来评估。

（2）悲观剪枝（C4.5 使用）。不需要剪枝集，使用训练集评估错误率，但是需假定此估计精度为二项分布。虽然这种启发式方法不是统计有效的，但是它在实践中是有效的。

（3）规则后修剪。将决策树转化为等价的 IF-THEN 规则（如何提取另述），并尝试修剪每个规则的每个前件。这样的好处是使对于决策树上不同的路径，关于一个属性测试的修剪决策可以不同。另外避免了修剪根节点后如何组织其子节点的问题。

七、常用的异常数据挖掘方法

（一）基于统计的方法

利用统计学方法处理异常数据挖掘的问题已经有很长的历史了，并有一套完整的理论和方法。统计学的方法对给定的数据集合假设了一个分布或者概率模型（如正态分布），然后根据模型采用不一致性检验来确定异常点数据。不一致性检验要求事先知道数据集模型参数（如正态分布）；分布参数（如均值、标准差等）和预期的异常点数目。

一个统计学的不一致性检验检查两个假设：一个工作假设（即零假设）以及一个替代假设（即对立假设）。工作假设是描述总体性质的一种想法，它认为数据来自同一分布模型即 $H：O_i\epsilon F$，$i=1$，2，$\cdots$，n，不一致性检验验证。与分布 F 的数据相比是否显著的大（或者小），如果没有统计上的显著证据支持拒绝这个假设，它就会被保留。根据可用的关于数据的知识，不同的统计量被提出来用作不一致性检验。假设某个统计量 T 被选择用于不一致性检验。对象 O 的该统计量的值为 1，则构建分布估算显著性概率 SP（V_i）= Prob（T>V_i）如果某个 SP（V_i）足够的小，那么检验结果不是统计显著的。反之，不能拒绝假设。对立假设是描述总体性质的另外一种想法·认为数据。来自另一个分布模型 G。对立假设在决定检验能力（即当 O 真的是异常点时工作假设被拒绝的概率）上是非常重要的，它决定了检验的准确性等。

用统计学的方法检测异常点数据的一个主要缺点是绝大多数检验是针对单个属性的。而许多数据挖掘问题要求在多维空间中发现异常点数据。而且，统计学方法要求关于数据集合参数的知识，例如数据分布。但是在许多情况下，数据分布可能是未知的。当没有特定的分布检验时，统计学方法不能确保所有的异常点数据被发现，或者观察到的分布不能恰当地被任何标准的分布来模拟。

（二）基于距离的方法

为了解决统计学带来的一些限制，引入了基于距离的异常点检测的概念。

如图 5-7 所示，是一个带参数的基于距离（DB）的异常点，即 DB。换句话说，我们可以将基于距离的异常点看作是那些没有"足够多"邻居的对象，这里的对象是基于给定对象的距离来定义的。与基于统计的方法相比，基于距离的异常点检测拓广了多个标准分布的不一致性检验的思想。基于距离的异常点检测避免了过多的计算。

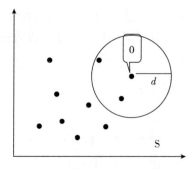

图 5-7   基于距离的方法图解

（三）基于偏差的方法

基于偏差的异常数据挖掘方法不采用统计检验或者基于距离的度量值来确定异常对象，它是模仿人类的思维方式，通过观察一个连续序列后，迅速发现其中某些数据与其他数据明显的不同并以此来确定异常对象。异常点检测常用两种技术：序列异常技术和 OLAP 数据立方体技术。我们简单介绍序列异常的异常点检测技术。

序列异常技术模仿了人类从一系列推测类似的对象中识别异常对象的方式，给定 n 个对象的集合 S，它建立一个子集合的序列，即 $\{S_1, S_2, \cdots, S_m\}$，$2 \leqslant m \leqslant n$。

（四）基于密度的方法

基于密度的异常数据挖掘是在密度的聚类算法基础之上提出来的。它采用局部异常因子来确定异常数据的存在与否。它的主要思想是：计算出对象的局部异常因子，局部异常因子越大，就认为它越可能异常；反之则可能性越小。如图 5-8 所示。

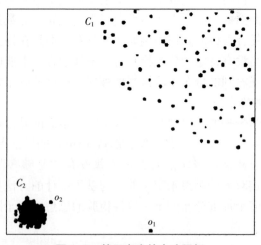

图 5-8   基于密度的方法图解

第四节　半结构化大数据挖掘

本节主要介绍半结构化大数据挖掘的两种主要类型：Web 挖掘和文本挖掘。

一、Web 挖掘

（一）Web 数据类型及 Web 挖掘简介

近年来，电子商务快速发展，许多公司借助 Internet 进行在线交易，企业管理者需要分析大量的在线交易数据，从而发现用户的兴趣爱好及购买趋势，为商业决策风险投资等提供依据。Web 已成为信息发布、交互及获取的主要工具，Web 上的信息正以惊人的速度增加，人们迫切需要能自动地从 Web 上发现、抽取和过滤信息的工具。同时，具体来讲，当我们与 Web 交互时，常面临如下问题：

（1）查询相关信息可以用搜索引擎如 Yahoo、搜狐等进行关键字查找。然而，今天的搜索引擎都有两个严重问题：低查准率会返回很多不相关的结果；而低查全率导致很多相关的文档找不到。

（2）从 Web 数据发现潜在的未知信息。这是数据触发的过程，仅仅用关键字的查找是不能实现的，需要机器学习和数据挖掘技术，而现在的搜索引擎不具备这些功能。

（3）了解用户的兴趣爱好。WebSever 能根据用户的浏览信息，自动地发现用户的兴趣爱好。

（4）信息个性化。不同人访问 Web 的目的、兴趣、爱好是有差别的，用户能依据自己的兴趣爱好定制网页，甚至 WebServer 能根据已发现的用户特征自动为用户定制网页。

最后三个问题与电子商务、Web 站点设计、自适应 Web 站点紧密联系。Web 挖掘则能直接或间接地解决上述问题。Web 挖掘是数据库、数据挖掘、人工智能、信息检索、自然语言理解等技术的综合应用。由于 Web 是异质分布且不断增长的信息系统，对其挖掘并不是上述技术的简单综合，它需要有新的数据模型、体系结构和算法等。

Web 挖掘分成四步：

（1）资源发现。在线或离线检索 Web 的过程，如用爬虫（crawler）或蜘蛛（spider）在线收集 Web 页面。

（2）信息选择与预处理。对检索到的 Web 资源的任何变换都属于此过程。如英文单词的词干提取，高频低频词的过滤，汉语词的切分，索引库的建立甚至把 Web 数据变换成关系。

（3）综合过程。自动发现 Web 站点的共有模式。

（4）分析过程。对挖掘到的模式进行验证和可视化处理。

Web 挖掘与信息检索、机器学习是紧密联系的，但又有所区别。信息检索是根据用户的需求描述，从文档集中自动地检索与用户需求相关的文档，同时使不相关的尽量少。它是目标驱动、查询触发的过程，主要任务是对于给定的文档怎样建索引、怎样检索。现代信息检索研究的领域包括建模、文档预处理、文档分类聚类、用户需求描述（查询语言）、用户界面和数据可视化等。Web 挖掘使用信息检索技术对 Web 页面进行预处理、分类聚类、建索引，从这一点讲，Web 挖掘是信息检索的一部分。但 Web 挖掘要处理的页面是海量、异质、分布、动态、变化的，要求 Web 挖掘采取更有效的存取策略、更新策略，同时，Web 挖掘是一个数据触发的过程，它发现的知识是潜在的用户以前未知的。

机器学习被广泛应用于数据挖掘中，而 Web 挖掘是对 Web 在线数据的知识发现，所以机器学习是一种有效的方法。研究表明 CZ 与传统 IR 相比，用机器学习对文档分类，其效果更好。但有些 Web 上的机器学习并不属于 Web 挖掘，如搜索引擎使用机器学习技术来判断下一步最佳路径。

Web 数据有三种类型：通常所说的 Web 数据，如 HTML 标记的 Web 文档，Web 结构数据如 Web 文档内的超链接，用户访问数据如服务器 log 日志信息。相应地，Wab 挖掘也分成三类：Web 内容挖掘、Web 结构挖掘和 Web 访问挖掘。在不引起混淆的情况下，第一种类型数据仍简称为 Web 数据。

（二）Web 内容挖掘

Web 内容挖掘是从 Web 数据中发现信息和知识。随着信息技术的进一步发展，Web 数据越来越庞大，种类繁多。这些数据既有文本数据，也有图像、声频、音频等多媒体数据；既有来自数据库的结构化数据，也有用 HTML 标记的半结构化数据及无结构的自由文本，将对多媒体数据的挖掘称为多媒体数据挖掘；将对于无结构自由文本的挖掘称之为文本的知识发现。Web 内容挖掘分成两大类：IR 方法和数据库方法。

（1）IR 方法主要评估改进搜索信息的质量，可以处理无结构数据和 HTML 标记的半结构化数据。

1）处理无结构数据。一般采用词集方法，用一组组词条来表示无结构的文本。首先用 HV（哈希值）技术对文本进行预处理，然后采取相应的模型进行表示。若某词在文本中出现为真，否则为假，就是布尔模型；若考虑词在文本中出现的频率即为向量模型；若用贝叶斯公式计算词的出现频率，甚至考虑各个词不独立地出现，这就是概率模型。另外，还可以用最大字序列长度、划分段落、概念分类等方法来表示文本。

2）处理半结构化数据。半结构化数据指 Web 中由 HTML 标记的 Web 文档，同无结构数据相比，由于半结构化数据增加了 HTML 标记信息及 Web 文档间的超链结构，使得表示半结构化数据的方法更丰富。如词集、URL、元信息概念、命名实体、句子、段落、命名实体等。

（2）数据库方法是指推导出 Web 站点的结构或者把 Web 站点变成一个数据库以便进行更好的信息管理和查询。在本文中把数据库管理分成三个方面：

1）模型化与查询 Web。研究 Web 上的高级查询语言，而不仅是现有的基于关键字查询。

2）信息抽取与集成。把每个 Web 站点及其包装程序看成一个 Web 数据源，研究多数据源的集成，可通过 Web 数据仓库或虚拟 Web 数据库实现。

3）Web 站点的创建与重构。研究如何建立维护 Web 站点的问题，可以通过 Web 上的查询语言来实现。

数据库方法的表示法不同于 IR 方法，一般用 OEM（原始设备制造商）表示半结构化数据。OEM 使用带标记的图来表示，对象为节点，标记为边。对象由唯一的对象标记符和值组成，值可以是原子的，如整数、字符串等，也可以是引用别的对象的复杂对象。

应用主要集中在模式发现或建立数据向导，也用来建立多层数据库，低层为原始的半结构化数据，较高层为元数据或从低层抽取的模式，在高层被表示成关系或对象等。另外，还有一些 Web 上的查询系统。早期的查询系统是把基于搜索引擎的内容查询与数据库的结构化查询结合起来，如 W3QL（与万维网结合的查询语言）、WebSQL（一种在网页浏览器中实现的客户端数据库技术）等。近来的查询语言强调支持半结构化数据，能够存取 Web 对象，用复杂结构表达查询结果。

（三）Web 结构挖掘

Web 结构挖掘研究的是 Web 文档的链接结构，揭示蕴含在这些文档结构中的有用模式。处理的数据是 Web 结构数据。文档间的超链反映了文档间的某种联系，如包含、从属、引用等。可使用一阶学习的方法对 Web 页面超链进行分类，以判断页面间的 department of persons（人员部门）等关系；也可分别使用 HITS（超链接诱导主题搜索）和 Pagerank（网页排名）算法计算页面间的引用重要性，基本思想是对于一个 Web 页面，如果有较多的超链指向它，那么该页面是重要的，此重要性可作为 Web 页面评分（rank）的标准。这方面的算法有

HITSC、Pagerank 及改进的 HITS 把内容信息加入链接结构中。成型的应用系统有 Cleversystem（一款专门开发的智能管理软件系统）、Google 等。Web 页面内部也有或多或少的结构，也研究了 Web 页面的内部结构，提出了一些启发式规则。用于寻找与给定的页面集合相关的其他页面；可使用 HTML 结构树对 Web 页面进行分析，得到其内部结构，从而学习公司的名称和地址等信息在页面内的出现模式。另外，在 Web 数据仓库中可以用 Web 结构挖掘检测 Web 站点的完整性。

（四）Web 访问挖掘

Web 访问挖掘是通过挖掘 Web 服务器 log 日志，通过获取知识以预测用户浏览行为的技术。由于 Web 自身的异质、分布、动态、无统一结构等特点，使得在其上进行内容挖掘较困难，因为它需要在人工智能自然语言理解等方面有突破性进展。然而，Web 服务器的 log 日志却有完美的结构，每当用户访问 Web 站点时，所访问的页面、时间、用户 ID 等信息，在 log 日志中都有相应记录。因而对其进行挖掘是切实可行的，也是很有实践意义的。

Web 的 log 数据包括：serverlog. proxyserverlogSclient（与服务器日志以及代理服务器日志、客户端相关的某种关系式操作）端的 cookielog（与 cookie 相关的日志记录）等。一般先把 bg 数据映射成关系或对其进行预处理，然后才能使用挖掘算法。进行预处理包括清除与挖掘不相关的信息，如用户、会话、事务的识别等。对 log 数据可靠性影响最大的是局部缓存和代理服务器。为了提高性能、降低负载，很多浏览器都缓存用户访问的页面，当用户返回浏览时，浏览器只从其局部缓存取得，服务器却没有用户返回动作的记录。

对 log 数据挖掘采用的算法有：路径分析、关联规则和有序模式的发现、聚类分类等。为了提高精度，Web 访问挖掘也用到站点结构和页面内容等信息。

Web 访问挖掘可以自动发现用户存取 Web 的兴趣爱好及浏览的频繁路径。一方面，Web 用户希望 Web 服务器能了解他们的爱好，提供他们感兴趣的东西，要求 Web 具有个性化服务的功能；另一方面，信息提供者希望依据用户的偏好和浏览模式，改进站点的组织性能。Web 访问挖掘获得的知识，可以帮助我们进行自适应站点设计、信息组织、个性化服务、商业决策等。

二、文本分类挖掘

（一）文本分类简介

文本分类是指在给定分类体系下，根据文本内容（自动）确定文本类别的过程。自动文本分类是机器学习的一种，它通过给定的训练文本学习分类模型，新的文本通过该分类模型进行分类。也就是说，根据给定的训练样本求出某系统输入、输出之间的依赖关系的估计，使得它能够对未知分类做出尽可能准确的预测。

已经研究出的经典文本分类方法主要包括 Rocchio（一种有名的算法）方法、决策树方法、贝叶斯分类、K-NN 算法和支持向量机等。根据文本所属类别多少可以将文本分类归为以下几种模式：二类分类模式，即给定的文本属于两类中的一类；多类分类模式，给定的文本属于多个类别中的一类；多类模式，给定的文本属于多个类别。

（二）文本分类过程

文本分类过程如图 5-9 所示。

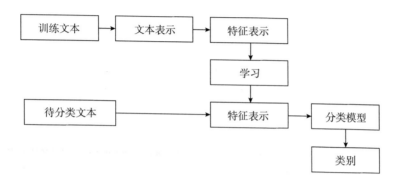

图5-9　文本分类过程

文本表示主要是抽取文本的基本信息，比较常用的是特征向量空间方法，应用一些特征词或者词组描述文本。在不影响分类准确度的情况下，减少文本描述空间的高维特征数量是很有必要的，这个过程也称为特征选取。模型学习根据抽取的特征信息，构建分类模型，如神经网络分类模型、决策树分类模型等，最后用构建好的分类模型为一些新的、未知的文档分类。下面介绍几个主要步骤：

1. 文本表示

每个特征词对应特征空间的一维，将文本表示成欧氏空间的一个向量。常用的文本表示模型有：向量空间模型、布尔逻辑模型及概率模型等。其中，向量空间模型是最重要的一种表现方法。该模型是将一份文档看作是由一定代表性的特征项组成，而特征项是指出现在文档中能够代表文档性质的基本语言单位，如字、词等，也就是通常所指的检索词。

2. 文本特征抽取

由于文本表示的特征太多，而这些特征之间可能是冗余的或者不相关的，造成高维空间处理的不便，容易出现过学习现象，同时造成时间与空间的巨大开销。所以在不影响分类精度情况需要将高维特征空间转化为低维特征空间，该过程称为降维，目前常用的降维方法有：

（1）消除禁用词。在文本中经常会出现"and""the""of"等词，这些词对于文本分类不起任何作用，应该从特征中去除。

（2）阈值消除。设定一个阈值 n，如果某词在少于 n7 个文档中出现，则将其删除。

（3）特征选择法。常用方法有：

1）信息增益：信息增益以系统信息论思想为基础，估计一个词项 Z 相对于类别体系所带来的"信息增益"G，留下那些具有较大增益的同项。

2）互信息：评估两个随机变量 x、y 相关程度的一种度量；X2 统计考察词项与类别属性的相关情况，该值越大说明同项与类别的相关性越大，独立性就越低。

3）模拟退火算法。模拟退火算法将特征选取看成是一个组合优化问题，使用解决优化问题的方法来解决特征选取的问题。

4）二次信息嫡。用二次嫡函数取代互信息中的 Shannon（香农）嫡，形成了基于二次嫡的互信息评估函数，包含更多的信息。

5）独立成分分析。目的是把混合信号分解为相互独立的成分，强调分解出来的各分量是尽可能地相互独立的，而不是 PCA 所要求的不相关性，因此 ICA（独立成分分析）比 PCA 能更好地利用信号间的统计信息，独立成分分析可以用来进行特征提取。

6）粗糙集方法。粗糙集理论是波兰大学 Pawlak（兹齐斯瓦夫·帕夫拉克）教授于 1902 年提出的，它不需要任何先验信息，能有效分析和处理不完备、不一致、不精确的数据，在知识获取、规则提取、机器学习、决策分析、数据挖掘等方面有了广泛的应用。基于粗糙集的特征选择方法主要分为文本预处理、二维决策表的建立、特征重要性标定、特征选择。

此外，还有期望交叉嫡、概率比等特征选取法。

3. 特征重构法

（1）词根还原法。很多词源于同一个词根，如 compiling、compulabk、computer 等都是由同一词根 compul 组成，所以可以 comput 为特征替代前面几个特征词。

（2）潜在语义索引。潜在语义索引是一种比较特殊的主成分分析法，该方法将原来变量转化为一组新的变量表示，新变量数目少于原先变量数目。该方法采用降维技术，当中可能会有一些信息丢失，但很大程度上会简化问题处理。

（三）经典文本分类方法

1. Rocchio 方法相似度计算方法

Rocchio 是情报检索领域经典的算法。在算法中，为每一个类 C 建立一个原型向量（即训练集中 C 类的所有样本的平均向量），然后通过计算文档向量 D 与每一个原型向量的距离来给 D 分类。可以通过点积或者 Jaccard 近似来计算这个距离。这种方法学习速度非常快。

2. Naive Bayes（NB）贝叶斯方法

朴素贝叶斯分类器是以贝叶斯定理为理论基础的一种在已知先验概率与条件概率的情况下得到后验概率的模式分类方法，用这种方法可以确定一个给定样本属于一个特定类的概率。目前基于朴素贝叶斯方法的分类器被认为是一个简单、有效而且在实际应用中很成功的分类器。

3. KNN 方法

KNN 是一种基于实例的文本分类方法。首先，对于一个待分类文本，计算它与训练样本集中每个文本的文本相似度，根据文本相似度找出最相似的训练文本。这最相似的文本按其和待分类文本的相似度高低对类别予以加权平均，从而预测待分类文本的类别。其中，最重要的是参数 4 的选择：4 过小，不能充分体现待分类文本的特点；而 4 过大，会造成噪声增加而导致分类效果降低。

K-NN 是一种有效的分类方法，但它有两个最大的缺陷：第一，由于要存储所有的训练实例，所以对大规模数据集进行分类是低效的；第二，K-NN 分类的效果在很大程度上依赖于 K 值选择的好坏。针对 K-NN 的两个缺陷，一种新颖的 K-NN 类型的分类方法，称为基于 K-NN 模型的分类方法被提出了。新方法构造数据集的 K-NN 模型，以此代替原数据集作为分类的基础，而且新方法中 A 值根据不同的数据集自动选择，这样就减少了对 k 值的依赖，提高了分类速度和精确度。

4. 决策树方法

决策树方法是从训练集中自动归纳出分类树。在应用于文本分类时，决策树方法基于一种信息增益标准来选择具有信息的词，然后根据文本中出现的词的组合来判断类别归属。

5. 多分类器融合方法

多分类器的融合技术分为：投票机制、行为知识空间方法、证据理论、贝叶斯方法和遗传编程等。采用投票机制的方法主要有装袋和推进。

用贝叶斯方法进行分类器融合有两种情况：一种是有独立性假设的贝叶斯方法；另一种是没有独立性假设的贝叶斯方法。

6. 基于模糊—粗糙集的文本分类模型

文本分类过程中由于同义词、多义词、近义词的存在导致许多类并不能完全划分开来，造成类之间的边界模糊。此外，随着交叉学科的发展，使得类之间出现重叠，于是造成许多文本信息并非绝对属于某个类。这两种情况均会导致分类有偏差，针对上述情形，可利用粗糙—模糊集理论结合 K-NN 方法来处理在文本分类问题中出现的这些偏差。模糊—粗糙集理论有机结合了模糊集理论与粗糙集理论在处理不确定信息方面的能力。粗糙集理论体现了由属性不足引起集合中对象间的不可区分性，即由知识的粒度而导致的粗糙性；而模糊集理论则对集合中子类边界的不清晰定义进行了模型化，反映了由于类别之间的重叠体现出的隶属边界的模糊性。它们处理的是两种不同类别的模糊和不确定性。将两者结合起来的模糊—粗糙集理论能更好地处理不完全知识。

7. 基于群的分类方法

这种方法模拟了生物界中蚁群、鱼群和鸟群在觅食或者逃避敌人时的行为。用蚁群优化来进行分类规则挖掘的算法称为 Ant-Miner（一种基于蚁群优化算法），Ant-Miner 是将数据挖掘的概念和原理与生物界中蚁群的行为结合起来形成的新算法。目前在数据挖掘中应用的研究仍处于早期阶段，要将这些方法用到实际的大规模数据挖掘中还需要做大量的研究工作。

8. 基于 RBF（径向基函数）网络的文本分类模型

基于 RBF 网络的文本分类模型把监督方法和非监督方法相结合，通过两层映射关系对文本进行分类。首先利用非监督聚类方法根据文本本身的相似性聚出若干个簇，使得每个簇内部的相似性尽可能高而簇之间的相似性尽可能低，并由此产生第一层映射关系，即文本到簇的映射。然后通过监督学习方法构造出第二层映射关系，即簇集到目标类集合的映射。最后为每一个簇定义一个相应的径向基函数，并确定这些基函数的中心和宽度，利用这些径向基函数的线性组合来拟合训练文本，利用矩阵运算得到线性组合中的权值，在计算权值时，为了避免产生过度拟合的现象，采用了岭回归技术。即在代价函数中加入包含适当正规化参数的权值惩罚项，从而保证网络输出函数具有一定的平滑度。

9. 潜在语义分类模型

潜在语义索引方法 LSI（潜在语义索引），已经被证明是对传统的向量空间技术的一种改良，可以达到消除词之间的相关性、简化文档向量的目的，然而 LSI 在降低维数的同时也会丢失一些关键信息。LSI 基于文档的词信息来构建语义空间，得到的特征空间会保留原始文档矩阵中最主要的全局信息。

潜在语义分类模型与 LSI 模型类似，希望从原始文档空间中得到一个语义空间。不同的是，通过第二类潜在变量的加入，把训练集文档的类别信息引入到了语义空间中。也就是在尽量保留训练集文档的词信息的同时，通过对词信息和类别信息联合建模，把词和类别之间的关联考虑进来。这样就可以得到比 LSI 模型的语义空间更适合文本分类的语义空间。

10. 基于投影寻踪回归的文本模型

基于投影寻踪回归的文本分类模型的思想是：将文本表示为向量形式，然后将此高维数据投影到低维子空间上，并寻找出最能反映原高维数据的结构和特征的投影方向，然后将文本投影到这些方向，并用函数进行拟合，通过反复选取最优投影方向，增加岭函数有限项个数的方法使高维数据降低维数，最后采用普通的文本分类算法进行分类。

第五节　大数据应用中的智能知识管理

作为来源于数据和信息的知识获取的主要渠道，数据挖掘产生的知识往往无法从专家经验中获得，其特有的不可替代性、互补性为辅助决策带来了新的机遇，成为后信息化时代获取知识的关键技术和商业智能的关键要素。经过十多年的发展，数据挖掘在国外已经形成一个非常成熟的研究领域，学者们提出许多经典和改进算法，已经取得了很多研究成果，并且已在银行、超市、保险公司等领域得到了实际应用。

一、大数据应用面临的困难

然而，目前在实际应用中也发现了一些重要问题阻碍了其商业应用，从用户的角度看主要表现为规则过载、脱离情境、忽略已有知识和专家经验，这些问题使得传统数据挖掘提取出来的知识往往与现实偏差较大，难以用于决策支持，是难以采取行动的知识。从知识管理的角度看，来源于数据的知识发现和数据挖掘呈现出下列特点：

第一，数据挖掘和知识发现的主要目的是找到知识为决策提供支持，但从知识管理的角度看，目前只是关注数据挖掘的过程，大部分学者将注意力集中在如何获取准确的模型 J 过于重视数据挖掘算法的精确性，在针对海量数据进行数据挖掘得到粗糙的模式规则后便戛然而止，而不能对挖掘出的结果进行有效、合理的分类、评价或对企业决策提供准确的支持。主要的问题是知识冗余、过载，不能用于现实世界活动，不是用户感兴趣的、可行动的知识。导致其结果离实际的商业应用还有较大的距离。在数据挖掘获取知识的过程中也发现了很多问题：

（1）规则过载导致很难找到用户真正感兴趣的知识，主要表现为深度上的过载和数量上的过载，数据挖掘算法可能会发现数以千计的模式。对于给定用户许多模式未必是其感兴趣的，这些模式也许表示了公共的知识，或缺乏新颖性的知识。业务人员往往无法从规则中获取直接行动的知识。

（2）表达解释困难使可理解性及实用性差。数据挖掘所获得的知识要以不同的形式来表示，并以容易理解的形式展现给用户。重要的是提供给用户能够理解的知识。这就要求知识的表达不仅限于数字或符号，而且要以更容易理解的方式，如图形、自然语言和可视化技术等，以便于使用者理解使用。但是不同的数据挖掘算法得到的知识表现形式差别很大，质量参差不齐，知识之间存在不一致，甚至冲突，表达起来比较困难，目前数据挖掘在这方面的研究还不够深入。

（3）时效性差：无法预知知识的时效性，数据挖掘获取的知识是根据某一时刻的数据集得到的，而现实数据在不断变化中，无法及时更新数据变化到何种程度，原有挖掘得到的知识就需要更新，才能符合实际。

（4）集成性差：挖掘用的数据集往往来自不同的部门，挖掘得到的知识也分散在各个不同的部门，由于结构的多样化等难以得到集成应用，无法反映系统的整体规律。

上述问题导致知识发现过程发现的可能不是用户真正感兴趣的、可行动、用户现实世界的知识。需要在数据挖掘获得的结果上进行"二次"挖掘以符合实际决策的需要。

第二，目前的数据挖掘和知识发现过程是以数据为驱动、技术为导向（过于重视计算机技术和算法）的，过于关注技术的完美而忽视了实用性和对决策的支持，也忽视了领域知识、专家经验、用户意图和情景等因素的影响。

第三，从上述分析可以看出，通过数据挖掘获取的知识是伴随新技术产生的。通过机器学习产生的一种新知识，具有来源确定、多样性、粗糙性、时效性和分散性等特点，与目前知识管理中主要的分类方式中的隐性和显性知识不一致，很难直接用成熟的知识管理理论进行提取、存储、共享和利用，也很难套用信息论的管理理论。目前的研究很少涉及该领域，企业界则简单将其归类于分析性内容，缺乏针对其特性的管理和应用。

从上面的分析可以看到，利用数据挖掘等工具，对数据库、数据仓库、文本、互联网等知识源实施挖掘，产生大量的模式和规则，一般得到的只是初步的结果，仍然是一些数据或信息。面对众多的潜在模式和规则，用户不能很好地去理解它们，从而无法把精力集中在其中真正感兴趣的子集上，为决策提供支持。这就需要结合知识管理的研究成果，从人机结合的角度对产生的潜在规则进行二次分析、挖掘以产生更好的决策支持。

二、智能知识管理定义与框架

为了更好地说明要研究的问题及智能知识管理的研究思想，需要介绍及定义一些基本概念。

智能知识管理的研究涉及许多基本概念，如原始数据、信息、知识、智能知识、智能知识管理以及由此关联到的几个重要概念：先天知识、经验知识、常识知识、情境知识等。为了使这一新的科学研究命题从一开始就走上比较规范和严谨的道路，有必要重新给出这些基本概念的定义。而且，解释这些概念的同时也进一步理解数据、信息、知识、智能知识的内在含义。本节结合信息论、人工智能对智能知识管理相关定义界定如下：

定义1：原始数据。某个客体（事物）的原始数据是该事物关于自身所处状态以及所处状态随时间变化的方式的自我表述，是离散、互不关联的客观事实。原始数据的集合用集合口表示。

这里的原始数据的特点：粗糙性（原始的、粗糙的、具体的、局部的、个别的、表面的、分散的，甚至是杂乱无章的）、广泛性（涵盖范围广）、可处理性（可通过数据技术进行处理）、真实性（事物的真实数据）。

定义2：衍生原始知识（信息）。为了应用方便，需要对原始数据进行必要的数据处理，处理之后得到的初步结果（HiddenPattern、规则、权重等）称为衍生原始知识（信息）。

由原始数据到衍生原始知识的转换是"数据—知识—智能"转换系列中的一类初级转换，若记 K 为衍生原始知识，这类转换可表示为：

T1：$D_0 \rightarrow K_r$

定义3：知识（规范知识）。某种事物的知识（规范知识），是认识主体关于这种事物的运动状态及其变化规律的表述。任何知识所表述的运动状态及其变化方式，都具有形式、内容、价值三个基本要素，可以分别称为形式性知识、内容性知识、价值性知识。形式、内容、价值构成了知识要素的三位一体。

定义4：智能知识。智能知识是在衍生原始知识的基础上，在给定问题和问题求解环境的约束下，针对特定的目标，结合相关的信息和知识（本能知识、经验知识、规范知识、常识知识、情境知识）进行"二次"处理所生成的智能知识表达。

定义5：智能策略。策略是在给定问题和问题求解的环境约束下，针对特定的目标，基于相关智能知识所生成求解问题的工作程序。

定义6：智能行为。行为通常是指主体发出的动作和动作系列。

定义7：智能知识管理。智能知识管理是针对数据分析得到的衍生原始知识，结合规范知识（专家经验、领域知识、用户偏好、情境等因素），利用数据分析和知识管理的方法，对衍生原始知识进行提取、存储、共享、转化和利用，以产生有效的决策支持。智能知识管理的框架如图5-10所示。

智能知识管理具有如下特征：

（1）智能知识管理的源头是通过数据挖掘获取的衍生原始知识，希望通过对原始衍生知识的系统处理，发现深层次的知识，具体而言是在已有关系基础上进一步发现其上的关系，从逻辑角度上说是发现谓词间的关系或涵词间的关系。

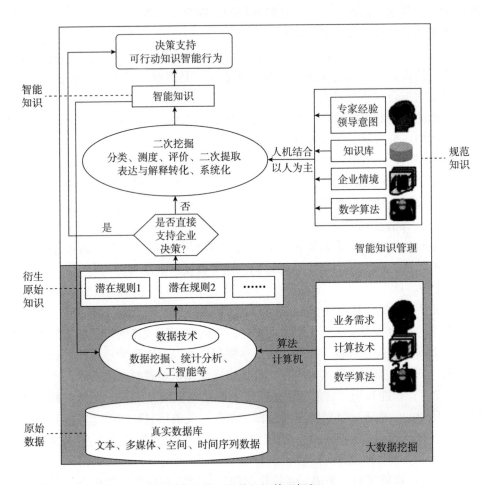

图 5-10　智能知识管理框架

（2）智能知识管理的目的是实现决策支持，从而促进数据挖掘获取的知识的实用性，减少知识过载，提高知识管理水平，为智能决策和智能行为服务。

（3）智能知识管理的另一个重要目的是实现基于组织的、来源于数据的知识发现工程，实现组织知识资产的积累和升华。

（4）它将是一个复杂的多方法多途径的过程。智能知识管理过程中结合技术与非技术因素，结合规范知识（专家经验、领域知识、用户偏好、情境等因素），因此发现的知识应该是有效的、有用的、可行动的、用户可理解的、智能的。

（5）其本质应该说是一种机器学习与传统的知识管理结合的过程，其本质目的在于获取知识，学习源是知识库，学习手段是归纳结合演绎的方法，其最终结果是既能够发现事实上的知识，也能够发现关系上的知识。它与知识库的组织以及用户对最终寻求的知识类型都紧密相关，采用的推理手段可能涉及很多不同的逻辑领域。

三、智能知识管理的研究和应用现状

目前智能知识管理的研究可以分为两大类——领域驱动的数据挖掘和二次挖掘。领域驱动的数据挖掘指的是将知识管理的思想融入数据挖掘的建模过程，强调将专家经验、情境等软性因素加入知识发现的过程中，以更好地支持现实中的决策。而二次挖掘则是以数据挖掘获得的"隐含规则"即"衍生原始知识"作为研究起点，对其进行测度、评价、加工与转化来获得支持智能决策的智能知识。

数据挖掘与知识管理的交叉研究成果已经广泛运用到中国人民银行个人征信系统项目（中国科学院虚拟经济与数据科学研究中心）、中国工商银行客户忠诚度分析与风险偏好分析项目、江苏省民丰银行全面风险管理系统项目（中国科学院虚拟经济与数据科学研究中心）、中国金融期货交易所结算风险控制系统项目（中国科学院虚拟经济与数据科学研究中心）、网易 VIP 邮箱客户流失预警项目（中国科学院虚拟经济与数据科学研究中心）、澳大利亚 BHPB 公司石油勘探项目（中国科学院虚拟经济与数据科学研究中心）等多个项目，在个人信用评分、客户关系管理、结算风险预警、石油勘探预测等实际应用上数据挖掘技术都取得了非常好的效果。与此同时，智能知识管理研究一再强调数据挖掘过程是一个螺旋上升的过程，注重知识资产的积累。无论哪方面的应用，在建好精确的分类和预测模型后，经过一定时期的积累后，都需重新对模型进行更新、改善以发现新的动向，从而为企业提供更多的信息，产生更大的价值。

四、大数据背景下智能知识管理未来发展方向

（一）数据技术与智能知识管理的系统理论框架

数据、信息、知识、智慧这几者是依次递进的关系，代表着人们认知的转化过程。数据指的是未经加工的原始素材，表示的是客观的事物。而我们通过对大量的数据的分析，可以从中提取出信息，帮助我们决策。当有了大量的信息的时候，我们对信息再进行总结归纳，将其体系化，就形成了知识。而智慧，则是在我们有了大量的理论知识，再加上我们的亲自实践，得出的人生经验或者对世界的看法，这就带有很多人的主观色彩了。

（1）将已知的数据技术，包括数据挖掘、人工智能、统计学等按处理数据的能力和特性分类描述并整理，从分析数据信息，知识的基本内涵入手，在系统研究数据挖掘与知识管理相关理论及国内外研究现状的基础上，提出有关智能知识及其管理的概念、原理和理论。

（2）将数据挖掘产生的结果作为一类特殊的知识，探讨智能知识与传统知识结构之间的逻辑关系，建立数据技术与智能知识内在联系的数学模式，并用此模式解释由数量分析结果产生的智能知识特征。

（3）从来源于数据的知识创造的角度，研究其知识创造过程，建立来源于数据的知识创造理论。建立一个数据挖掘与智能知识管理的系统框架。

（4）将智能知识作为一类"特殊"的知识，研究其在特定应用环境下提取、转化、应用、创新的过程管理理论。其中不仅涉及数据挖掘知识本身，而且要考虑决策者和使用者的隐性知识及其他非技术因素，如领域知识、用户偏好、情景等，其中将用到人工智能、心理学、复杂系统、综合集成等理论知识以及一些实证研究方法。

（二）智能知识复杂性研究

数据挖掘获得的"衍生原始知识"在一定程度上仍然属于结构化的知识。随着人类知识的不断加入，智能知识呈现出半结构化和非结构化的特征。非结构化的知识表现在形式变异大、表达形式复杂和随机性强。

未来智能知识复杂性研究应立足于宏观角度，通过数学、经济学、社会学、计算机科学、管理科学等学科的交叉角度，从本质上研究智能知识半结构化和非结构化特征的个体表现、一般性特征及科学规律。将从代表性的半结构化知识或非结构化知识中，逐一考虑其可分析性知识，探讨个体复杂性、不确定性特征描述的数学结构，建立统一的智能知识复杂性基础理论模型。其根本价值在于在智能知识的基本结构上把握结构化、半结构化或非结构化转化的核心规律。通过数学方式来描述抽象化的智能知识，通过计算机科学的逻辑关系来模拟智能知识的规律；通过经济学、社会学的基本观点来解释产生智能知识的社会行为；通过管理科学，特别是最优化数据挖掘理论来刻画智能知识发现的一般性方法和规律。主要研究内容应包括：智能知识基本元素空间的公理化和结构；智能知识测度抽象表达、关联度量、分类标准、收敛条件；智能知识社会元素的拓扑结构及形式化理论；智能知识基本原理、定理及运算规则。

（三）可拓数据挖掘

可以利用可拓集合和可拓变换理论，研究衍生知识转化的理论、技术和方法，尤其是如何变静态知识挖掘为动态知识挖掘，以满足挖掘变化知识的需求。重点研究基于各种数据挖掘模型所得规则的可拓转化策略获取方法，利用可拓集合和可拓变换理论，在领域知识的约束和指导下，对挖掘出来的规则进行二次挖掘和可拓变换（利用可拓集的思想对事物进行的一种变化分类，这种分类不是简单地把信息元域分为"属于"和"不属于"两类，而是可以通过变换使不具有某些性质的信息元变为具有这些性质的信息元），从中获取"不行变行，不是变是"的策略，为制定预防客户流失的转化措施提供有针对性的决策参考。

（四）大数据环境下的智能知识管理与决策结构变异

随着计算机技术的普遍应用，当今各种社会活动产生了海量的数据。近几年，随着网络的发展，让网民更多地参与信息产品的创造、传播和信息分享，通过更加简洁的方式为用户提供更为个性化的互联网信息资讯定制。论坛、博客、微博、社交网络等社会化媒体得到了迅猛发展，更导致了形形色色数据的激增，人类已经进入了大数据时代。

我们已有的科研成果表明，若将数据挖掘的结果（潜在模式）定义为"一次挖掘"的粗糙知识，将主观知识（如经验知识、情境知识、客户偏好等）通过量化的方法进一步与粗糙知识融合，上升为决策者所需要的智能知识。它则可以作为有用知识为智能性的决策提供支持。

从理论意义上来说，大数据下的智能知识管理、决策结构变异研究与传统研究有以下三点不同：一是知识机理的重构：与传统知识不同，基于大数据的知识发现过程是数据信息知识决策；二是决策模式的改变：传统是基于因果关系的决策，大数据下的决策是基于相关分析的决策；三是决策与管理模式的改变：传统是依赖于业务知识的学习和实践经验的积累，大数据是基于数据分析的反映，即从事结构化决策的决策者不需要掌握很多业务知识，一样可以做结构化的决策。

在大数据环境下，决策是以大数据挖掘产生的结构化知识为起点，不断经由人的主观知识的加入和加工处理，从半结构化知识到非结构化知识的过程、所得到的半结构化知识和非结构化知识能够有效科学地支持高层决策，使智能知识大数据带来决策与管理的改变，它不再完全依赖于业务知识的学习和实践经验的积累，而是更多地基于数据分析的反映。高层决策者不需要掌握很多的业务知识，也同样可以通过对大数据挖掘结果的感知，进行更进一步的判断和处理，做出科学、迅速、准确的决策。对于已经结合了主观知识进行加工后的智能知识，如何进行可视化呈现，需要进一步的探索，这对支持高层管理决策有至关重要的意义。

（五）智能知识管理的新方法

智能知识的表达：基于数据技术与智能知识的理论框架，寻找运用一类适当的"关系测度"去衡量数据、信息和智能知识之间的相互依存性。研究合适的智能知识分类表达方式。这个问题的突破有助于建立一般性的数据挖掘理论，这正是数据挖掘领域长期未能解决的问题。

智能知识的分类与评价：分析由数据挖掘产生的智能知识的特性，对智能知识进行分类，对不同类型的智能知识选取合适的指标进行有效性评估，构建智能知识分类和评价体系。

智能知识的测度：研究智能知识的主、客观测度理论与方法，从数据挖掘模型的区分能力、所能提供的信息量等多个角度研究智能知识价值测度的数学模型方法。

智能知识结构有效性评估：给定应用目标和信息源，数据挖掘系统必须要做的是评估智能知识结构的有效性，这一评估结果不仅可以量化已有的智能知识的有用性，也能决定是否有必要采用其他的智能知识。这一领域的探索需要在以下三方面进行深入研究：智能知识复杂性分析；智能知识复杂性和模型有效性关联分析；跨异构模型的智能知识有效性分析。

智能知识保存、转化与应用：将智能知识作为一类"特殊"的知识，进一步研究其保存、转化和应用的数学和管理上的含义与结构。

研究智能知识与智能行为、智能决策、可行动之间的关联，以及智能知识的应用如何提高决策智能及决策行为的效率。

（六）典型行业的实证研究展望

深入分析行业的智能知识管理系统与管理信息系统（MIS）、知识管理系统（KMS）的共性与特性。在此基础上，将数据挖掘和智能知识管理结合应用于支持企业管理决策。在具备海量数据基础的金融、医疗、电信、审计、能源等行业，通过数据挖掘和智能知识管理的分析，建立适合于特定行业、企业的智能知识管理系统，提高其知识管理能力和综合竞争力。

智能知识管理的过程是一个各环节紧密相连、逐步推进、逐渐接近目标，不断螺旋上升的过程。在系统设计中，要对整个智能知识发现的过程进行管理，才能使智能知识管理系统具备实践价值和效果。

与传统的数据挖掘平台关注于数据与技术，强调挖掘过程的自动化不同，智能知识管理系统强调专家在挖掘中的作用，并将领域知识（专家的经验、兴趣和偏好等）动态地整合到数据挖掘全过程中，开发界面友好的用户接口，以便专家与系统之间进行充分交互。同时智能知识管理系统强调知识资产的沉淀，使得每一次挖掘过程都有先前获得的知识积累，不再从零开始。

以上多个问题的解决，将极大地丰富智能知识管理领域的内容并将该学科研究推向更高的发展阶段。

五、可拓数据挖掘

（一）可拓数据挖掘的基本特点

传统的数据挖掘所提取的知识具有静态性。以某网站公司的客户数据挖掘为例，虽然进行了数据挖掘，但得到了 245 条规则。一方面，产生的规则的数量过载，很难识别出有用的知识。另一方面，更为重要的是，数据挖掘的真正目的并不只是对用户进行识别，而是希望将流失用户、冻结用户通过一定的方式转化为现有用户，同时防止现有用户的流失。而这些可直接供决策用的知识，无法从模式中直接获取。因此进行深层次的挖掘，结合领域知识挖掘模式之间的变换规律，变静态知识挖掘为动态知识挖掘是深层次挖掘中重要的内容之一。

可拓数据挖掘与传统数据挖掘的差异之一是传统数据挖掘是知识的发现，而可拓数据挖掘不但可以挖掘知识，而且可以挖掘知识之间相关规则和变换的规律。挖掘的是变化的知识。

可拓数据挖掘是挖掘知识的有效方法，可用于数据挖掘产生的原始衍生知识的深层次知识发现，结合领域知识，找到不同衍生原始之间相互变换的策略（可拓策略生成作为解决矛盾转化问题的重要方法，是可拓工程研究的重点之一），通过研究知识之间的变换关系，挖掘变化的规则，获取变化的知识，为科学决策提供辅助依据。下面以可拓转化规则挖掘为例简要说明可拓数据挖掘的实现技术。

（二）可拓转化规则挖掘的实现步骤

决策树是一个类似于流程图的树结构，其中每个内部节点表示在一个属性上的测试，每个分枝代表一个测试的输出，而每个树叶节点代表一个类别。决策树主要是基于数据的属性值进行归纳分类，从树的最顶层节点（根节点）到存放该样本预测的叶节点遍历，可以将决策树转换成"if-then"形式的分类规则。以see5 方法挖掘得到的规则知识为例，其形式如下：

rule2：（198/14，lift27）

是否使用随身邮服务 = 0

P（）INT< = 6

使用时间长短>92

Type = 6

>class0 ［0.925J

其中，rule2 中的 198 表示训练集中符合该规则的记录条数，14 表示训练集中不符合该规则的记录条数，预测准确率 = (198－14＋1)/(198＋2) = 0.925，提升度 1 = 预测准确率训练集中该类出现相对频率 = 0.925/0.343 = 2.7。

1. 读入原规则集

以 Sce5 决策树软件为例，初始规则集以文本文件的形式保存在 . out 文件中，规则格式如上面例子所示。其中，rule2 中的 198 表示训练集中符合该规则的记录条数，14 表示训练集中不符合该规则的记录条数，预测准确率 = (198-14+1)/(198+2) = 0.925，提升度 lift2.7 = 预测准确率/训练集中该类出现的相对频率。将分类规则依次读入数据库，存入规则表中。

2. 规则集预处理

剔除重复读入过程中产生的相同规则，建立关键词全文索引等。

3. 设定挖掘参数

由用户设定如下参数：

类别选择：选择条件类别和目标类别，如由 classA 向 classB 转化的规则等。

设定规则重合度，即"规则内容相同的条数>=条"，如示例中 rule2 和 rule3 中"POINTSV = 6""92V 使用时间长短 V = 795"两条相同。

设定规则差异度，即"规则内容不相同的条数<=条"。如示例中 rule2 和 rule3 中有"是否使用随身邮服务"1 条规则不相同。

设定预期转化率，即"可拓规则预期转化率>=%"。应用可拓规则预期的转化率。

4. 规则挖掘

在规则库中寻找规则重合度和差异度符合条件的规则，通过置换变换、增加变换及组合变换等产生转化策略的规则输出。

5. 规则评价指标计算

为评价可拓规则的实用性和新颖性，分别计算预期转化率、支持度和可信度等指标。

6. 显示结果报告

挖掘结束提供转化规则列表以及挖掘结果的总结报告。

（三）转化规则挖掘的算法

下面以对属性相同的规则做量值的置换变换为例，简要说明转化策略挖掘的主要算法：

输入：基于决策树数据挖掘生成的结果集（两类分别以 A、8 表示），以及两个集合中元素可以变换的最小匹配记录数

输出：A 类客户变换到 B 类客户的变换策略

算法描述：

（1）将 A、B 中元素分别以多维物元 W1 和 W2 表示，R1m、R2m 分别表示

W1、W2 中第 m 个物元；

（2） fori＝0tonA#A 类别的规则条数；

（3） fori＝0to1^n13 类别的规则条数；

（4） inttotal＝0n 初始化；

（5） 设 Rli 的维数为 iN. R2j 的维数为 jN；

（6） fork＝0toiN；

（7） for1＝0tojN；

（8） ifRli 第 k 维特征、量值与 R2j 第 1 维特征、量值相同；

（9） total＝total+1；

（10） 结束 k，1 循环；

（11） Diftotal 大于或等于系统输入值 n，then 将 Rli 与 R2j 输出一条变换策略；

（12） 结束 i，j 循环程序。

（四）转化规则挖掘的应用案例

某公司拥有大量的收费邮箱注册用户，但随着激烈的竞争以及市场变化，有些用户到期停止缴费也在流失。通过运用决策树数据挖掘算法，对用户分为"正常用户、冻结用户和流失用户"，并预测用户类型，得到了 240 余条静态规则。实际业务中冻结用户和正常用户在一定的变换条件下是可以相互转化的，为了从这些规则中直接获取促使用户转化的策略，实现冻结用户向正常在用用户之间的变换，首先将所有决策树规则导入规则库，然后设定从冻结用户到正常用户转化的参数，进行策略规则的挖掘，得到了几十条转化策略，如图 5-11 所示。

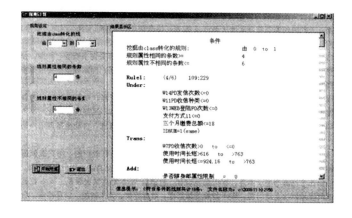

图5-11 转化规则生成界面

可以看出，对缴费点数 P（） INTS<=6 且使用时间长短在 92 和 795（时间已经做区间变换）之间的用户，只要不推荐他们使用随身邮服务，或者取消其随身邮服务，就可以减少其流失的概率。这种直观的转化策略对采取有效的业务措施发挥了很好的作用。

利用可拓集合和可拓变换理论，可以变静态知识挖掘为动态知识挖掘，以满足挖掘变化知识的需求。可以重点研究基于各种数据挖掘模型所得规则的可拓转化策略获取方法，利用可拓集合和可拓变换理论，在领域知识的约束和指导下，对挖掘出来的规则进行二次挖掘和可拓变换（利用可拓集的思想对事物进行的一种变化分类，这种分类不是简单地把信息元域分为"属于"和"不属于"两类，而是可以通过变换使不具有某些性质的信息元变为具有这些性质的信息元），从中获取"不行变行，不是变是"的策略，为制定预防客户流失的转化措施提供有针对性的决策参考。

第六章　现代大数据应用的
总体架构和关键技术

以互联网为代表的新一代信息技术所带来的这场社会经济"革命"在广度、深度和速度上都将是空前的，不仅远远超出我们从工业社会获得的常识和认知，也远远超出我们的预期，适应信息社会的个体素质的养成、满足未来各种新兴业态就业需求的合格劳动者的培养，是我们将面临的巨大挑战。唯有全面提升对大数据的正确认知，具备用大数据思维认识和解决问题的基本素质和能力，才有可能积极防范大数据带来的新风险；唯有加快培养适应未来需求的合格人才，才有可能在数字经济时代形成国家的综合竞争力。

第一节　大数据应用的总体架构

本节阐述大数据应用的总体架构，以及存储、处理和分析的关键技术。

一、业务目标

如表6-1所示为大数据应用的业务—技术的逻辑映射。

表6-1　大数据应用的业务—技术的逻辑映射

	TextFile	SequenceFlle	RCFFile
数据类型	只是文本	文本/二进制	文本/二进制
内部的存储顺序	基于行	基于行	基于列
压缩	基于文件	基于块	基于块
可分裂	是	是	是
压缩后可分裂	不可以	可以	可以

大数据应用的总体架构被业务需求逐步勾勒出来：大数据应用需要采用一个统一集成的大数据平台，使得用户能够快速处理和加载海量数据，能够在统一平台上对不同类型的数据进行处理和存储，需要采用一个数据集成和管理平台，集成各种工具和服务来管理异构存储环境下的各类数据，并建立一个实时预测分析解决方案，整合结构化的数据仓库和非结构化的分析工具，在平台上用户可以在任何时间、任何地点通过任何设备进行大数据的集中共享、协同和分析，大数据应用的总体架构能够支撑组织对新的业务战略进行建模，提升组织的洞察力。

二、架构设计原则

企业级大数据应用架构需要满足业务的需求：一是能够满足基于数据容量大、数据类型多、数据存储速度快的大数据基本处理需求，能够支持大数据的采集、存储、处理和分析；二是能够满足企业级应用在可用性、可靠性、可扩展性、容错性、安全性和保护隐私等方面的基本准则；三是能够满足用原始技术和格式来实现数据分析的基本要求。

（一）满足大数据的要求

1. 大容量数据的加载、处理和分析

要求大数据应用平台经过扩展可以支持 GB、TB、PB、EB 甚至 ZB 的数据集。

2. 各种类型数据的加载、处理和分析

支持各种数据类型，支持处理交易数据、各种非结构化数据、机器数据及其他新结构数据。支持极端的混合工作负载，包括数以千计地理上分布的在线用户和程序，这些用户和程序执行各种各样的请求，范围从临时性的请求到战略分析的请求，同时以批量或流的方式加载数据。

3. 庞大数据的处理速度

在很高速度（GB/秒）的加载过程中集成来自多个来源的数据。对高度限定的标准 SQL 查询的亚秒级响应时间，以至少每秒千兆字节的速度高速加载数据，随时进行分析，以满负荷速度就地更新数据。在传入的加载数据上实时执行某些"流"的分析查询。

（二）满足企业级应用的要求

1. 高可扩展性

要求平台符合企业未来业务发展要求及对新业务的响应，能够支持大规模数据计算的节点可扩展，能适应将来数据结构的变化、数据容量的增长、用户的增加、查询要求和服务内容的变化，要求大数据架构具备支持调度和执行成百上千节点的复杂工作流。

2. 高可用性（容错）

要求平台能够具备实时计算环境所具备的高可用性，在单点故障的情况下能够保证应用的可用性，具备处理节点故障时的故障转移和流程继续的能力。

3. 安全性和保护隐私

系统在数据采集、存储、分析的架构上，保障数据、网络、存储和计算的安全性，具备保护个人和企业隐私的措施。

4. 开放性

要求平台能够支持计算和存储分布到数以千计的、地理位置可能不同的、可能异构的计算节点，能够识别和整合不同技术和不同厂商开发的工具和应用，能够支持移动应用、互联网应用、社交网络、云计算、物联网、虚拟化、网络、存储等多种计算设备、计算协议和计算架构。

5. 易用性

系统功能操作是否易用，能否满足大多数企业业务、管理和技术人员的操作习惯。平台具有可编程性，能够支持不同编程工具和语言的集成，具备集成编译环境。能否在处理请求内嵌入任意复杂的用户定义函数（UDF），并以各种行业标准过程语言执行 UDF，组合大部分或全部使用案例的大量可复用 UDF 库，在几分钟内对 PB 级大小的数据集执行 UDF "关系扫描"。

（三）满足对原始格式数据进行分析的要求

系统具备对复杂的原始格式数据进行整合分析的能力，如对文本数据、数学数据、统计数据、金融数据、图像数据、声音数据、地理空间数据、时序数据、机器数据等进行分析的能力。

三、总体架构参考模型

基于 Apache 基金会开源技术的大数据平台总体架构参考模型如图 6-1 所示，大数据的产生、组织和处理主要是通过分布式文件处理系统来实现的，主流的技术是 Hadoop+MapReduce（一个开源分布式计算机平台），其中 Hadoop 的分布式文件处理系统（HDFS）作为大数据存储的框架，分布式计算框架 MapReduce 作为大数据处理的框架。

（一）大数据存储的框架

HDFS，即 Hadoop 分布式文件系统，分布式文件系统运行于大规模集群之上，集群使用廉价的通用服务器构建，整个文件系统采用的是元数据集中管理与数据块分散存储相结合的模式，并通过数据的复制来实现高度容错。分布式文件处理系统架构在通用的服务器、操作系统或虚拟机上。

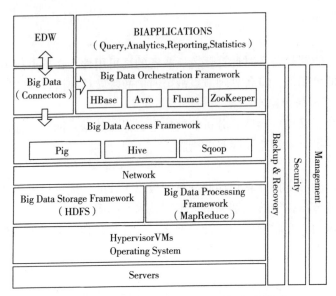

图 6-1　大数据应用平台的总体架构参考模型

（二）大数据处理的框架

MapReduce，一个分布式并行计算软件框架，基于 Map（可理解为"任务分解"）和 Reduce（可理解为"综合结果"）的 Java 函数，基于 Map Reduce 写出来的应用程序能够运行在由上千个通用服务器组成的大型集群上，并以一种可靠容错的方式并行处理 TB 级别以上的数据集。Mapper 和 Reducer 的主代码，可以用很多语言书写。Hadoop 的原生语言是 Java，但是 Hadoop 公开 API 用于以 Ruby 或 Python 等其他语言编写代码，提供了与 C++的接口，其名称为 Hadoop-Pipes（是 Hadoop 提供的一个编程接口）。在底层进行 Map Reduce 编程显然提供了最大的潜力，但这种编程层次非常像汇编语言的编程，属于低级编程语言。

（三）大数据访问的框架

在 Hadoop+MapReduce 之上，架构的是网络层。在网络层之上，是大数据访问的框架层。大数据访问的框架实现了对传统关系型数据库和 Hadoop 的访问，主流技术包括 Pig（Apache 旗下一个基于 Hadoop 的高级数据流 C 语言和执行环境）、Hive、Sqoop（数据导入导出工具）等。

Pig，是基于 Hadoop 的并行计算高级编程语言，它提供了一种类 SQL 的数据分析高级文本语言，称为 PigLatin，该语言的编译器会把类 SQL 的数据分析请求转换为一系列经过优化处理的 MapReduce 运算。Pig 支持的常用数据分析主要有分组、过滤、合并等。Pig 为创建 ApacheMapReduce（Apache 基金会的 MapReduce 框架）应用程序提供了一款相对简单的工具，不仅有效简化了编写、理解和维护程序的工作，还优化了任务自动执行功能，并支持使用自定义功能进行接口扩展。

Hive，是由 Facebook 贡献的数据仓库工具，是 MapReduce 实现的用来查询分析结构化数据的中间件。Hive 的类 SQL 查询语言——HiveQL（蜂巢查询语言）可以查询和分析储存在 Hadoop 中的大规模数据。

Sqoop，是由 Cloudera 开发的一种开源工具，用于在 Hadoop 与传统的数据库间进行数据的传递，允许将数据从关系型数据库导入 HDFS 及从 HDFS 导出到关系型数据库。MapReduce 等函数都可以使用由 Sqoop 导入 HDFS 中的数据。

Cascading，（一个用于 Hadoop 及其他分布式计算平台上进行数据处理的高级抽象编程框架）是另一个工具，用于编写复杂 MapReduce 应用程序的抽象层。它的最恰当描述是一个 Java 库，通常被作为查询 API 和进程调度器使用的命令行调用。

（四）大数据调度的框架

在大数据访问的框架层之上是大数据调度的框架，实现对大数据的组织和调度，为大数据分析做准备，主流技术包括 HBase（分布式列存储数据库）、Avro、Flume、ZooKeeper（一个开源的分布式协调服务）等。

HBase，是一个基于列存储的开源非关系型数据库（NoSQL 数据库），类似于 BigTable（谷歌开发的一款分布式存储系统），是 Key-Value 数据库系统。HBase 直接运行在 Hadoop 上。HBase 不是一种 MapReduce 的实现，它与 Pig 或 Hive（MapReduce 的实现）的主要区别是能够提供非常大数据集的实时读取和写入。

Avro，是新的数据序列化格式与传输工具，将逐步取代 Hadoop 原有的 IPC 机制。

ZooKeeper，分布式锁设施，是一个分布式应用程序的集中配置管理器，用于分布式应用的高性能协同服务，由 Facebook 贡献。它也可以独立于 Hadoop 使用。

Flume，是由 Cloudera 开发和提供的日志收集系统，并提供可靠的分布式流数据收集服务。

Scribe（一个用于日志收集和分发的系统），由 Facebook 开发并作为开源程序发布，用于聚合来自很大数量 Web 服务器的日志数据。

Oozie（Apache 软件基金会旗下一个用于管理 Hadoop 作业工作流的系统），是一个基于服务器的工作流引擎，专门调度和运行执行 Hadoop 作业（如 MapReduce、Pig、Hive、Sqoop、HDFS 操作）的工作流。

集成开发环境（IDE），MapReduce/Hadoop 开发需要摆脱纯手工编码。MapReduce/Hadoop 的集成开发环境需要包括源代码编辑器、编译器、自动化系统构建工具、调试器和版本控制系统。

集成应用程序环境是比集成开发环境更高的层次，可以被称为集成应用程序环境，在这里通过图形用户界面将复杂的可复用分析路线组装成完整的应用程序。这种类型的环境可以使用开源算法，例如 Mahout（一个可扩展的机器学习和数据挖掘库）项目提供的算法，将机器学习算法分布在 Hadoop 平台上执行。

（五）大数据分析和展现框架

大数据分析和展现通过相关的商业智能分析、数据挖掘、机器学习和可视化展现工具集来实现。

Mahout：ApacheMahout（Apache 大数据机器学习框架）项目提供分布式机器学习和数据挖掘库。

Hama：（哈马）基于 BSP 的超大规模科学计算框架。

（六）大数据连接器

大数据分析平台需要建立与传统关系型数据库、数据仓库的连接，大数据连接器的作用是实现大数据平台和传统数据平台的结合。

ETL 平台在关系型数据库的数据导入和导出方面有很长的历史，为数据进出 HDFS 提供了专门的接口。基于平台的方法与手工编码截然不同，提供了对元数据、数据质量、文档及系统构建的可视化风格的广泛支持。

（七）大数据管理、安全和备份恢复框架

大数据管理、安全和备份恢复框架有助于进行大数据治理、安全性和大数据保护。

Ambari（Apache 软件基金会旗下一个开源项目）：Hadoop 管理工具，可以快捷地监控、部署、管理集群。

Chukwa（Apache 旗下的开源数据收集系统）：用于管理大规模分布式集群的数据收集系统。

嵌入的 Hadoop 管理功能：Hadoop 支持全面的运行时环境，包括编辑日志、安全模式运行、日志审计、文件系统检查、数据节点块验证、数据节点块分布均衡器、性能监控、综合日志文件、管理员度量、MapReduce 用户计数、元数据备份、数据备份、文件系统均衡器、节点启用和弃用。

Java 管理扩展：一种用于监控和管理应用程序的标准 JavaAPI。

GangliaContext（一个开源分布式监控系统）：一种用于超大集群的开源分布式监控系统。

四、总体架构的特点

大数据技术架构具备平台开放性、对各种计算工具的集成性、架构的先进性、可扩展性、可靠性和处理分析的实时性等特点。

（一）统一、开放、集成的大数据平台

（1）可基于开源软件实现各类大数据计算工具的整合。

（2）能与关系型数据库、数据仓库通过 JDBC/ODBC（Java 数据连接/开放数据库连接）连接器进行连接。

（3）能支持在地理上分布的在线用户和程序，并行执行从查询到战略分析的各类请求。

（4）用户友好的管理员平台，包括 HDFS 浏览器和类 SQL 查询语言等。

（5）提供服务、存储、调度和高级安全等企业级应用的功能。

（二）低成本的可扩展性

（1）支持大规模可扩展性，到 PB 级的数据。

（2）支持极大的混合工作负载，各种数据类型包括任意层次的数据结构、图像、日志等。节点间无共享的集群数据库体系架构。

（3）可编程和可扩展的应用服务器。

（4）简单的配置、开发和管理。

（5）以线性成本扩展并提供一致的性能。

（6）标准的普通硬件。

（三）实时地分析执行

（1）在声明或发现数据结构之前装载数据。

（2）能以数据全载入的速度来准确更新数据。

（3）可调度和执行复杂的几百个节点的工作流。

（4）在刚装载的数据上，可实时执行流分析查询。

（5）能以大于每秒 1GB 的速率来分析数据。

（6）可靠性。

（7）当处理节点失效时，自动进行失效恢复和流程连续，不需要中断操作。

第二节　大数据存储和处理技术

Hadoop 是一个分布式文件系统和并行执行环境，可以让用户便捷地处理海量数据。Hadoop 这个名字不是一个缩写，而是一个虚构的名字。

一、Hadoop：分布式存储和计算平台

（一）Hadoop 概述

Hadoop 的特点在于能够存储并管理 PB 级数据，能很好地处理非结构化数

据，擅长数据处理，应用模式为"一次写，多次读"的存取模式。由于采用分布式架构，Hadoop 具有很好的可扩展性（最大节点数不断上升）和容错性。Hadoop 的 6 个优势如表 6-2 所示。

表 6-2　Hadoop 的 6 个优势

优势	描述
最易于扩充的分布式架构	Hadoop 运行在普通的硬件设备集群上，这些硬件就是基于 x86 架构的普通 PC 服务器或者刀片服务器，硬件被软件松散地耦合在一起。Hadoop 的大数据处理能力是通过大量计算节点的横向扩充来实现的。横向扩充（Scale-out）是指计算能力的扩充，是通过增加计算节点的数量来实现的；而纵向扩充（Scale-up）是指计算能力的扩充，是通过增加单个计算节点的中央处理器（CPU）和存储等的处理能力来实现的。对 Hadoop 而言，扩充是很容易的工作，即简单增加机架，并告诉系统用新增加的硬件来重新均衡系统。用 Hadoop，近线的扩充是可能的。Hadoop 架构下，增加节点能实现线性扩充，即增加节点可线性增加存储、查询和加载性能。Hadoop 能支持 1 至 4000 个节点+主节点的并行处理能力。假设每个节点都有几十 TB 的处理能力，4000 个节点就能形成 PB 级以上的海量数据处理的能力
善于处理非结构化数据	关系型数据库管理系统（RDBMS）或者并行处理系统（MPP）用提取—转换—装载（ETL）过程来实现数据库到数据仓库的转换。这对于预先定义好格式的数据被转换到可预知格式的目标数据是很有效的。但是，ETL 对半结构化和非结构化及复杂数据并没有效。在这种情况下，Hadoop 基于一个低成本、灵活、高可扩展的分布式文件系统，它能使非结构数据处理从传统数据库"笨拙"的 ETL 工作中解放出来
自动化的并行处理机制	Hadoop 内部处理自动化并行，无须人工分区或优化。数据分布在所有的并行节点上，每个节点只处理其中一部分数据。每个节点上的数据加载与访问方式与关系型数据库相同。所有的节点同时进行并行处理，节点之间完全无共享，无输入/输出（I/O）冲突，是最优化的 I/O 处理。Hadoop 能够在节点之间动态地移动数据，并保证各个节点的动态平衡，因此处理速度非常快。Hadoop 做过任务并发性能优化，在 Hadoop 运行分析任务时，比同样运行在 RDBMS 和 MPP 上的任务更快
可靠性高、容错强	数据复制被建立在 Hadoop 中。Hadoop 能够自动保存数据的多个副本，并且能够自动将失败的任务重新分配。数据丢失的概率很小，同时保证了数据的存储成本很低
计算靠近存储	在 Hadoop 中，计算与存储是一体的，计算向数据靠拢，实现了一种高效专用的存储模式，能实现任务之间无共享、无依赖，具有高的系统横向延展性。Hadoop 要分析的数据通常都是 TB 级以上的，网络开销不可忽视，但分析程序通常不会很大，所以系统传递的是计算方法（程序），而不是数据文件，因此每次计算在物理上都是在相近的节点上进行的（同一台机器或同局域网），大大降低了消耗，而且计算程序如果要经常使用，也可以做缓存
低成本计算和存储	在 Hadoop 中，硬件和存储都是价格很便宜的普通设备，当硬件和存储需要增加时，Hadoop 集群能很方便地增加它，成本也很低廉。所以，在 Hadoop 中，数据保留的时间可以很长。不必采用数据取样进行决策，也就能以更细粒度的全量数据做分析，这可以增加数据分析的准确性。直接从 Hadoop 框架中存储并进行分析，比从后台的近线存储中调出数据更有效率、更省成本

（二）Hadoop 组成

Hadoop 是 Apache 软件基金会下面的开源项目，主要组成部分有 3 个。

（1）Hadoop 的分布式文件系统：HDFS。

（2）Hadoop 并行计算框架：MapReduce。

（3）除 HDFS、MapReduce 外的其他项目公共内容有：HadoopCommon（Hadoop 通用组件），支持 Hadoop 的实用程序，包括 FileSystem（面向通用文件系统的抽象基类）、远程程序调用（RPC）和序列化库。由 Apache 官方网站提供的 Hadoop 包的具体组成如表 6-3 所示。

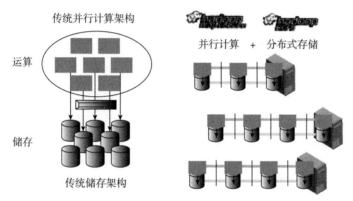

图 6-2　Hadoop 计算与存储架构

表 6-3　Hadoop 包的组成

名称	功能描述
Tool	提供一些命令行工具，如 DistCpx Archive
mapreduce	Hadoop 的 MapReduce 实现
filecache	提供 HDFS 文件的本地缓存，用于加快 MapReduce 的数据访问速度
fs	文件系统的抽象，可以理解为支持多种文件系统实现的统一文件访问接口
Hdfs	HDFS，Hadoop 的分布式文件系统实现
Ipc	一个简单的 IPC 的实现，依赖于提供的编解码功能

名称	功能描述
lo	表示层，将各种数据编码/解码，方便在网络上传输
Net	封装部分网络功能，如 DNS、socket
security	用户和用户组信息
conf	系统的配置参数
metrics	系统统计数据的收集，属于管理员范畴
util	工具类
record	根据 DDL（数据描述语言）自动生成它们的编解码函数，目前可以提供 C ∗ H · 和 Java
http	基于 Jetty 的 HTTP Servlet，用户通过浏览器可以观察文件系统的一些状态信息和日志
Log	提供 HTTP 访问日志的 HTTP Servlet

（三）Hadoop 与传统数据库（RDBMS）、并行处理系统（MPP）的比较

关系型数据库的管理模型追求高度的一致性和正确性。面向超大数据的分析需求，当需要进行扩展时发现，现有架构只能做纵向扩充（Scale-up），即通过增加或者更换 CPU、内存、硬盘来扩展单个节点的能力，这种扩展终将遇到瓶颈。关系型数据库不能支持横向扩充（Scale-out）。横向扩充是通过增加计算节点连接成集群，并且改写软件，使之在集群上并行执行，这是更为经济的解决办法。此外，关系型数据库在处理大吞吐量的并发操作时，处理时间过长。典型的RDBMS 系统有 Oracle、DB2、SQLServer（SQL 服务器）、MySQL 等。

数据仓库中的大规模并行处理系统，基本定义是将任务并行地分散到多个服务器和节点上，在每个节点上完成计算后，再将各自部分的结果汇总在一起得到最终的结果。MPP 追求高度的一致性和容错性，即通过分布式事务、分布式锁等机制来实现并发处理，但却无法获得良好的扩展性和系统可用性，而系统的扩展性是大数据分析的重要前提。典型的 MPP 系统有 Oracle 的 Exadata、Teradata-AsterData>IBM 的 Netezza>HP 的 VerticalEMC 的 Greenplum 等。

表 6-4 是 Hadoop 与 RDBMS 和 MPP 的比较。

表 6-4　Hadoop 与 RDBMS、MPP 的比较

	Hadoop	RDBMS	MPP
数据量	TB->PB	GB->TB	GB->TB
数据类型	师有	结构化数据	结构化数据

	Hadoop	RDBMS	MPP
事务处理	大量并行处理和网格处理	串行处理	依旧是串行处理，但一些处理并行
存取方式	离线批处理	在线交互式与批处理	在线交互式与批处理
数据更新	一次写，多次读	多次读写	多次读写
扩充方式	大量的横向扩充（Scale-out）	纵向扩充（Scale-up）	有限的横向扩充（Scale-out）
数据结构	Key-Value 无 Schema	关系表 固定 Schema	关系表 固定 Schema
编程	函数编程 离线批处理	声明查询在线事务	声明查询在线事务
存储	非关系型/NoSQL 数据库	关系型/SQL 数据库	专用的数据仓库和数据集市
资料一致性	低	高（ACID）	高（ACID）
扩充性	线性	非线性	非线性
分析	不基于模型	基于模型	基于模型
硬件	分布式网格或者集群下的普通硬件	单处理器到多核处理	数据仓库一体机
体系结构	节点间无共享	共享硬盘和内存	无共享

二、NoSQL：分布式数据库

（一）NoSQL 数据库概述

大数据通常采用分布式存储，非关系型分布式数据库（NoSQL）是分布式存储的主要技术。一般有 4 种非关系型数据库管理系统，即基于列存储的 NoSQL、基于键值对的 NoSQL、图表数据库和基于文档的数据库。这些非关系型数据库管理系统将源数据聚集在一起，同时用 MapReduce 的分析程序来对汇总的信息进行分析。

1. 大数据对传统数据库提出的挑战

传统关系型数据库面临的挑战主要有以下几点：

（1）数据库高并发读写的挑战。

大数据处理要求高并发读写，能高并发、实时动态地获取和更新数据。但目前的 RDBMS 存在的问题是数据库读写压力巨大，硬盘 I/O 无法承受。例如，在广泛应用的社交媒体网站中，要根据用户个性化信息来实时生成动态页面和提供动态信息，无法使用动态页面静态化技术，因此数据库的并发负载非常高，往往要达到每秒上万次的读写请求。此时的磁盘 I/O 根本无法承受如此之多的读写请求。为解决这一矛盾，RDBMS 提出的解决方案是主从分离、分库、分表缓解读写压力，增强读库的可扩展性等措施。

（2）海量数据的高效率存储和访问的挑战。

大数据要求支持海量数据的高效率存储和访问。但目前 RDBMS 存在的问题是存储记录数量有限、SQL 查询效率极低。例如，在 Facebook、Twitter 等网站中，用户每天都会产生海量的用户动态，以 Twitter 为例，一个月就达到了 2.5 亿条用户动态。要对海量用户信息进行高效率实时存储和查询，对于关系型数据库来说，在一张 2.5 亿条记录的表里面进行 SQL 查询，效率是极低的。再如大型 Web 网站的用户登录系统，如腾讯网、盛大，数以亿计的账号，关系型数据库也难以应付。为解决这一矛盾，RDBMS 提出的解决方案是：分库、分表，缓解数据增长压力。

（3）数据库的高扩展性和高可用性的挑战。

大数据要求拥有快速横向扩展能力、提供 24 小时不间断服务。但目前的 RDBMS 存在的问题是横向扩展艰难，无法通过快速增加服务器节点实现；系统升级和维护造成服务不可用。在基于 Web 的架构中，数据库是最难进行横向扩展的，当用户量和访问量增加时，数据库没有办法像 Web 服务器那样简单地通过添加更多的硬件和服务节点来扩展性能和负载能力，对于很多需要 24 小时不间断服务的网站来说，对数据库系统的升级和扩展往往需要停机维护。为解决这一矛盾，RDBMS 提出的解决方案是：主从分离，增强读库的可扩展性；MySQL 的主数据复制管理（MMM）等。在传统关系型数据库面临的挑战中，其需求、问题和解决思路如表 6-5 所示。

表 6-5　传统关系型数据库面对大数据的挑战

需求	问题	解决思路
对数据库高并发读写	数据库读写压力巨大，硬盘 I/O 无法承受	主从分离； 分库、分表，缓解写压力，增强读库的可扩展性
对海量数据的高效率存储和访问	存储记录数量有限、SQL 查询效率极低	分库、分表，缓解数据增长压力
对数据库的高扩展性和高可用性	横向扩展艰难，无法通过快速增加服务器节点实现；系统升级和维护造成服务不可用	主从分离，增强读库的可扩展性；MySQL 的主数据复制管理（MMM）

但是，关系型数据库所采取的措施存在着明显的缺陷：分库、分表的缺点受业务规则影响，需求变动导致分库分表的维护十分复杂；系统数据访问层代码需

要修改。主从分离的缺点是 Slave 实时性的保障，对于实时性很高的场合可能需要做一些处理；高可用性问题也受到挑战，Master 容易产生单点故障。MMM 的缺点是本身扩展性差，一次只能写入一个 Master，只能解决有限数据量下的可用性。在改进这些缺点的背景下，NoSQL 数据库应运而生。

2. CAP（一致性、可用性，分区容错的缩写）原理

分布式数据库系统有一个著名的经证明的 CAP 原理，它是由 EricBrewer（埃里克·布鲁尔）教授提出的，经 Seth Gilbert（塞恩·吉尔伯特）和 Nancylynch（南希·林奇）两人证明了 CAP 理论的正确性。LCAP（低延迟、可用性，分区容错）理论指出分布式数据系统有 3 个基本要素，即一致性、可用性、分区容忍性。

在分布式系统中，这 3 个要素最多只能同时实现两点，不可能三者兼顾，如图 6-3 所示。

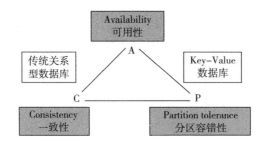

图 6-3　LCAP 原理示意图

对于分布式数据库系统，分区容忍性是基本要求。对于大多数 Web 应用，牺牲一致性而换取高可用性（AP），是目前多数分布式数据库产品的主要方向。而传统的关系型数据库则主要追求可用性和一致性（CA）。

3. NoSQL 数据库的概念和特性

NoSQL 是 NotOnlySQL 的缩写，而不是 NotSQL，它不一定遵循传统数据库的一些基本要求，比如遵循 SQL 标准、ACID 属性、表结构等。相比传统数据库，叫它分布式数据管理系统更贴切，数据存储被简化且更灵活，重点被放在了分布式数据管理上。NoSQL 数据库的主要特性如下：

（1）易扩展。

NoSQL 数据库种类繁多，但有一个共同的特点是去掉关系型数据库的关系型特性。数据之间无关系，这样就非常容易扩展。无形之间给架构的层面带来了可扩展的能力，甚至有多种 NoSQL 之间的整合。

·209·

（2）灵活的数据模型。

NoSQL 无须为预先要存储的数据建立字段，随时可以存储自定义的数据格式。而在关系型数据库里，增删字段是一件非常麻烦的事情。如果是非常大数据量的表，增加字段就十分困难。

（3）高可用。

NoSQL 在不太影响性能的情况下，可以方便地实现高可用的架构，比如通过复制模型来实现高可用。

NoSQL 数据库具有非常高的读写性能，尤其在大数据量下表现优秀。这得益于它的无关系性，数据库的结构简单。

4. NoSQL 数据库的两个核心理论基础

Google 的 BigTable。BigTable 提出了一种很有趣的数据模型，它将各列数据进行排序存储。数据值按范围分布在多台机器上，数据更新操作有严格的一致性保证。

Amazon 的 Dynamo。Dynamo 使用的是另外一种分布式模型。Dynamo 的模型更简单，它将数据按 key 进行哈希存储。其数据分片模型有比较强的容灾性，因此它实现的是相对松散的弱一致性，即最终一致性。

这两种系统不但已经开始商用，而且都公开了比较详细的实现论文。它们各自实现架构迥异，存储特性不一，但都结构优美，技术上各有千秋，却又殊途同归。两者都是以（key，value）形式进行存储的，但 Dynamo 存储的数据是非结构化数据，对 value 的解析完全是用户程序的事情，Dynamo 系统不识别任何结构数据，都统一按照二进制数据对待；而 BigTable 存储的是结构化或半结构化数据——就如关系型数据库中的列一般，因而可支持一定程度的查询。对于架构而言，Dynamo 让数据在环中均匀"存储"，各存储点相互能通信，不需要 Master 主控点控制，优点是无单点故障危险，且负载均衡。BigTable 由一个主控服务器加上多个子表服务器构成，Master 主控服务器负责监控各客户存储节点，好处是更人为可控，方便维护，且集中管理时数据同步易于管理。

5. NoSQL 数据库与关系型数据库的比较

大数据给传统的数据管理方式带来了严峻的挑战，关系型数据库在容量、性能、成本等多方面都难以满足大数据管理的需求。NoSQL 数据库通过折中关系型数据库严格的数据一致性管理，在可扩展性、模型灵活性、经济性和访问性等方面获得了很大的优势，可以更好地适应大数据应用的需求，成为大数据时代最重要的数据管理技术。两者比较如图 6-4 所示。

6. 主流的 NoSQL 数据库比较

NoSQL 数据库有很多种，大致可分为 6 类，如表 6-6 所示为主流 NoSQL 数据库的比较。

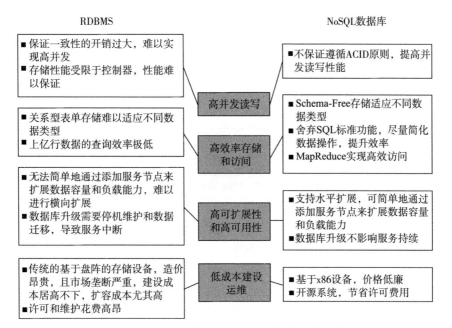

图 6-4　NoSQL 数据库与关系型数据库的比较

表 6-6　主流 NoSQL 数据库的比较

类型	部分代表	特点	典型应用
列存储	BigTable HBase Cassandra Hypertable	按列存储数据，特点是方便存储结构化和半结构化数据，方便做数据压缩，对针对某一列或者某几列的查询有非常大的 I/O 优势。查找速度快、可扩展性强、更容易进行分布式扩展	汇总统计和数据仓库
key-value 存储	Tokyo Cabinet/Tyrant Berkeley DB Memcache DB Redis Dynamo Vbldemort Oracle Coherence	可以通过 key 快速查询到其 value，查询速度很快。一般来说，存储不管 value 的格式，都会存下	大数据高负载应用、日志
文档存储/全文索引	MongoDB CouchDB	文档存储一般用类似于 JSON 的格式存储，存储的内容是文档型的。有机会对某些字段建立索引，实现关系型数据库的某些功能。数据结构要求不严格，表结构可变	半结构和非结构数据存储

类型	部分代表	特点	典型应用
key-value 存储	Tokyo Cabinet/Tyrant Berkeley DB Memcache DB Redis Dynamo Vbldemort Oracle Coherence	可以通过 key 快速查询到其 value，查询速度很快。一般来说，存储不管 value 的格式，都会存下	大数据高负载应用、日志
文档存储/ 全文索引	MongoDB CouchDB	文档存储一般用类似于 JSON 的格式存储，存储的内容是文档型的。有机会对某些字段建立索引，实现关系型数据库的某些功能。数据结构要求不严格，表结构可变	半结构和非结构数据存储
图存储	Neo4J FlockDB InfoGrid HyperGraghDB、 Infinite Gragh	高效匹配图结构相关算法，图形关系的最佳存储	社交网络、推荐系统
对象存储	db4o Versant	通过类似于面向对象语言的语法操作数据库，通过对象的方式存取数据	
XML 数据库	Berkeley DB XML BaseX	高效地存储 XML 数据，并支持 XML 的内部查询语法，如 Xquery、Xpath	

（二）HBase

HBase 是 Apache 在 Google Big Table（谷歌开发的一款分布式存储系统）的启发下开发的，HBase 和 BigTable 的基本原理是一致的，下面先简单介绍 BigTable，并在此基础上，详细分析 HBase 的应用。

1. 源于 Google Big Table

BigTable 是 Google 的分布式结构化数据的存储系统，它被设计用来处理海量数据，主要是分布在数千台普通服务器上的 PB 级的数据。自 2005 年起，BigTable 在超过 60 个 Google 的产品和项目上得到了应用，包括 GoogleAnalytics（谷歌分析）、GoogleFinance（谷歌财经）、Orkut（谷歌开发的一个社交网络平台）、PersonalizedSearch（个性化搜索）、Writely（一款基于网络的在线文字处理程序）和 GoogleEarth（谷歌地球）。它的适用性很广泛，具有可扩展、高性能和高可用性，能执行高吞吐量的结构化数据的批处理，处理结果能及时地响应并快速返回给最终用户。

BigTable 是列存储数据库。行和列的值的数据类型都是 string 类型，因此 key-value 映射如下：（row：string, column, string, time：int64）-string，其中，

row、column 的值都为 string 类型，time 为 64 位整型。BigTable 通过行关键字的字典顺序来组织数据，对同一个行关键字的读或者写的操作都是原子性的（不管读或者写这一行里有多少个不同的列），而列是可以动态添加的。在一个列中，不同版本的数据通过时间戳来索引，可以由用户程序赋值或 BigTable 生成。

BigTable 表中每个行都可以根据行关键字动态分区。每个分区叫作一个片（Tablet），片是 BigTable 数据结构的基本单元，是负载均衡的单元。最初表都只有一个片，但随着表的不断增大，片会自动分裂，片的大小控制在 100~200MB。BigTable 列关键字组成的集合叫作"列族"，列族是访问控制的基本单位。访问控制、磁盘和内存的使用统计都是在列族层面进行的。

BigTableAPI 分为数据 API 和客户端 API，数据 API 包括创建/删除表和列族，修改集群、表和列族的元数据。客户端 API 包括写/删除数据值、读数据值、行查找、一个行关键字下的数据进行原子性的读—更新—写操作，作为 MapReduce 框架的输入和输出。

BigTable 用 GFS 来存储日志和数据文件，按 SSTable（SSTable：Sorted String Table）文件格式存储数据。SSTable 是 key-value 映射的，建有块索引。打开 SSTable 的时候，索引被加载到内存，并自动复制整个 SSTable 数据到内存中。BigTable 用 Chubby（谷歌轻量级分布式锁服务）管理元数据，Chubby 文件保存根 Tablet 的位置。BigTable 使用一个类似于 B+树的数据结构存储片的位置信息。首先是第 1 层，Chubbyfile 保存着根 Tablet 的位置。第 2 层是根 Tablet。根 Tablet 其实是元数据表的第 1 个分片，它保存着元数据表其他片的位置。根 Tablet 很特别，为了保证树的深度不变，根 Tablet 从不分裂。第 3 层是其他的元数据片，它们和根 Tablet 一起组成完整的元数据表。每个元数据片都包含了许多用户 Tablets 的位置信息。由此可以看出整个定位系统其实只是两部分，一个是 Chubby 文件，另一个是元数据表，如图 6-5 所示为 BigTable 的结构。

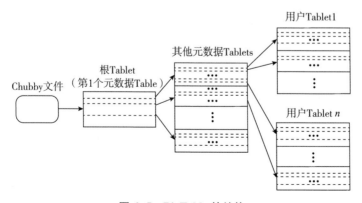

图 6-5 BigTable 的结构

BigTable 集群是由一个供客户端使用的库和一个主服务器、许多片服务器组成的。每个片服务器负责一定量的片，处理对其片的读写请求以及片的分裂或合并。片服务器可以根据负载随时添加和删除。这里的片服务器并不真实地存储数据，而相当于一个连接 BigTable 和 GFS 的代理，客户端的一些数据操作都通过片服务器代理间接访问 GFS。主服务器则负责将片分配给片服务器，监控片服务器的添加和删除，平衡片服务器的负载，处理表和列族的创建等。主服务器不存储任何片，不提供任何数据服务，也不提供片的定位信息。

2. HadoopHBase 的特性

ApacheHBase 是一个架构在 ApacheHadoop 上的开源的、分布式的、可横向扩充的、一致的、低时延的、随机访问的非关系型数据库，它是受 Google Big Table 的启发所成立的项目，和 BigTable 如出一辙。HBase 的性能优势如下：

（1）HBase 横向扩展能力强。

增加更多的服务器能线性增加 HBase 的性能和容量，包括存储容量和输入/输出的操作性能。HBase 最大能支持 1000 个节点，1PB 的集群。通常使用的 HBase 集群是 10~40 个节点，100GB~4TB 的容量。HBase 是遵循一致性的，符合 CAP 原理。

（2）一致性。

它具有数据库风格的 ACID，在行的一致性上有保证。

1）可用性：在返回旧数据的基础上支持从错误中及时恢复。

2）分区容错：如果一个节点崩溃，系统能持续运行。

（3）HBase 提供低时延的随机访问。

1）HBase 写操作：1~3 毫秒，每个节点每秒 1000~10000 个写操作。

2）HBase 读操作：内存读 0~3 毫秒，硬盘读 10~30 毫秒，从内存读每个节点每秒 10000~40000 个读操作。

3）HBase 每个（row，column）被称为一个单元（cell），单元尺寸为 0MB~3MB 较好。

4）在表的任何位置都可以读、写或者插入数据。

5）没有顺序写的限制。

表 6-7 是对 HBase 和关系型数据库管理系统（RDBMS）的比较。

表 6-7　RDBMS 和 HBase 的详细比较

	RDBMS	HBase
数据布局	面向行	面向列族
事务	多行 ACID	只是单一行

	RDBMS	HBase
数据布局	面向行	面向列族
事务	多行 ACID	只是单一行

3. HBase 的数据类型

图 6-6 是一个 HBase 的表，每行有一个主关键字，行由列组成，每个（row，column）即一个单元（cell）。单元的内容都是 byte 类型。应用必须知道类型，并处理它们。Byte［］按照字典顺序排列，时间戳与数据的多个版本相联系，行是强一致性的。

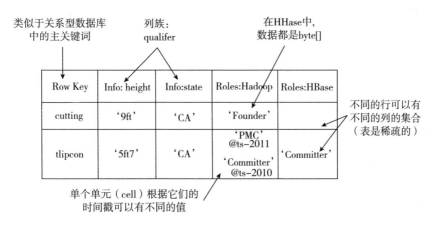

图 6-6　HBase 表结构

列族是一组相关的列，列族的物理存储特点是每个列族被包含在它自己的文件中。在磁盘上，列族按照行关键字、列关键字和降序的时间戳排序。如表 6-8 所示为列族的示例。

表 6-8　列族的示例

Row Key	Column Key	Timestamp	Cell Value
cutting	Into：height	1273516197868	9ft
Row Key	Column Key	Timestamp	Cell Value
cutting	Info：state	1043871824184	CA

Row Key	Column Key	Timestamp	Cell Value
tlipcom	Info：height	1273878447049	5ft7
tlipcon	Info：state	1273616297446	CA
Row Key	Column Key	Timestamp	Cell Value
cutting	Roles：ASF	1273871823022	Director
cutting	Roles：Hadoop	1183746289103	Founder
tlipcom	Roles：Hadoop	1300062064923	PMC
tlipcon	Roles：Hadoop	1293388212294	Committer
tlipcon	Roles：Hive	1273616297446	Contributor

列族里面，选择参数可以来调整每个列族的读操作的性能，若把相关数据存储在一起，可以更好地压缩。列族的不同参数包括块压缩、版本保留策略和内存优先级等。选择不同的参数，可以获得不同的性能。

表被分成很多行的集合，称为区。横向扩展的读和写的能力是通过跨许多Region 来扩展实现的。区类似于 BigTable 的片。每个 HRegion（一个开源的分布式、面向列的非关系型数据库）由多个 Store 构成，每个 Store 由一个 MemStore（一种内存中的数据存储结构）和 0 个或多个 Store File 组成。每个 Store 保存一个列族，Store File（存储文件）以 HFile 格式存储在 HDFS 中。

空表提供了 Schema（模式）的灵活性，以后增加列不必转变整个 Schema。因此，HBase 被称为"以查询为中心的 Schema 设计"，这与关系型数据库"以Schema 为中心的设计"不同。

4. HBase 的体系架构

HBase 是列式数据库，架构在 HadoopHDFS 上，采用分布式计算架构 MapReduce，所用语言是 Java，协议是 HTTP/REST，能支持数十亿行与上百万列的存储。HBase 集群包括 HMaster（HBase 主节点），它与 HDFSNameNode（Hadoop 分布式文件系统名称节点）部署在一起；Region 服务器，它们与 DataNode（数据节点）部署在一起，调度由 ZooKeeper 来协调。HBase 的体系架构如图 6-7 所示。

HMaster 负责控制哪一个 Region 就被哪个 Region 服务器来服务。当 Region 新到来或者失效时，安排 Region 到一个新的 Region 服务器。

Region 服务器负责服务 Region。一个 Region 一次只被单独的一个 Region 服务器服务，Region 服务器可以服务多个 Region。如果 Region 服务器停机，实现自动的负载均衡。Region 服务器（RS）与 DataNode（DN）在同样的位置，充分利用 HDFS 文件的本地性。

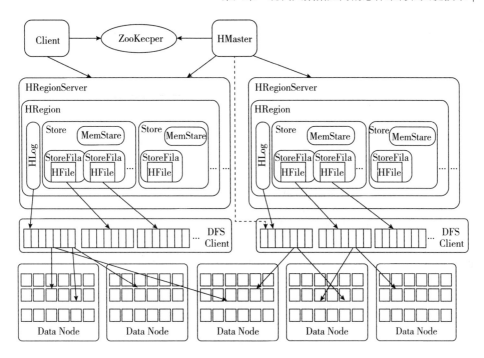

图 6-7 HBase 的体系架构

列族操作在 MemStore（在内存中按照 map 排序）上执行，包含最后修改的行。MemStore 溢出后在硬件数据文件上生成 HFile。

HBase 写操作的路径是通过 Put 执行数据输入，在 Region 的 MemStore 上进行操作，内存写满后生成 HFile。

生成的多个 HFile 可以进行合并，实现 Region 的 HFile 压缩；一个 Region 也可以进行分割形成几个 Region；不同 Region 之间可以进行负载均衡。

5. 访问 HBase

Java 客户端 API 可以实现对 HBase 的访问，包括数据操作 API 和 DDL。

HBase 可以对实时查询进行优化，借助高性能 Thrift/REST（Thrift 或 rest 风格的网关）网关，通过在 Server 端扫描及过滤实现对查询操作的预判，支持 XML（的扩展标红语言）、Protobuf（协议缓冲区）和 Binary（二进制）的 HTTP（超文体传输协议），基于 JRuby（Java 版的 Ruby）（JIRB）的 ShelL。

Thrift（一个可伸缩的跨语言服务开发框架）是一个由 Facebook 提供的软件框架，它用于可扩展的跨语言的服务开发，能够在 C++、Java、Python、PHP 和 Ruby 等语言之间实现无缝支持。默认在 9090 端口。类似的项目是 REST。

REST 表述性状态转移（REpreseutational State Transfer，REST），作为一种设

计 Web 服务的方法，它定义了如何正确使用 Web 的标准，包括 5 个原则：一是为所有"事物"定义 ID，二是将所有事物连接在一起，三是使用标准方法，四是资源的多重表述，五是无状态通信。通过基于 REST 的 API 公开系统资源是一种灵活的方法，可以为不同种类的应用程序提供以标准方式格式化的数据。如图 6-8 所示为 HBase 的应用体系架构。

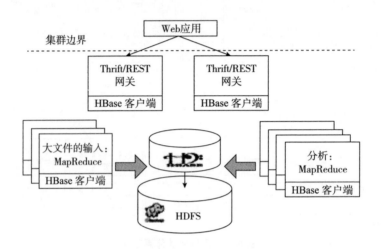

图 6-8　HBase 的应用体系架构

在 Hadoop 的框架下，ApacheHadoopHDFS（阿帕奇 Hadoop 分布式文件系统）用于数据持久性和可靠性（写之前的日志），ApacheZooKeeper 用于分布式协调，ApacheHadoopMapReduce 支持内置的运行 MapReduce 作业。HBase 分析能力不强，不支持 SQL 语言，可以与 Hive^Sqoop（这两个在 Hadoop 生态中分别承担数据仓库查询分析和数据迁移功能的重要组件）实现集成。如表 6-9 所示为 HDFS/MapReduce 与 HBase 的比较。

表 6-9　HDFS/MR 与 HBase 的比较

	HDFS/MapReduce	HBase
抽象	文件+字节	表+行
写的模式	只是附加	随机写和大批量增加
读的模式	全文件扫描、分区表扫描（Hive）	随机读，小范围扫描或表扫描
结构化存储	自己存、TSV、顺序文件、Avro	空列族数据模型
最大数据尺寸	30PB 以上	1PB

（三）其他典型的 NoSQL

1. ApacheCassandra（开源分布式 NoSQL 数据库系统）

ApacheCassandra 是一套开源分布式 NoSQL 数据库系统。它最初由 Facebook 开发，用于储存收件箱等简单格式数据，集 GoogleBigTable 的数据模型和 AmazonDynamo 的完全分布式架构于一身。Facebook 于 2008 年将 Cassandra 开源，此后，由于 Cassandra 良好的可扩展性，被 Digg、Twitter 等知名 Web2.0 网站所采用，成为一种流行的分布式结构化数据存储方案。

使用许可：Apache。

所用语言：Java。

协议：Custom>Binary。

特点：数据类型是类似于 BigTable 的列族，在数据库中增加一列非常方便，写操作比读操作更快；体系架构又类似于 Dynamo，是基于分布式哈希表的完全对等连接（P2P）架构，与传统的基于共享的数据库集群相比，Cassandra 几乎可以无缝地加入或删除节点。

适合应用场景：写操作远多过读操作（如日志记录），适合节点规模变化比较快的应用场景，每个系统组件都必须用 Java 编写的场景。

2. CouchDB（开源面向文档的数据库管理系统）

CouchDB 是一个开源的面向文档的数据库管理系统，可以通过符合 REST 标准的 JSONAPI（JSON 应用程序编程接口）访问。

使用许可：Apache。

所用语言：Erlang 是一种通用的面向大规模并发活动的编程语言。

协议：HTTP/REST。

特点：遵循数据库一致性，易于使用。

适合应用场景：CMS（并发标记清除）、电话本、地址簿等应用场景。

3. MongoDB（基于分布式文件存储的数据库）

MongoDB 是一个基于分布式文件存储的数据库，旨在为 Web 应用提供可扩展的高性能数据存储解决方案。MongoDB 是一个介于关系型数据库和非关系型数据库之间的产品，也是非关系型数据库当中功能丰富又类似于关系型数据库的产品。

使用许可：AGPL（发起者：Apache）。

所用语言：C-H-。

协议：CustomBinary（BSON）。

特点：支持的数据结构非常松散，是类似于 JSON 的 BSON 格式，因此可以存储比较复杂的数据类型。支持的查询语言非常强大，其语法有点类似于面向对象的查询语言，可以实现类似于关系型数据库单表查询的绝大部分功能，还支持对数据建立索引。支持 JavaScript 表达式查询。

最佳应用场景：适用于需要动态查询支持，需要使用索引的分布式应用，需要对大数据库有性能要求，需要使用 CouchDB 但因为数据改变太频繁而占满内存的应用程序。目前优酷的在线评论业务已部分迁移到 MongoDB。

4. Redis

Redis 是一个高性能的 key-value 存储系统。

使用许可：BSD。

所用语言：C/C++。

协议：类 Telnet。

特点：一是支持存储的 value 类型相对很多，包括 string（字符串）、list（链表）、set（集合）和 zset（有序集合）。这些数据类型不仅都支持 push/pop（压入/弹出）、add/remove（添加/移除）及取交集、并集和差集与更丰富的操作，而且这些操作都是原子性的。在此基础上，Redis 支持各种不同方式的排序。二是 Redis 运行异常快，为了保证效率，数据都是缓存在内存中的。三是虽然采用简单数据或以关键字索引的哈希表，但也支持复杂操作。四是 Redis 支持事务，支持将数据设置成过期数据。

最佳应用场景：适用于数据变化快且数据库大小可预见（适合内存容量）的应用程序。例如，股票价格、数据分析、实时数据收集、实时通信等。目前新浪微博是 Redis 全球最大的用户，在新浪有 200 多台物理机、400 多个端口正在运行着 Redis，有+4GB 的数据跑在 Redis 上来为微博用户提供服务。

5. MemBase（内存库）

使用许可：Apache2.0。

所用语言：Erlang 和 C。

协议：分布式缓存及扩展。

特点：兼容 Memcache，但同时兼具持久化和支持集群。非常快速（200kb+/秒）通过关键字索引数据；可持久化存储到硬盘；所有节点都是唯一的（Master-Master 复制）；在内存中同样支持类似于分布式缓存的缓存单元；写数据时通过去除重复数据来减少 I/O；提供非常好的集群管理 Web 界面；更新软件时无须停止数据库服务；支持连接池和多路复用的连接代理。

最佳应用场景：适用于需要低时延数据访问、支持高并发及高可用性的应用程序。例如，低时延数据访问，如以广告为目标的应用；高并发的 Web 应用，比如网络游戏。

6. Neo4j

使用许可：GPL，其中一些特性使用 AGPL/商业许可。

所用语言：Java。

协议：HTTP/REST（或嵌入在 Java 中）。

特点：基于关系的图形数据库，可独立使用或嵌入到 Java 应用程序，图形的节点和边都可以带有元数据，很好地自带 Web 管理功能，使用多种算法支持路径搜索，使用关键字和关系进行索引，为读操作进行优化，支持事务（用 JavaA-PI），使用 Gremlin 图形遍历语言，支持 Groovy（一种基于 Java 虚拟机的每提开发语言）脚本，支持在线备份、高级监控及高可靠性，支持使用 AGPL/商业许可。

最佳应用场景：适用于图形一类。这是 Neo4j 与其他 NoSQL 数据库最显著的区别，例如社会关系、公共交通网络、地图及网络拓扑。

三、MPP：大规模并行处理系统

BigSQL 是一种分布式数据技术，它基于大规模并行处理系统（MPP）。它可以把关系型数据库架构在 Hadoop 上，不仅实现了 SQL+MapReduce，还可以用关系型数据库来替代。HBaseo Big SQL（基于 Hadoop 的数据库）的设计初衷是面向大规模数据分析的，能轻松扩展到 PB 级别。通过 BigSQL 的并行数据流引擎，能够让程序员编 MapReduce，数据库管理员（DBA）继续做 SQL，似乎两者优势兼得。EMC 公司的 Green plums 与 Teradata 公司的 AsterData 等都是这方面的代表。

（一）基于大规模并行处理系统（MPP）的技术

BigSQL 一般采用 MPP 架构。在 MPP 系统中，每个 SMP 节点可以运行自己的操作系统、数据库等，这意味着每个节点内的 CPU 不能访问另一个节点的内存。节点之间的信息交互是通过节点互联网实现的，这个过程一般称为数据重分布。与传统的 SMP 架构明显不同，通常情况下，MPP 系统因为要在不同处理单元之间传送信息，所以它的效率要比 SMP 差一点。但是 MPP 系统不共享资源，因此对它而言资源比 SMP 多。在 OLTP 程序中，用户访问一个中心数据库，如果采用 SMP 系统结构，它的效率要比采用 MPP 结构快得多；而 MPP 系统在决策支持和数据挖掘方面显示了优势。

BigSQL 采用的 MPP 架构，其主要优点是大规模的并行处理能力，并行数据流引擎是其核心，如图 6-9 所示。

（二）采用无共享架构

常见的在线事务处理（OLTP）数据库系统常采用 shared everything（共享一切架构）架构来搭建集群，例如 OracleRAC 架构（见图 6-10），数据存储共享，节点间内存可以相互访问。

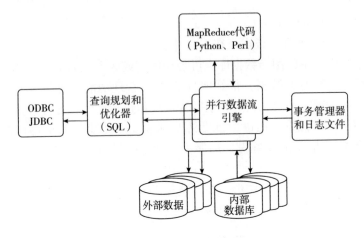

图 6-9　BigSQL 的工作原理

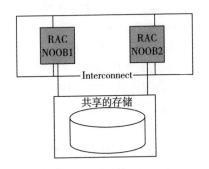

图 6-10　OracleRAC 架构

BigSQL 是一种分布式数据库。其采用无共享（shared nothing）架构，主机、操作系统、内存、存储都是自我控制的，不存在共享。其架构主要由 MasterHost（控制节点）、SegmentHost（数据节点）和 Interconnect（设备）三大部分组成。整个集群由很多个 SegmentHost>MasterHost 组成，其中每个 SegmentHost 上运行了很多个开源的关系型数据库，如图 6-11 所示。

Master 节点的主要作用是接收客户端的连接、处理 SQL 命令、调配各 Segment 节点间的工作负载、协调各 Segment 节点返回结果并把最终的结果返回给用户。所有数据库的元数据都保存在 Master 节点上，并不保存用户数据。各 Segment 数据要做的交换是不经过 Master 的。

Segment 节点的主要作用是数据存储、处理大多数的查询请求。表和索引被分布在数据库的可用 Segment 节点中，每个 Segment 包含部分且唯一的数据。用户不能直接和 Segment 节点做交换，要先通过 Master 节点。Interconnect 网络连接层的作用是负责各 Segment 节点进程通信，使用标准的千兆交换机。数据传输默认使用 UDP（用户数据协议）协议。使用 UDP 时，数据库会做额外数据包校验，对未执行的也会做检查。故在可靠性上，基本和 TCP 是等价的；在性能和扩展性上，却优于 TCP。使用 TCP 的话，数据库有 1000 个 Segment 的限制，UDP 则没有。

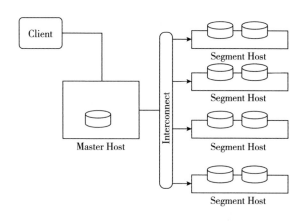

图 6-11　BigSQL 的架构图（以 Greenplum 为例）

BigSQL 分布式数据库通过将数据分布到多个节点上来实现规模数据的存储。每个表都是分布在所有节点上的，MasterHost 首先通过对表的某个或多个列进行哈希运算，然后根据运算结果将表的数据分布到 SegmentHost 中。整个过程中 MasterHost 不存放任何用户数据，只有对客户端进行访问控制和存储表分布逻辑的元数据。数据被规律地分布到节点上，充分利用 Segment 主机的 I/O 能力，以此让系统达到最大的 I/O 能力。

分布式数据库的并行处理主要体现在外部表并行装载、并行备份恢复与并行查询处理三个方面。数据仓库的主要精力一般集中在数据的装载和查询，数据的并行装载主要采用外部表或者 Web 表方式，通常通过 gpfdist 来实现。gpfdist（Greeplum 数据库系统中心重要组件）程序能够以 370MB/S 的速度装载文本文件和以 200MB/S 的速度装载 CSV 格式文件，在 ETL 带宽为 1GB 的情况下，可以运行 3 个 gpfdist 程序装载文本文件，或者运行 5 个 gpfdist 程序装载 CSV 格式文件。图 6-12 中采用了 2 个 gpfdist 程序进行数据装载，可以根据实际的环境通过配置 postgresql. conf 参数文件来优化装载性能。

并行查询性能的强弱往往由查询优化器的水平来决定，主节点负责解析 SQL 与生成执行计划。Master Host 存在 Query Dispatcher（查询调度器）（QD）进程，该进程前期负责查询计划的创建和调度，Segment Instance（数据库集群里一个独立数据存储和处理单元）返回结果后，该进程再进行聚合并向用户展示；Segment Host 存在 Query Executor（QE）（查询执行器）进程，该进程负责其他节点相互通信与执行 QD 调度的执行计划。MPP 的主要问题是不能获得很好的可扩展性，而可扩展性是大数据处理的关键。

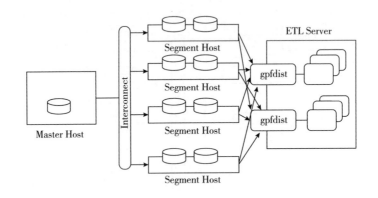

图 6-12　并行装载外部文件实例

第三节　大数据查询和分析技术

由于目前的大数据存储都不是基于关系型数据库的，所以传统的通过 SQL 语言来操作数据的方式无法直接使用，如对于 Hadoop 存储的数据是无法直接通过 SQL 来查询的。企业由于已经适应了在小数据上的灵活处理方式，转到 Hadoop 后一下子变得无所适从。

传统数据库和数据仓库厂商（如 Oracle、Teradata 和 MySQL 等）也在研究解决办法，它们的思路是 Hadoop 先将 MapReduce 的结果存储到 RDBMS 中，然后查询 RDBMS，但这样的解决方案牺牲了 Hadoop 的高效性。为了让 SQL 专业分析人员能够通过 SQL 语言来操作和分析大数据，SQLonHadoop（基于 Hadoop 的 SQL）技术发展了起来。SQLonHadoop 是直接建立在 Hadoop 上的 SQL 查询，既保证了 Hadoop 的性能，又利用了 SQL 的灵活性。SQLonHadoop 正处于起步阶段，Hadoop 的解决方案对 SQL 语言支持的深度与广度各不相同，技术实践方式也很多样。最基本的工作是把传统的 SQL 语言进行中间转换后再进行操作，如 Hadoop 中的 Hive，就是把 SQL（HiveQL，Hive 的类 SQL 语句）编译成 MapReduce，从而读取和操作 Hadoop 上的数据。这是很多 SQLOnHadoop 技术的基础，它提供了一种能力，让企业把信息管理能力从结构化数据延伸到非结构化数据。SQLon-Hadoop 技术还在不断发展，IT 厂商也推出了很多对 Hive 的扩展，大致分为四种情况：

一是基于 PostgreSQL 的 Hadoop 分析，如 Hadapt 技术。该方法也称为 DBon-TOP，即组合利用不同的计算框架面向不同的数据操作，同时解决结构化与非结构化数据。最早由 Hadapt 公司在 2010 年提出，其中以 EMC Green plumHAWQ、Hadapt. CitusData 为代表。Hadapt 以 PostgreSQL 架构在 Hadoop 上，来完成对结构化数据的查询。它提供了统一的数据处理环境，利用 Hadoop 的高扩展性和关系数据库的高速性，分开执行 Hadoop 和关系型数据库之间的查询。CitusData 则通过把多种数据类型转化成数据库的原生类型，运用分布式处理技术来完成查询。

二是 Hive 的性能改进和优化，如 Stinger/Tez（Stinger 计划/泰兹），Cascading Lingual（一种结合了 Cascading 框架和 SQL 查询能力的技术解决方案）也类似于 Hive，将 ANSISQL（美国国家标准协会）编译成 MapReduceoHortonworks（映射-归约）的 Stinger 通过对原生态 Hive 做改造，优化 SQL 查询速度，使其达到 5~30 秒，完成对 SQL 的查询。

三是为 HBase 建立 SQL 层，如 DRAWNScale（数据规模）和 Saleforce Phoenix（开源、分布式 SQL 搜索引擎）。

四是实时互动 SQL 分析，如 Apache 的 Drill 和 Impala（一家美国的云计算服务提供商）。Apache 的 Drill 项目，因开放的数据格式和查询语言，已经获得了专业的 Hadoop 商业发行版供应商 MapR 的支持。

一、Hive：基本的 Hadoop 查询和分析

Hive 是由 Facebook 开发的，是用来管理结构化数据的中间件，也是 Hadoop 上的数据仓库基础构架。它架构在 Hadoop 之上，以 MapReduce 为执行环境，数据储存于 HDFS 上，元数据储存于 RDMBS 中。它提供了一系列的工具，可以用来进行数据提取转化加载。

ETL 是一种可以存储、查询和分析储存在 Hadoop 中的大规模数据的机制。Hive 以人们熟悉的 SQL 作为数据仓库的工具，并具有很好的可扩展性和互操作性，可扩展性表现在它能采用自选语言所开发的可插入式的 MapReduce 脚本及丰富的用户定义数据类型和用户定义函数，互操作性表现为它是一个可扩展的框架并支持不同的文件和数据格式。

1. Hive 的体系架构

Hive 主要分为 3 个部分，如图 6-13 所示。

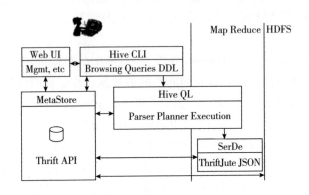

图 6-13　Hive 的体系架构

（1）用户接口。

用户接口主要有 3 个：Hive 命令行接口 CLI（命令行界面）、Client 和 We-bUE（网页用户体验）。

（2）元数据存储（MetaStore）。

1）存储表/分区的属性。Hive 将元数据存储在关系型数据库，如 MySQL、Derby 等，或者在一个文本文件中。Hive 中的元数据包括表的 Schema、序列化和反序列化 SerDe 库，表的名字和属性（是否为外部表等），表的列和分区及其属性，表的数据所在 HDFS 的目录等信息。

2）ThriftAPI（Thrift 应用程序编程接口）。当前客户机的 PHP（Web 接口）、Python（旧的 CLI）、Java（查询引擎和 CLI）、Perl（Tests）等 ThriftAPI。

（3）完成 HiveQL 查询的解释器、编译器、优化器、执行器。解释器（Parser）、编译器（Compiler）、优化器（Optimizer）完成 HiveQL 查询语句从词法分析、语法分析、编译、优化及查询计划的生成。生成的查询计划存储在 HDFS 中，并在随后由 MapReduce 调用执行器（Executor）执行。

Hive 的数据存储在 HDFS 中，大部分的查询由 MapReduce 完成。

2. Hive 的数据类型和数据模型

Hive 支持的 Types 类型包括简单类型和复杂类型。简单类型包括整数（Tiny-int、Smallint、Int 和 Bigint）、布尔型（Boolean）、浮点数（Float、Double）和字符串（String）。Hive 中所有的数据都存储在 HDFS 中，其中包含以下数据模型：Table、ExternalTable、Partition>Bucket。

（1）表（Table）。

Hive 中的 Table 和关系型数据库中的 Table，在概念上是类似的，每一个 Table 在 Hive 中都有一个相应的 HDFS 中的目录存储数据。例如，一个表 pvs，它在 HDFS 中的路径为/wh/pvs，其中，wh 是在 hive-site. xml 中由 MYM｛hive. metastore. warehouse. dir｝指定的数据仓库的目录，所有的 Table 数据（不包括 ExternalTable）都保存在这个目录中。例如，生成一个名为 tl 的表，它的 ds 列是字符串型，ctry 列是浮点型，li 列是一个复杂数据类型。HiveQL 语句如下：

CREATETABLEtl（dsstring，ctryfloat，lilist < map < string，struct < pl：int，p2：int≫）。

（2）分区（Partition）。

Partition 类似于关系型数据库中的 Partition 列的密集索引，但是 Hive 中 Partition 的组织方式和数据库中的有很大不同。在 Hive 中，表中的一个 Partition 对应表下的一个目录，所有 Partition 的数据都存储在对应的目录中。例如，pvs 表中包含 ds 和 ctry 两个 Partition，则：对应于 ds = 20090801，ctry = US 的 HDFS 子目录为/wh/pvs/ds = 20090801/ctry = US；对应于 ds = 20090801，ctry = CA 的 HDFS 子目录为/wh/pvs/ds = 20090801/ctry = CA。

（3）存储桶（Bucket）。

Bucket 对指定列计算哈希值，根据哈希值切分数据，目的是为了并行，每一个 Bucket 对应一个文件。例如，将 user 列分散至 32 个 Bucket，首先对 user 列的值计算哈希值，对应哈希值为 0 的 HDFS 目录为/wh/pvs/ds = 20090801/ctry = US/part-00000，哈希值为 20 的 HDFS 目录为/wh/pvs/ds = 20090801/ctry = US/part-00020。

（4）外部表（External Table）。

External Table 指向已经在 HDFS 中存在的数据目录，它可以创建 Table 和 Partition，表中数据假设是用 Hive 兼容的格式。它和 Table 在元数据的组织上是相同的，而实际数据的存储则有较大差异。Table 的创建过程和数据加载过程是两个过程（但这两个过程可以在同一个语句中完成）。在加载数据的过程中，实际数据会被移动到数据仓库目录中；之后对数据的访问将会直接在数据仓库目录中完成。删除表时，表中的数据和元数据将会被同时删除。但是，External Table 只有一个过程，加载数据和创建表同时完成，实际数据是存储在 LOCATION（存储位置）后面指定的 HDFS 路径中，并不会移动到数据仓库目录中。当删除一个 ExternalTable 时，仅删除元数据，表中的数据不会真正被删除。

3. HiveQL

Hive 定义了简单的类 SQL 查询语言，称为 HiveQL，也缩写为 HQL。它既允许熟悉 SQL 的用户查询数据，同时，这个语言也允许熟悉 MapReduce 的开发者开发自定义的 Mapper 和 Reducer 来处理其自身无法完成的复杂的分析工作。

HiveQL 的常用查询操作主要有：ANSIJOIN（遵循美国国家标准协会制定的 SQL 标准定义的连接操作）（只有 equi-join）、多个表 Insert（嵌入）、多个表的 Groupby（分组依据）、Sampling（抽样）等，如 Join（加入）和 Groupby。

（1）Join 操作。

Join 操作如图 6-14 所示。

<table>
<tr><td colspan="3">page_view</td><td colspan="3">user</td><td colspan="2">pv_users</td></tr>
<tr><td>pageid</td><td>userid</td><td>time</td><td>userid</td><td>age</td><td>gender</td><td>pageid</td><td>age</td></tr>
<tr><td>1</td><td>111</td><td>9:08:01</td><td>111</td><td>25</td><td>female</td><td>1</td><td>25</td></tr>
<tr><td>2</td><td>111</td><td>9:08:13</td><td>222</td><td>32</td><td>male</td><td>2</td><td>25</td></tr>
<tr><td>1</td><td>222</td><td>9:08:14</td><td></td><td></td><td></td><td>1</td><td>32</td></tr>
</table>

HiveQL：

```
INSERT INTO TABLE pv_users
SELECT pv.pageid, u.age
FROM page_view pv JOIN user u ON （pv.userid=u.userid）；
```

图 6-14　Join 操作

例如，上面的语句表示一个 3 列的表 page_view（访问页 ID、用户 ID 和访问时间）和 3 列的表 user（用户 ID、年龄和性别），通过相同的用户 ID 执行 Join 操作，形成一个新的 2 列的表 pv_user，从而展示出访问页面的用户的年龄结构。

（2）Groupby 操作。

Groupby 操作如图 6-15 所示。

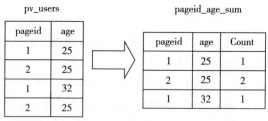

<table>
<tr><td colspan="2">pv_users</td><td colspan="3">pageid_age_sum</td></tr>
<tr><td>pageid</td><td>age</td><td>pageid</td><td>age</td><td>Count</td></tr>
<tr><td>1</td><td>25</td><td>1</td><td>25</td><td>1</td></tr>
<tr><td>2</td><td>25</td><td>2</td><td>25</td><td>2</td></tr>
<tr><td>1</td><td>32</td><td>1</td><td>32</td><td>1</td></tr>
<tr><td>2</td><td>25</td><td></td><td></td><td></td></tr>
</table>

Hive QL：

```
INSERT INTO TABLE pageid_age_sum
SELECT pageid, age, count (1)
FROM pv_users
GROUP BY pageid, age；
```

图 6-15　Groupby 操作

4. Hive 的用户扩展性

Hive 是一个很开放的系统，很多内容都支持用户定制。Hive 在扩充性方面不仅表现为对多种类型的支持，还表现在文件格式、脚本、函数等自定义的支持上，因此它能兼具性能与水平扩展能力的实现。

（1）文件格式。

Hive 没有专门的数据存储格式，也没有为数据建立索引，用户可以非常自由地组织 Hive 中的表，只需要在创建表的时候告诉 Hive 数据中的列分隔符和行分隔符，Hive 就可以解析数据。Hive 可以很好地工作在 Thrift 之上，也允许用户指定数据格式。用户定义数据格式需要指定 3 个属性：列分隔符（通常为空格、"\\t" "\\x001"）、行分隔符（"\\n"）及读取文件数据的方法（Hive 中默认有 3 个文件格式 TextFile、SequenceFile 及 RCFile，如表 6-10 所示）。

表 6-10　Hive 支持的文件格式

	TextFile	SequenceFlle	RCFFile
数据类型	只是文本	文本/二进制	文本/二进制
内部的存储顺序	基于行	基于行	基于列
压缩	基于文件	基于块	基于块
可分裂	是	是	是
压缩后可分裂	不可以	可以	可以

（2）序列化。

当进程在进行远程通信时，彼此可以发送各种类型的数据，无论是什么类型的数据都会以二进制序列的形式在网络上传送。发送方需要把对象转化为字节序列才可在网络上传输，称为对象序列化；接收方则需要把字节序列恢复为对象，称为对象的反序列化。SerDe（序列化器-反序列化器）是 Serialize/Deserilize 的简称。Hive 具有通用的序列化和反序列化接口 SerDe，是非结构化数据和结构化数据间转换的灵活的接口。用户在建表时可以使用 Hive 自带的 SerDe 或自定义的SerDe。目前存在的一些 SerDe，如表 6-11 所示。

表 6-11　目前存在的一些 SerDe

	LazySimpleSerde	LazyBinarySerde（HIVE-640）	BinarySortableSerde
序列化格式	分隔符	专有的 Binary	专有的 Binary Sortable
反序列化格式	Lazy Object	LazyBinaryObject	Writable

	ThriftSerde（HIVE-706）	RegexSerde	ColumnarSerde
序列化格式	依靠 Thrift 协议	Regex formatted	基于专有列
反序列化格式	用户定义的类， Java Primitive Objects	ArrayList\<String>	LazyObject*

（3）MapReduce 脚本的使用。

下面是一个 HQL 使用 MapReduce 脚本的例子：

FROM（FROMpv_users

MAPpv_users. userid，pv_users. dateUSING ∗ map_script'AS（dtruid）

CLUSTERBYdt）map

INSERTINTOTABLEpv_users_reduced

REDUCEmap. dt，map. uidUSING ∗ reduce_script ∗ AS（date，count）；

为了执行定制的 Mapper 和 Reducer 脚本，用户可以提交下列命令：

SELECTTRANSFORM（user__idrpage_url，unix_time）USING ∗ page_url_to_id. py，AS（user_id，page_id，unix_time）

它使用 TRANSFORM 子句来嵌入命令行 Mapper 和 Reducer 脚本。

（4）用户自定义函数的使用。

Hive 内置的函数如下：

数学：round>floor、ceil、rand>exp

集合：size、mapkeys>map_values>arraycontains

类型转换：casto

@ 日期：fromunixtime^todatesyear>datediff

条件：if、case、coalesce

字符串：lengthnreverse>upper>trim

用户可以自定义函数，例如，用户自定义如下一个 Java 类：

packagecom. example. hive. udf；

importorg. apache. hadoop，hive. ql. exec. UDF；

importorg. apache. hadoop. io. Text；

publicfinalclass Lowerextends UDF｛

publicTextevaluate（finalTexts）｛if（s = = null）｛returnnull；｝returnnewText（s. toString（）. toLowerCase（））；

｝

）

登记这个类，采用如下的命令：

CREATEFUNCTIONmy_lowerAS1com. example. hive. udf. Lower

用 SQL 语句使用这个类：

SELECTmy_lower（title），sum（freq）FROMtitles GROUPBY my＿lower（title）；

二、Hive22（ApacheHive 2. 2 版本）：Hive 的优化和升级

自从 2007 年 Facebook 提出 ApacheHive（Apache 软件基金旗下的一个开源数据仓库基础设施）和 HiveQL 后，它们已经成为事实上的 Hadoop 上的 SQL 接口。如今，各种类型的大公司或小公司都在使用 Hive 这种非常普遍的方法来访问 Hadoop 数据，从而给公司或者用户带来了更多的价值。同时，还有许多公司通过大量已存的 BI 工具生态系统来达到相同的目的，这些 BI 工具同样使用 Hive 作为接口。Hive 用于建立大规模的批量计算，这在数据报告、数据挖掘及数据准备等应用场景中很有效。这些应用场景虽重要，但是 Hadoop 的需求十分广阔，企业用户越来越需要 Hadoop 具备更高的实时性和交互性。

由于 Hive 对 MapReduce 的依赖，查询速度有"先天性不足"，因为在查询的过程中，MapReduce 需要扫描整个数据集，而且在作业的处理过程中还需要把大量的数据传输到网络。浏览一个完整的数据集可能要花费几分钟到几小时，这完全是不切实际的。对主流用户而言，难以有很大的吸引力。Hive 的优化和升级是一项重要的工作，主要包括 Stinger Initiative（斯延格计划）和 Presto（开源分布式 SQL 查询引擎）等。

1. Stinger22（斯延格计划 2. 2 版本）

Stinger 是 Hortonworks 公司的 Apache 开源项目，也是对 Hive 进行优化的项目。它主要的改进如下：

（1）库优化：智能优化器。

生成简化的有向无环图（DAG）。

引入 in-memory-hash-join。适用于有一方适合在内存中的 join，这是一个全新的 in-memory-hash-join 算法，借此算法 Hive 可以把小表读到哈希表中，可以遍历大文件来产生输出。

引入 Sort-Merge-BucketJoino。适用于在同样的关键词上被分为 bucket 的情形。

减少在内存中的事实表的足迹。

让优化器自动挑选 mapjoins。

（2）多维度的结构化数据。

在 Hive 中采用企业级数据仓库（EDW）中很普遍的维度模式，产生大的数

据表和小的维度表。维度表经常小到能适合 RAM，有时被称为 StarSchema。例如，在维度表上的查询：

SELECTcol5，avg（col6）

FROMfact_table

dimlon （fact _ table. coll = diml. coll） dim2on （fact _ table. col2 = dim2. coll）
dim3on （fact_table. col3 = dim3. coll） dim4on （facttable. col4 = dim4. coll）

—

col5ORDERBYcol5LIMIT100；

（3）优化的列存储（ORCFile）。

优化的列存储（ORCFile）包括如下内容：

1）生成一个更好的列存储文件，与 Hive 数据模型紧密一致。

2）把复杂的行类型分解为原始类型，便于更好地压缩和投影。

3）对必需的列，从 HDFS 中只读 bytes。

4）既储存文件也储存文件的每个节。

增加聚合函数，如 min、max、sum、average、count 等。

@ 允许通过排序列快速访问，能够快速校验是否一个值是存在的。

（4）深度分析能力。

·支持 SQL：2003WindowFunctions。

·支持 MultiplePARTITIONBY（在数据库操作中使用多个列进行分区操作）和 ORDERBY（结构化查询语言中的一个句子）。

·支持 Windowing（窗口函数）（ROWSPRECEDING/FOLLOWING）（是 SQL 中在使用窗口函数时用定义窗口框架的子句）。

·支持大量的聚合，RANK、FIRST_VALUE>LASTVALUE（SQL 中的窗口函数）、LEAD/LAG>Distrubutions（SQL 中的窗口函数）等。

增加了考虑兼容性的同义字，如对应 BINARY 的 BLOB（二进制大对象），对应 STRING 的 TEXT，对应 FLOAT 的 REALO。

增加了 SQL 语义，如更多地用 IN（操作符）、NOTIN（逻辑操作符）、HAV-ING（用于筛选分组后的结果集）的子查询，EXISTS 和 NOTEXISTS 等。

（5）Stinger、Tez 和 YARN 的整合：Hadoop2. 0（Hadoop2. 0 版本）。

Stinger 与 YARN（另一种资源协调者）实现了有效集成，以实现真正的 Hadoop2. 0。Stinger 的优化工作仍在继续，第 2 阶段的工作包括：ORCFile 的继续完善；Hive 查询服务器的优化，如预热的 Container 和低时延的分发；对 Tez 的优化，如表达数据处理、任务更简化和消除磁盘写等。进一步，则会按照现代化处理器的体系结构进行优化，如实现向量查询引擎，以及为向量引擎所做的对缓存中访问数据的优化。

Tez 是架构在 YARN 上的底层数据处理执行引擎。它以 MapReduce、Hive、Pig、Cascading（用于构建复杂数据处理应用程序的开源框架）为基础，实现了作业的流水线操作，删除了任务和作业的启动时间；在流水线的步骤之间，Hive 和 Pig 工具不再需要移动到队列的末尾；不再写中间结果到 HDFS 中，产生了更少的硬盘和网络的使用。YARN 的 Application Master 运行一个 Tez 任务的有向无环图（DAG）。每个 Tez 任务是一个可插入的 Input、Processor 和 Output，表示为〈Input，Processor，Output>。Tez 任务可以是一个 MapReduce 的，Map'或者一个 MapReduce 的，Reduce'，也可以是中间的，Reduce'，BPMap-Reduce-Reduce0 对于 Pig/Hive，Tez 任务可以是特殊的 Pig/Hive'Map \ 在内存中的 Map 或者特殊的 Pig/HiveReduce 等。

2. Presto

Hive 是 Facebook 专为 Hadoop 打造的一款数据仓库工具。它主要依赖 MapReduce 运行，随着大数据的发展，其在速度上已不能满足日益增长的数据要求。Facebook 最新的交互式大数据查询系统 Presto，类似于 Cloudera 的 Impala 和 Hortonworks 的 Stinger，解决了 Facebook 迅速膨胀的海量数据仓库快速查询需求。据 Facebook 称，使用 Presto 进行简单的查询只需要几百毫秒，即使是非常复杂的查询，也只需数分钟便可完成，它在内存中运行，并且不会向磁盘写入。

三、基于 PostgreSQL 的 SQLonHadoop

Hadapt、EMCGreenplumHAWQ、CitusData 是基于 PostgreSQL 的解决方案。其中，Hadapt 是专注 SQLonHadoop 的厂商。Hadapt 解决方案的本质是数据在两种计算框架中分别存放，结构化数据存储于高性能关系型数据引擎，非结构化数据存储于 Hadoop 分布文件系统，对两种类型的数据交互依靠查询的切片执行。

Hadapt 统一了关系型数据库环境和 Hadoop 环境，提供了一体化的分析环境，旨在对 Hadoop 里面的数据执行查询分析操作，还能对 SQL 环境中传统的结构化数据进行查询分析。Hadapt 公司表示，通常采用的方法虽是使用由扩充型连接件联系起来的两个不同系统，但是这带来了延迟，因而导致这种方法显得很孤立。Hadapt 的平台设计可以在私有云或公共云环境上运行，提供了从一个环境就能访问所有数据的优点，所以除了 MapReduce 流程和大数据分析工具，现有的基于 SQL 的工具也可以使用。Hadapt 可以在 Hadoop 层和关系型数据库层之间自动划分查询执行任务，提供了 Hadapt 所谓的优化环境，这种环境可以充分利用 Hadoop 的可扩展性和关系型数据库技术的速度。

第七章　云时代的大数据技术应用案例

本章从大数据技术在铁路客运旅游平台上的应用、基于可持续发展的大数据应用这两个层面来阐述云时代的大数据技术应用案例，具体分析云时代大数据技术的应用情况。

第一节　大数据技术在铁路客运旅游平台的应用

通过对铁路客运旅游大数据平台总体架构、应用架构及技术架构的设计，根据业务需求与技术需求，对各个关键模块进行具体分析，最终得出了合适的技术解决方案。

一、数据采集层

（一）数据及基本情况分析

铁路客运旅游涉及两大行业的多个信息系统，而两大行业目前在数据共享上存在壁垒。若要解决此问题，需要分别从两个行业的角度出发，根据需求分析和对两个行业数据资产现状调查结果来梳理两大行业需要提供的数据内容。

结合大数据系统的业务需求，铁路在本系统需要提供的数据主要集中在旅客服务系统、铁路客运营销辅助决策系统、客户服务中心桌面辅助系统、调度系统（TDMS）等，而这些系统需要提供的数据有列车时刻表信息、列车价格信息、列车早晚点信息、余票信息、出发站位置信息、候车室信息、检票口信息、车站布局信息、出站口位置信息、不同旅游地区的人数信息等。

而在旅游方面涉及较为分散，包括酒店、餐饮、旅游景点等行业均需提供相关数据信息来支撑。旅游业需提供的数据有公交车的时刻表、票价信息、早晚点信息、不同城市地区的人数信息、不同旅游景点的人数信息、不同地铁站的人数信息、出租车的票价信息、出租车分布信息、旅游景点的基本介绍、门票信息、现有旅客信息、酒店的基本介绍、剩余酒店信息、房价信息、酒店位置信息、酒店等级信息、餐饮的基本介绍、消费价格信息、餐饮的位置信息、不同地区和旅游景点的天气基本信息。

根据业务需求及铁路信息系统的情况，对上述数据内容进行进一步梳理分析，而在数据采集部分最关键的就是根据数据类型的不同使用相对的数据采集方法。铁路客运旅游数据涉及多个子系统，数据类型多样，需要为各类数据找到适合该类型数据的抓取方法，从而确保数据抓取的准确性。

（二）数据采集层功能框架及关键技术

1. 数据采集层功能框架

数据采集层是铁路客运旅游大数据相关数据采集的唯一平台，它将对各业务系统中不同类型的数据进行统一采集处理。本层将为数据采集提供统一的接口和过程标准，并提供相应的数据清洗、转换和集成功能。

数据采集层将通过各种技术实时从相应的源数据系统采集所需要的数据信息，采集的数据将通过 ETL 技术进行清洗、加工等处理，最终到达数据存储处理层，并形成铁路客运旅游大数据的核心数据。本系统的数据采集技术可以进行人工录入，从而解决了自动采集可能产生的数据损坏、缺失等问题，为满足人工录入数据的需求，本层还设计了表单设计、数据填报及上报处理功能。同时，在数据采集后为保证数据的准确性和一致性，本层具备审核校验功能，将会满足数据采集的流程定义、规则管理、审核处理，同时还具有数据修正和数据补录功能。

2. ETL 数据采集

ETL 技术将是铁路客运旅游大数据系统数据采集部分的重点，本系统将根据不同的服务需求，通过多种合理数据抽取方法将服务所需源数据从相关的业务系统中抽取出来，这些被抽取出来的源数据将会在中间层进行清洗、转换及集成，最后加载到数据仓库中为最终的数据挖掘分析做准备，而 ETL 技术在数据采集的整个过程中起核心作用[①]。

（1）数据抽取。

铁路客运旅游大数据系统数据采集的第一步就是数据的抽取，在数据收取时，需要在满足业务需求的前提下，同时考虑抽取效率、相关业务系统代价等综合进行数据抽取方案的确定。根据铁路客运旅游大数据系统的需要，本系统数据抽取方案应满足：

1）支持包括全量抽取、增量抽取等抽取方式。

---

① 朱利华. 云时代的大数据技术与应用实践［M］. 沈阳：辽宁大学出版社，2019.

2）抽取频率设定满足要根据实际业务需求。

3）由于涉及子系统繁多，故数据抽取需要满足不同系统及包括结构化数据和非结构化数据在内的不同数据类型的数据抽取需求。

（2）数据的转换和加工。

从不同业务系统中抽取出来的数据不一定满足未来数据仓库的要求，如数据格式不一致、数据完整性不足、数据导入问题等，因为数据在抽取后有必要对其进行相应的数据转换和加工。

根据铁路客运旅游大数据系统的数据实际情况，数据的转换和处理将分为在数据库中直接进行和在 ETL 引擎中加工处理两种方式：

1）在数据库中进行数据加工。与铁路客运旅游相关的已有业务系统中有着很多结构化数据，关系数据库本身已经提供了强大的 SQL、函数来支持数据的加工，直接在 SQL 语句中进行转换和加工更加简单清晰；但依赖 SQL 语句，有些数据加工通过 SQL 语句可能无法实现，对于 SQL 语句无法处理的可以交由 ETL 引擎处理。

2）在 ETL 引擎中数据转换和加工。相比在数据库中加工，ETL 引擎性能较高，可以对非结构化数据进行加工处理，常用的数据转换功能有数据过滤、数据清洗、数据类型转换、数据计算等。这些功能就像一条流水线，可以任意组合。铁路客运旅游大数据系统主要需要的功能有数据类型转换、数据匹配、数据复杂计算等。

（3）数据加载。

将转换和加工后的数据装载到铁路客运旅游大数据系统的目标库中是 ETL 步骤的最后一步。对于数据加载方案的制定，同样是在满足业务需要的前提下考虑数据加载效率。根据铁路客运旅游大数据系统的需要，本系统数据抽取方案应满足以下条件：

1）支持批量数据直接加载到相关库。

2）支持大量数据同时加载到不同相关库。

3）支持手动加载。当自动数据加载出现问题时，可以进行人工修正。

（4）异常监测。

通过对 ETL 运行过程的监测，要发现数据采集过程中的问题，并进行实时处理，需满足以下功能：

1）支持校验点。若数据采集过程中因特殊原因而发生中断，可以从校验点进行恢复处理。

2）支持外部数据记录的错误限制定义，同时将发生错误的数据记录输出。

二、主数据管理

为了确保数据的准确性、一致性等，主数据管理技术被企业信息集成。主数据管理是一个以创建和维护可信赖的、可靠的、能够长期使用的、准确的和安全的数据环境为目的的一整套业务流程，应用程序和技术的综合。根据本系统的业务系统交叉、行业交叉的特点，本大数据系统在存储管理层与数据采集层增加了主数据管理系统。

（一）主数据管理体系框架

主数据管理要做的就是从企业的多个业务系统中整合最核心、最需要共享的数据（主数据），集中进行数据的清洗和丰富，并且以服务的方式把统一的、完整的、准确的、具有权威性的主数据分发给全企业范围内需要使用这些数据的操作型应用和分析型应用，包括各个业务系统、业务流程和决策支持系统等。在进行主数据管理前，首先要进行主数据管理的体系构建。

（1）管理模式。管理模式是铁路客运旅游主数据管理的核心内容，它决定了整个主数据管理的战略方向，为数据规划、组织结构、管理过程和主数据管理平台搭建提供了基础。

（2）数据规划。数据规划是主数据管理技术实现的基础，包括数据的编码、分类和属性。

（3）组织结构。对于主数据管理，需要建立一个特定的组织进行统一管理，首先需要一个平台负责组织、协调主数据平台的建设、应用和维护管理工作；其次各相关业务部门需要负责维护主数据或以主数据维护工单形式下达主数据维护任务，保证主数据的一致性、准确性、完整性和主数据记录更新的及时性。此外，各主数据使用部门需要按权限从主数据平台获取主数据。

（4）管理过程。在构建了组织机构，建立了一套完整的主数据管理流程之后，从管理制度上针对主数据管理流程进行责任人负责制。

（二）主数据规划

作为主数据管理的地基，数据规划为之后的主数据管理提供方向和技术基础。数据规划的工作整体分为主题域划分和主数据管理规范。

1. 主题域划分

铁路客运旅游系统的服务对象为旅客，故铁路客运旅游系统的主数据域划分可以从旅客角度出发，根据旅客出行需求划分主数据系统的主题模型，可以划分为旅客信息主数据、铁路客运设备主数据域、铁路客运服务信息主数据域、旅游景点服务主数据、其他服务主数据。

（1）旅客信息主数据域。旅客作为旅行过程的全程参与者，此主题域可以包含旅客在旅游过程中所有场景都需要使用的相关基本信息，故此数据域应有的主数据有旅客主数据。

（2）铁路客运设备主数据域。铁路作为客运旅游的主要方式，该主数据域包括铁路客运设备类的数据，包括动车组信息主数据、车号信息主数据、车辆技术信息主数据等。

（3）铁路客运服务信息主数据域。除了铁路方面的设备信息，面向旅客还需要与其有关的主数据，包括票务信息主数据、车站餐饮服务信息主数据、车站位置信息主数据等。

（4）旅游景点服务主数据。旅游景点是旅客旅游的目的地，故该主数据对旅游景点相关数据的存储与整合，包括景点位置信息主数据、景点票务信息主数据、景点名称主数据等。

（5）其他服务主数据。在出行方式和旅行目的地之外，吃住也在旅游过程中占重要部分，故该主数据应包括酒店相关数据、天气相关数据以及餐饮数据的整合。

2. 主数据管理规范

在主数据域划分后，为了明确铁路客运旅游主数据的内容、数据类型、字段含义、相应的业务管理行业（部门）以及维护方式，需要制定相关的主数据管理规范，从而为客运旅游主数据标准化和规范化奠定基础。以铁路客运的客票主数据为例，进行主数据规范制定，规范中应包括字段代码、数据字段、字段定义说明、字段类型、业务管理行业（部门）、字段维护责任行业（部门）与维护方式。

（三）主数据系统遗料架构设计

在铁路客运旅游主数据系统中，前台用户可以对系统进行数据查询、数据下载，系统对其提供数据接口服务，用户可以进行报文查看、标准查看以及最新动态查看；后台用户主要是对系统的维护，提供包括报文管理、数据建模、编码管理、编码标准、统计分析、权限配置、系统配置、接口服务、内部消息等方面的功能。

从管理角度看，主数据管理体系的构建使得铁路客运旅游相关业务系统所用数据能够有统一的数据来源，同时保证了各行业间信息共享的时效性和一致性。从技术角度看，主数据管理机制实际应用较为灵活，能够适应多种 IT 架构，可以有效地解决不同软件系统造成的系统复杂，同时能够节约成本。从旅客角度看，主数据管理可以帮助相关服务行业的管理者提升服务质量，为旅客提供更加准确、便捷、全方位的旅行服务，提高旅行质量。

三、数据存储与处理层

铁路客运旅游大数据系统的核心就是通过对相关数据的高效、准确、实时分析，为旅客提供客运旅游的智慧化服务。实现真正的智慧旅游的核心就是数据的存储处理部分，这也是整个大数据系统的核心部分。铁路客运旅游大数据平台将采用数据仓库与 Hadoop 系统相结合的混合搭配，数据仓库技术主要用于高效处理与客运旅游相关的结构化数据，Hadoop 系统将用于旅行过程中所产生的半结构化及非结构化数据存储与处理，此种混搭架构可以满足铁路客运旅游所产生的各种类型数据，高效的处理也将为旅行者的出行提供实时帮助。

（一）数据仓库技术

数据仓库技术在铁路客运旅游大数据系统中的主要任务就是对结构化数据进行存储和对数据进行高质量的数据挖掘分析，为旅客提供支持。在大数据背景下，基于 MPP 架构的数据仓库系统可以有效支撑大量的，甚至是 PB 级别的结构化数据分析，而对于企业的数据仓库以及结构化数据分析需求，目前 MPP 数据仓库系统是最佳的选择。一般情况下，数据仓库的设计步骤为数据模型设计、系统平台部署方式选型以及数据仓库架构设计。

1. 数据模型设计

假如把数据仓库比作一栋数据大楼，那么数据模型就是这栋大楼的地基。好的数据仓库建模不仅需要技术方面的灵活运用，更需要对业务需求相关方面有深入的了解，建模要更符合不同业务背景下的不同用户的个性化需求，这样才能真正发挥数据仓库后续的分析价值。铁路客运旅游数据模型是连接各个铁路业务系统之间的桥梁，所有的业务标准和处理过程也存储其中。拥有一个完整的、稳定的、机动的数据模型将会为整个数据仓库的建设提供保障。

数据模型的建立过程分为两步：第一步为模型规划阶段，该阶段需要理解业务关系，确定整个分析的主题，进而对所分析的主题进行细化，并确定相关主题的具体边界，构建该系统的概念数据模型。第二步为设计模型阶段：物理模型是数据仓库逻辑模型在物理系统中的实现，在本系统中包括对铁路客运系统和旅游业相关系统数据接口模型的设立，包括对系统表的数据结构类型、索引策略、数据存放的位置以及数据存储分配，并以客运数据为例设计逻辑模型。

2. 系统平台部署方式选型

在数据仓库模型构建完成后，对于涉及数据量大、数据类型多的铁路客运旅游系统来说，因为旅客都有着自己个性化的需求，所以要以用户为中心，选择合适的数据仓库模式来满足铁路客运旅游要求。目前，数据仓库主要有三种部署模式：集中式数据仓库、分布式数据仓库和一系列的数据集市。相对应的部署方式为集中的数据中心、分布式数据集市以及中心和集市混合体系。

在铁路客运旅游数据仓库的部署上，需要先考虑如下条件：

（1）铁路客运旅游系统的需求导向，不同的旅客在不同的旅行场景中对数据的要求不尽相同，对铁路客运旅游更强调以旅客出行需求为导向。

（2）旅客分散且数量多，数据仓库要满足分散旅客的数据挖掘分析需求。结合上述条件及数据仓库不同部署模式，本系统可采用以铁路为中心、其他行业为辅助的混搭结构，关键数据存放在集中式的铁路数据仓库中，一些业务分析、日常报表系统等非关键性数据则存放在其他行业的有关数据集市中。

3. 数据仓库架构设计

数据仓库将与主数据管理系统达到互补的作用，如数据仓库的分析结果可以作为补充信息传到 MDM（数据管理）系统，让 MDM 系统更好地为客户管理系统服务。以铁路客运旅游大数据系统核心用户"旅客"的主数据模型为例，从主数据中我们可能得到：

（1）旅客基本信息。个人及公司信息、联系地址、旅客会员卡号、状态及累计里程等。

（2）旅客偏好信息。餐饮喜好信息、旅游档次信息、座位位置、级别偏好等。

除了以上两部分信息，数据仓库还可以为主数据管理系统提供更深入的对旅客分析的信息，如旅客某时间段总旅行旅程、预订倾向、旅行方式倾向、出行方式等衍生信息等，从而提高服务质量。

（二）Hadoop 系统设计

Hadoop 系统对所有数据类型的数据都可以进行存储和快速查询，很好地弥补了数据仓库对非结构化数据处理的劣势。从铁路客运旅游的实际需求出发，综合考虑成本、数据资源整合等问题，选择开源的 Hadoop 系统来满足所有相关数据的存储处理需要，从而实现铁路客运旅游大数据的集中式管理。铁路客运旅游大数据系统中的 Hadoop 系统主要由以下组件构成：

1. MapReduce 分布式计算框架

在铁路客运旅游大数据 Hadoop 系统中主要提供计算处理功能，如文件的读写、数据库的计算请求等。

2. Hive

Hive 是基于 Hadoop 的数据仓库，Hive 在铁路客运旅游大数据系统中通过类SQL 语言的 HQL 帮助用户进行数据的查询使用。

3. Hbase 分布式列式数据库

Hbase 为铁路货运数据提供了非关系型数据库，随时间变化的数据库动态扩展，增加了系统计算和存储能力。

4. Pig 数据分析系统

Pig 是基于 Hadoop 的数据分析系统，它可以为铁路客运旅游大数据系统提供简单的数据处理分析功能，帮助开发者在 Hadoop 系统中将 HQL 语言转化成经过处理的 MapReduce 进行运算。

5. ZooKeeper 分布式协作服务

ZooKeeper 为铁路客运旅游的 Hadoop 系统提供了多系统间的协调服务，保证系统不会因为单一节点故障而造成运行问题。

6. Flume 收集

Flume 为铁路客运旅游大数据系统提供了一个可扩展、适合复杂环境的海量日志收集系统。

7. Sqoop 数据同步工具

Sqoop 为铁路客运旅游大数据的数据仓库和 Hadoop 系统提供了桥梁，可以保证数据仓库和 Hadoop 之间的正常数据流动。

四、数据应用层

（一）功能架构

铁路客运旅游大数据系统最顶端为数据应用层，主要目的是通过各类数据分析、数据挖掘技术全方位发现数据价值，最终通过可以满足数据展示需求的数据可视化技术将分析结果在终端展示。

1. 表现层

表现层是数据应用层的最顶端，也是整个铁路客运旅游大数据的最顶端。其实质就是为各类用户提供一个可视化平台。本大数据应用系统将以旅客旅行需要为中心，同时满足相关企业内部需要和相关领域专业研究人员的使用，并通过本层让各类用户直接感受整个系统提供的服务。

2. 应用服务层

表现层下面是应用服务层，本层的主要功能就是进行特定算法的数据分析，并为表现层提供一个 API。本层中包括以下接口和服务：

（1）外部数据导入 API，可以满足用户将外部数据导入系统中。

（2）算法编辑 API。满足技术人员对功能需求的算法进行写入，并可以让本层的算法与下层进行数据的交互。

（3）开放性算法导入 API。此接口可以满足外部自定义算法的写入需求。

（4）数据展示。为各类用户展现自己所需的数据需求，并且用户可以在自己的界面做一些简单的数据操作。

3. 应用支撑层

应用支撑层将与系统整体的架构的数据存储层，并作为基础为整个数据应用层提供基础支撑。应用支撑层为表现层和应用服务层提供支撑的基础能力。在本系统架构中，应用支撑层主要提供了以下几个机制和引擎来为上层提供业务支撑：

（1）算法编译。对应用服务层编辑的算法进行编译，将算法转换为可编辑类型算法。

（2）数据与算法匹配。为了达到最好的可视化效果，需要用户将算法与所使用的数据进行合理映射，从而使算法能够对数据有相对应的展示。

（3）消息服务支持。本功能负责数据的导入与导出业务需求。

（4）表单服务支持。与消息服务类似，本功能将应用服务层编辑的算法通过表单交给服务器，也能反向满足用户对表单的调用需求。

（5）数据转换。将外部引入的无法直接使用的数据转换为系统内部可以使用的数据格式。

（二）数据应用

数据应用层最上端所面对的就是用户，本层的功能是以旅客的需求为核心作为引导设计，并从功能需要角度来进行数据资源的分析及应用。本系统的设计理念就是以旅客为核心，同时满足其他管理人员和企业内部人员的工作需求，所以本系统的整体功能可以分为日常功能与个性化推荐功能。

1. 日常功能

系统应具备与客运旅游相关的一般性功能，以满足旅客在旅行过程中的常规性功能需求，如出行前的铁路客票信息、列车信息的提供，出发后目的地气象信息、目的地酒店信息，旅途过程中列车行驶信息、列车餐饮等商城信息、沿途旅游信息、铁路多式联运合作信息等。

2. 个性化推荐

通过决策树、聚类、神经网络等方法对数据进行高等级挖掘与分析，通过对大量历史数据信息的处理，构建符合需求的数据模型。主要目的是满足旅客旅行全过程中的个性化需求，合理推荐旅行景点、出行线路、出行方式、天气、酒店、餐饮、特色产品的信息。例如，对旅客客流进行预测，通过对旅客历史同期购票数据进行分析，并使用指数平滑法预测出行时所乘坐列车的客流量。

五、数据质量管理体系

数据质量管理是指对数据从计划、获取、存储、共享、维护、应用、消亡生命周期的每个阶段中可能引发的各类数据质量问题，进行识别、度量、监控、预警等一系列管理活动，并通过改善和提高组织的管理水平使数据质量获得进一步提高。

数据质量体现对应的数据服务满意程度。回归铁路客运旅游大数据系统初衷：服务旅客，从旅客的角度出发，为其提供"智慧旅游"服务。所以，我们要研究铁路客运旅游的数据质量问题，就要考虑到各个业务模块的具体需求。根据业务实际情况，判别我们应该具备的数据质量。比如，对客票基础数据、酒店基础数据、人流监测数据、气象地质数据的质量分析，不同数据有不同的质量分析标准。

根据铁路客运旅游大数据的具体功能需要，本系统关注的数据质量问题除了满足数据的完整性、唯一性、一致性、精确度、合法性、及时性之外，还应从旅客视角衡量数据质量，重视旅客对数据的满意程度，同时通过建立有效的数据质量管理体系来保障和提升数据的价值。

（一）数据质量管理体系框架

为保证铁路客运旅游数据质量管理的效果，本数据质量体系基于全面数据质量管理理论设计了如下体系框架：

组织架构：由于目前铁路总公司没有专门的数据质量管理机构，加之数据质量管理是一个长期、持续性的过程，故有必要成立一个组织机构专门保证数据管理工作的运行。在这个组织内部，需要一个组长对整个数据质量管理小组的工作流程进行管理，要有数据分析员对相关数据的管理规则给出专业定义，并能够与数据所在部门进行深入探讨。数据质量管理员在组织中主要进行执行工作，在数据质量管理战略下进行实际的数据质量监控工作并及时发现数据错误。

管理流程：在建立组织机构的基础上，建立一套完整的大数据质量监控流程是保证数据质量的前提。本数据质量管理流程基于美国麻省理工学院研究提出的全面数据质量管理理论进行设计，此闭环管理流程分别为数据修改监控流程、数据质量预警流程、数据质量算数流程以及数据质量报告流程。

1. 数据修改监控流程

当元数据系统、主数据或者数据仓库内的数据模型等发生变化时，将触发数据修改流程监控。本流程将会监测和记录这些数据修改，并实时更新相关的数据字典。

2. 数据质量预警流程

在数据流转过程中，若发生异常状态，将启动数据质量预警，数据管理员将根据预警内容量级决定是否进入数据质量处理流程。

3. 数据质量算数流程

当数据管理员认为预警量级达到针对性的数据处理时，将会进行数据质量处理，随后根据具体质量问题进行具体分析。

4. 数据质量报告流程

根据前三个流程的数据质量管理工作，定期将相关内容由数据管理员汇总归纳为数据质量报告，从而实现对数据质量管理的闭环管理。

（二）数据质量管理系统技术架构

数据质量管理体系相关工作包括管理和技术两个方面，在建立了数据质量管理小组并明确了管理流程后，必须有符合要求的数据质量管理系统进行技术支撑。元数据是描述数据的数据，对于数据来说，元数据就是数据的基因，当数据质量发生问题时，利用元数据就能轻松地找到数据质量出现问题的环节，从而提高数据质量管理效率，所以元数据管理在数据质量管理系统中不可或缺。数据质量管理系统在技术上应按照体系结构划分为源数据层、存储层、功能层和应用层。

（1）源数据层。本层包括数据质量管理原始数据的相关系统，如铁路客运旅游大数据系统的数据仓库、Hadoop 系统内的 HDFS、业务系统、应用系统等。

（2）存储层。主要包括两部分，一部分为元数据库，另一部分为数据质量规则库。本层主要有数据质量管理的质量规则、数据质量问题等相关信息。

（3）功能层。本层主要是从存储层调用所需数据，进行相关数据分析，并将分析结果上传至应用层使用。其中包括元数据功能支持、数据质量检查功能和辅助管理。

（4）应用层。本层位于整个数据质量管理的最顶端，在上面三层的支撑下，应用层将会进行具体功能的实现与展现，包括数据质量评估、接口问题分析、数据变更分析和指标一致性分析等。

第二节　基于可持续发展的大数据应用

1987 年，世界环境与发展委员会在《我们共同的未来》的报告中将可持续发展定义为：能满足当代人的需要，又不对后代人满足其需要的能力构成危害的发展。随着可持续发展理论的日益深化和成熟，其内涵早已不再局限于长远的经济发展，而是经济、社会、环境、文化四个方面的协调发展。中国科学院可持续发展研究组的研究报告指出，可持续发展不是完成某个单一因素就可以实现的，它是一个综合的科学体系。这一科学体系的整体构想，既从经济增长、社会治理和环境安全的功利性要求出发，又从全球共识、哲学建构、文明形态的理性化总结出发，全方位涵盖了自然、经济、社会复杂系统的行为规则和人口、资源、环境、发展四位一体的协调辩证关系，并进一步将此类规则与关系包含在整个时空演化的谱系之中，从而组成一个完善的战略框架，力求在理论和实践上获得最大价值的"满意解"。我国正处于经济转型的关键时期，面临着严峻的生态环境形势和发展要求，必须坚持走可持续发展的道路。

一、环境大数据的分析与应用

可持续发展要求制定出能够平衡环境、经济和社会需求的复杂决策。然而，由于自然、社会、经济系统存在高度复杂性、动态性及不确定性，得到最大价值的"满意解"并不容易。如何将全局理论落实为具体的实践指导，成为实现可持续发展的关键问题。近年来，计算可持续性是为解决可持续发展面临的挑战而出现的一个新兴的跨学科研究领域，其目的是综合应用计算机科学、信息科学、运筹学、应用数学、统计学等多学科交叉技术来平衡环境、经济及社会需求，以支持可持续发展。计算可持续性研究的重点是针对可持续发展问题，开发计算模型、数学模型及相关方法，可帮助解决一些与可持续发展相关的最具挑战性的问题。随着大数据时代的来临，用数据说话、用数据做决策已经成为一种新常态，这也为计算可持续性研究带来了新的机遇和挑战。一方面，大数据限制了研究者使用相对简单的分析技术，已有的构建和优化模型的方法遇到了可扩展性挑战；另一方面，大数据所蕴含的丰富信息和潜在知识，将开辟一个以数据为驱动的、全新的研究方式。在计算可持续性研究的框架下，可持续发展的关键问题最终可以转化成计算和信息科学领域的决策和优化问题。大数据技术使得计算可持续性研究中的大规模、动态、复杂问题的建模和求解成为可能，从而极大地提升了计算可持续性研究的效力，进一步将可持续发展问题真正落实到实践层面。

（一）环境大数据的概念和特征

环境大数据是指面向环境保护与管理决策的应用服务需要，以大数据技术为驱动的"互联网+环境保护"技术体系与产业生态。环境大数据把大数据的核心理念和关键技术应用到环境领域，对海量环境数据进行采集、整合、存储、分析与应用等。

一方面，环境大数据的应用能更好地发现具有规律性、科学性和价值的环境信息，从而为环境部门的日常管理与科学研究做出贡献。另一方面，应用大数据挖掘的方法，可以将污染物排放和相关环境、气象及健康等多种复杂信息或指标数据相结合，不易遗漏重要信息，从而可以全面深入地分析环境成因和评判环境损害。

目前资源环境领域大数据的主要研究方向有区域大气污染防治与污染物减排

研究、资源与能源市场复杂性研究、智能电网的大数据研究、资源开发利用的大数据管理研究、全球气候变化与温室气体减排研究五个方面。环境大数据同样具有大数据的"4V"特征：

（1）从数据规模来看，据不完全统计，目前各类环保数据已达几十亿条，且呈现爆发式增长的趋势，若考虑实际环境管理中与环保间接相关的经济和社会等数据（如环保投入金额、居民健康状况等），数据的规模将会更大。

（2）从数据种类来看，环境大数据涉及部门政务信息、环境质量数据（大气、水、土壤、辐射、声、气象等）、污染排放数据（污染源基本信息、污染源监测、总量控制等各项环境监管信息）、个人活动信息（个人用水量、用电量、废弃物产生量等）等，它不仅包括关于物理、化学、生物等性质和状态的基本测量值，即可用二维表结构进行逻辑表示的结构数据，还包括了随着互联网、移动互联网与传感器飞速发展而出现的各种文档、图片、音频、视频、地理位置信息等半结构化和非结构化数据。

（3）从数据处理速度来看，数据量的快速增长要求对环境数据进行实时分析并及时做出决策，否则处理的结果就可能是过时和无价值的，有时延迟的信息甚至还会误导用户，如空气质量的预警预报。

（4）从数据价值来看，环境大数据为精细化、定量化管理和科学决策提供了新思路，但海量数据特别是其中快速增长的非结构化数据，在保留数据原貌和呈现全部细节以供提取有效信息的同时，也带来了大量没有价值甚至是错误的信息，使其在特定应用中呈现出较低的价值密度。例如，各类环境传感器、视频等智能设备可以对特定环境进行全年24小时的连续监控，但可能有用的监控信息仅有一两秒。如何利用大数据技术快速地完成环境数据价值的"提纯"，是大数据背景下环境管理亟待解决的问题。

（二）环境大数据使用流程

利用环境大数据的流程可以概括为：首先，借助大数据采集技术收集大量关于各项环境质量指标的信息；其次，将信息传输到中心数据库进行数据分析，直接指导下一步环境治理方案的制定；最后，实时监测环境治理效果，动态更新治理方案。另外，并通过数据开放，将实用的环境治理数据和案例以极富创意的方式传播给公众，并通过鼓励社会公众参与的模式提升环境保护的效果与效率。

（三）环境大数据的作用

大数据必将对环境管理理念、管理方式产生巨大的影响，开展环境保护大数据应用具有重要的现实意义和紧迫的需求。

（1）提升污染防治工作效率。环境大数据可以提供污染源排放空间分布、污染排放动向、污染排放趋势分析、污染排放特征等数据，为我国污染防治和污染减排工作提供重要的支撑作用。

（2）污染源的全生命周期管理。利用物联网等技术，将污染源在线监测系统、视频监控系统、动态管控系统、工况在线监测系统、刷卡排污总量控制系统等进行整合，形成全方位的智能监测网络，实时收集污染源生命周期的全部数据；然后基于每个节点实时的各类数据，利用大数据分析技术进行"点对点"的数据化、图像化展示。这有利于快速识别排放异常或超标数据，分析其产生的原因，以帮助环境管理者动态管理污染源企业，并有针对性地提出对策。

（3）促进精细化环境监测。环境监测是环境管理的重要组成部分，是环境保护管理工作的基础。环境大数据有利于实现环境信息获取手段从点上监测发展为点面相结合监测，手动监测发展为手动与自动结合监测，静态监测发展为静态动态结合监测，地面监测发展为天地一体化监测。

（4）加强生态保护监管。加强生态保护和建设需要收集生态监测和管理数据，不断强化生态数据资源的跨部门整合共享，对生态系统格局、生态系统质量、动植物类、生态胁迫状况进行评价，全面、准确地了解生物多样性，保护优先区的现状和动态变化情况，为严守生态红线提供支撑，实现生态环境保护的现状化管理。

（5）提供环境应急管理数据支撑。环境应急管理是关乎经济社会发展、国家环境安全、人民群众利益的重要工作。突发性环境事件具有不确定性、类型成因的复杂性、时空分布的差异性、侵害对象的公共性和危害后果的严重性等特点，一旦发生环境污染事件，就需要第一时间了解事件的发展情况、危险程度、危害范围、应对措施等。目前，亟待建立健全全国性的环境风险源数据库、应急资源数据库、危险化学品数据库、应急处理处置方法库；提供跨流域、跨区域、跨层级的应急数据资源共享；提供权威的决策支持服务，提供及时的气象、水文等信息资源，提供突发事件水和气模型推演运算结果等，为突发事件预防和处置提供大数据支撑。

（6）协助环保部门更好地预测未来走向。大数据分析最重要的应用领域之一就是预测性分析，从大数据中挖掘出独有特点，通过建立评估和预测预报模型，预测未来发展趋势。大数据的虚拟化特征，将大大降低环境管理的风险，并能够在管理调整尚未展开之前就给出相关答案。大数据能够基于可视化方法将环境数据分析结果和治理模型进行立体化展现，通过虚拟的数据可以模拟出真实的环境，进而测试所制订的环境保护方案是否有效。

（7）提升公众服务能力和参与能力。通过大数据整理计算采集来的社交信息数据、公众互动数据等，可以帮助环保部门进行公众服务的水平化设计和碎片化扩散。可以借助社交媒体中公开的海量数据，通过大数据信息交叉验证技术、分析数据内容之间的关联度等，进而面向社会开展用户精细化服务，为公众提供更多的便利，产生更大的价值。另外，环境大数据通过文字、图片、文档、视频、地图等信息，可以为不同层面的公众提供广泛的环境信息，增强公众环境意识和提高参与能力。

二、大数据在交通领域的应用

（一）交通大数据的来源及发展现状

目前，交通运输行业大数据来源主要在三个方面：基于互联网的公众出行服务数据，基于行业运营的企业生产监管数据，基于物联网、车联网的终端设备传感器采集数据，包括车辆相关动态数据。

目前大数据在交通中的应用主要集中在交通管理、智能交通、交通事故分析与处理、交通需求预测及综合交通运输体系建设等多个方面。与此同时，交通大数据的发展仍面临诸多挑战：一是交通数据资源的条块化分割和信息碎片化等现象；二是由于交通检测方式多样，信息模式复杂，造成数据种类繁多，且缺乏统一的标准；三是目前尚缺乏有效的市场化推进机制。

（二）大数据在城市交通中的应用

1. 大数据在交通调查及交通数据管理方面的应用

大数据给交通调查、交通数据采集、应用与管理带来了重大变革，新的交通数据采集手段使交通调查的众多设想变为可能，同时也给交通数据管理带来了巨大挑战。应用大数据技术可以改进和提升交通管理工作：大数据的虚拟性可以跨越行政区域的限制；可以全面、高效地处理现有基础数据，配置交通资源；可以有效地实现交通预测，提高交通运行效率；可以全面提高交通安全水平；可以提供有效的环境监测方式。

大数据在交通调查中的应用主要包括：利用手机移动定位技术，获取居民日常出行轨迹；利用GPS（全球定位系统）定位技术，获取车辆运行轨迹；利用车载GPS、公交刷卡信息和视频监控系统，获取公共交通相关数据；利用道路监测设备，获取道路实时流量；利用视频监测技术，掌握交叉路口车流实时动态，将交通网络客流大数据和统计结果高度图形化，为城市轨道交通运营管理部门的客流分析及运营管理决策工作提供辅助；等等。大数据时代交通信息管理的新需求包括加大数据收集量、多元数据的整合利用、数据的即时传播等。

2. 大数据与交通规划

目前手机大数据在交通规划中的应用比较受关注，可用于交通仿真、规划决策支持、交通网络建模分析，预测交通路网旅行时间和拥堵状况等，也可支撑城市交通的发展规划、公共交通发展规划、公交线路开辟与优化以及公交运营计划的改善，而目前利用大数据进行交通路网研究及运用于交通规划与空间规划方面的研究较少。

3. 大数据在公共交通中的应用

大数据能改变传统公共交通管理的路径，能提高公共交通运转效率，有利于促进公共交通的智能化管理，并能够节约资金。但公共交通大数据同样伴随着一些问题的产生。例如，如何开放公共交通数据、个人隐私问题、交通数据的存取方式。对此，合理建议包括：开放公共交通数据、保护个人私密信息、提高交通数据存取的多样性、提高数据质量。公共交通电子收费数据（即公交 IC（集成电路）卡数据）是公共交通支付活动中产生的运营记录数据，而基于公交 IC 卡数据，业界开展了大量研究和实践工作。

4. 大数据在缓解城市拥堵上的应用

依据交通流量最优均衡理论和系统最优均衡理论，大数据可通过交通诱导信息系统，在交通流量判断和拥堵实时评价、交通拥堵收费、公共交通运行和服务水平实时监控等方面发挥作用，从而构建一体化交通监测与需求管理系统，缓解城市拥堵问题。

5. 大数据在智能交通中的应用

智能交通系统是未来交通系统的发展方向，而大数据显然是未来智能交通发展的重要依托，学术界关于大数据与智能交通已有比较多的探讨。智能交通场景下可能出现的大数据需求和具体应用价值包括公交线路规划和设计、智能交通导航和趋势分析预测、实时车辆追踪等。

三、大数据与环境变化

基于大数据采集与处理的洪情地图、磁场监测与野火跟踪等信息，不仅降低了灾害预测成本，而且切实提高了灾害风险因子识别精度，增加了多元预警标识获取、管理、共享与交互的科学性、及时性与统一性。大数据灾害预警的优势在于：提高效率、发掘客观规律、增加精细度。但由于存在原始信息量值偏低、误差明显、警情发布错漏等风险，亟待通过建立阈值标准体系、完善交互共享系统、构筑法律保障体系等手段构建科学高效的大数据灾害预警框架。

气候变化是一门涉及多时空尺度、多学科交叉融合的复杂科学，需要基于海量科学数据的存储和分析来进行观测、模拟和预测，因此气候变化研究与大数据之间的关系是非常密切的。目前，将大数据技术应用于模拟、解读和演示气候变化的研究有很多，其中较有代表性的是美国的气候数据项目，该项目利用当前积累的庞大气候变化相关数据，帮助各地政府及城市规划人员保护周边环境。其中涉及的数据规模巨大，主要由美国宇航局、美国国防部、美国国家海洋与大气管理局，以及美国地质勘探局等机构负责提供。

其他应用大数据技术研究气候变化的实例还包括：用互动式地图工具描绘海平面上升和风暴潮给美国大陆沿海 3000 多个城市、城镇和农村造成的威胁；美国官方的气象研究网站给公众提供数据与工具来研究气候变化的影响；联合国"全球脉动"行动推出"大数据气候挑战"项目，将一些用大数据研究气候变化对经济影响的项目通过众包的形式进行发布。同时，许多企业也通过大数据技术参与到气候变化行动中来，如 Google 的地球引擎服务可提供各种公开的卫星影像，供研究人员定位环境损害并加以解决；Opower（奥普威尔）公司与电力企业一道分析人们的能源使用数据，然后向顾客发送个性化报告以鼓励节能。

四、大数据在能源领域的应用

目前，能源大数据主要有三类应用模式：能源数据综合服务平台、为智能化节能产品研发提供支撑、为企业内部的管理决策支撑。

下面来看大数据在智能电网中的应用：

智能电网是通过获取更多的关于如何用电的信息，来优化电的生产、分配及消耗的。智能电网的最终目标是建设覆盖电力系统整个生产过程，包括发电、输电、变电、配电、用电及调度等多个环节的全景实时系统。而支撑智能电网安全、自愈、绿色、坚强及可靠运行的基础是电网全景实时数据采集、传输和存储，以及累积的海量多源数据快速分析。随着智能电网建设的不断深入和推进，电网运行和设备检/监测产生的数据量呈指数级增长，逐渐形成了当今信息学界所关注的大数据。

根据数据来源的不同，可以将智能电网大数据分为两大类：一类是电网内部数据；另一类是电网外部数据。电网内部数据来自用电信息采集系统、营销系统、广域监测系统、配电管理系统、生产管理系统、能量管理系统、设备检/监测系统、客户服务系统、财务管理系统等，电网外部数据来自电动汽车充换电管理系统、气象信息系统、地理信息系统、公共服务部门、互联网等，这些数据分散放置在不同的地方，由不同的单位/部门管理，具有分散放置、分布管理的特性。智能电网大数据发展有以下驱动力：

（1）电力公司部署了大量的智能电表及用电信息采集系统，其中包含的巨大价值需要挖掘。例如，根据用户用电数据，可分析出用户的用电行为，为形成合适的激励机制、实施有效的需求侧管理（需求响应）提供依据。提高资产利用率和设备管理水平，存在巨大的经济效益。

（2）在实现营配数据一体化的基础上，通过数据分析，电网公司可进行有效的停电管理，提高供电可靠性；也可进一步提高电能质量，减少线损；还可防止用户窃电，以避免造成其他非技术性损耗，经济效益显著。

（3）大数据将促进地球空间技术、天气预报数据在智能电网中的应用，提高负荷和新能源发电预测精确度，提高电网接纳可再生能源的能力。

（4）通过大数据分析，可探索新的商业模式，为电网公司带来效益。

目前智能电网大数据应用重点在三个方面开展：一是为社会、政府部门和相关行业服务；二是为电力用户服务；三是支持电网自身的发展和运营，如表7-1所示。

表 7-1 智能电网大数据重点方向和领域

方向	重点领域
为社会、政府部门和相关行业服务	社会经济状况分析和预测
	相关政策制定依据和效果分析
	风电、光伏、储能设备技术性能分析
为电力用户服务	需求侧管理/需求响应
	用户能效分析
	客户服务质量分析与优化
	业扩报装等营销业务辅助分析
	供电服务舆情监测预警分析
	电动汽车充电设施建设部署
支持电网自身的发展和运营	电力系统暂态稳定性分析与控制
	基于电网设备在线监测数据的故障诊断与状态检修
	短期/超短期负荷预测
	配电网故障定位
	防窃电管理
	电网设备资产管理
	储能技术应用
	风电功率预测

与大数据在商业及互联网领域的广泛研究和应用相比，大数据在智能电网建设研究的实时性方面难以保证，故它不适合作为电网调度自动化系统的主系统，但可用于调度自动化系统的后台，也可用于智能电网数据中心（营销、管理和设备状态监测）。云平台环境下的通用大数据处理和展现工具正在不断涌现，为减

少软件开发工作带来了好处。然而，数据挖掘通常是与具体应用对象相关的，而大数据挖掘是一个不小的挑战。例如，在面对海量数据时，传统聚类算法在普通计算系统上无法完成。此外，在数据处理面临规模化挑战的同时，数据处理需求的多样化逐渐显现。相比支撑单业务类型的数据处理业务，公共数据处理平台需要处理的大数据涉及在线和离线、线性和非线性、流数据和图数据等多种复杂、混合计算技术和方式的挑战，这些都需要在今后的研究和应用中不断探索。

第三节　大数据技术在出版物选题与内容框架筛选中的应用

如今，大数据应用于经济、农业、科技、交通、城市建筑、环境监测等各个行业，为人们的生活和工作带来了改变。本章主要以出版选题筛选、铁路客运数据采集，介绍大数据的应用技巧。基于大数据技术对数字教育出版开发流程中的编辑选题与内容框架筛选工作进行研究，旨在为我国数字教育出版物的开发与应用提供一定的指导。目前，对数字教育出版物如何开展编辑选题与内容框架筛选工作的研究成果较少，本书对数字教育出版物在未来实施过程中的编辑选题与内容框架筛选工作能起到一定的积极作用。

一、出版物的形态类别

数字教育出版物是数字出版物的进一步延伸。简言之，就是与教育相关，用于学习、教育、培训等的数字出版物，主要有以下几种形态类别：

（一）教育类电子出版物

教育类电子出版物主要是指将教育类相关信息刻入磁盘、光盘、集成电路卡等载体，并以其作为传播媒介的教育类相关出版物。我国教育类电子出版物早期多以光盘为基本出版形态，主要是教辅类材料。

教育类电子出版物将传统的教育资源数字化，融合了多媒体技术，具有体积小、信息量大的特征，开启了国内数字出版的大门。但因其当时的技术条件、出版理念等因素的限制，使得教育类电子出版物存在阅读不方便、对设备有极强的依赖性等不利特征。因此教育类电子出版物并没有发展为主流的教育出版物，传统出版在教育领域中依然占据着极为强势的地位。

（二）在线教育出版产品

在线教育出版产品的出现与发展得益于互联网的应用与普及，其主要载体是互联网。多媒体、互动性、海量资源是其显著的特征。对于使用者而言，在线教育出版产品在满足互联网使用的条件下，能够方便快捷地使用，有很强的自主性和自由性，能够最大限度地满足使用者的要求。

计算机的普及使教育类电子出版物的发展出现了前所未有的局面，许多全新的教育软件、电子图书、电子课件等纷纷出现。教育电子图书使得教育者和学习者都可以从海量的数据资源中方便快捷地找到自己所需的图书资源；教育软件实现了人机交互的性能，综合了多媒体的表现形式，提升了教学的质量和效果；电子课件使得教育者和学习者能够更形象深入地理解所学知识。随着互联网技术的发展，上述教育资源大多也通过互联网的方式传播。中国教育资源门户网站的学科网就尽可能地收纳了全国各地小学、初中、高中各学科的试卷、课件、教案、学案、素材等多种电子图书、电子课件资源，并提供了多种教育服务信息。

在线教育出版产品主要有两种类型：一种是基于实体教学平台而发展起来的在线网络教育平台，如新东方的在线学习等；另一种是网上教学资源服务平台，如上述的学科网资源平台。在线学习、网络公开课、教育类网游等都属于在线教育出版产品。

在线学习是将现实的课堂教学移植到互联网上。学习者通过在线学习、在线提问，完成系统提供的各种测试及在线发起，并参与在线讨论等多种形式的教学自主活动。同时在线学习系统中也会有专门的教师在线答疑解惑、指导教学、实时辅导等。在线学习改变了传统的一对多的教学模式，使学习者能够尽可能地实现个性化学习。目前，国内的新东方、101 远程教育网、英孚教育、沪江外语等都实现了相应的在线学习。

网络公开课主要是将某些知名的精品课程、演讲、讲座等经过录制加工后，上传到互联网，供使用者下载、观看、学习等。教育类网游主要是指基于互联网，以教育为目的而非以娱乐为目的的游戏类产品。教育网络游戏虽有一定的竞争性、游戏性和趣味性，但它的内容更富于知识性与教育意义，它通过让参与者在虚拟的情境中完成各种任务从而达到受教育的目的。我国第一款教育类网络游戏是由盛大网络开发的《学雷锋》，但推出后市场前景并不乐观，未形成多大的影响。

（三）电子书包

关于电子书包目前并没有完全确切的定义。有人认为它是学生通过使用教材、教辅材料、学习工具书等完成学习的"数字化教学资源包"；也有人认为电子书包就是指数字教科书。上海市虹口区电子书包课题组是国内较早研究电子书包的团队之一，他们将其定义为"数字化学与教的系统平台"；华东师范大学电子书包标准课题组将其定义为"信息化环境的集成体""智能的数字化媒体资源"。电子书包是一种新型的教育电子产品，是信息化教育的新尝试，它是学校课程教育的内容、方式与电脑技术、网络技术和无线蓝牙技术相结合的产物，被认为是未来数字化教育的发展方向。

电子书包的快速发展是随着 iPad、Kindle 等智能终端设备的发展而兴起的数字教育出版革命，是传统纸质出版与数字出版走向融合的产物。电子书包不是传统纸质教育出版物的简单电子化，而是传统纸质教育出版物与多媒体教学材料的有机整合，需要在文本内容的基础上充分有机结合的丰富的多媒体形式。

（四）教育资源数据库

数据库模式被证明是专业出版最成功的数字出版模式。数据库一般面向机构用户，如图书馆、企业、科研机构等。数据库因其整体性和共享性特征，使得教育资源的大规模集合、大规模流通得以实现。但是数据库资源的开发难度较大、投入较高，因此数据库的使用一般需要支付较高的费用，多为机构用户。人们常用的中国知网数据库、万方数据库、Springer（施普格林）国家哲学和社会科学期刊数据库等都属于此类。

人类的传播大致经历了以下阶段：口语传播时代、文字传播时代、印刷传播时代、电子传播时代和互动传播时代。教育就是一个非常重要的传播过程，教育出版物是这个传播的过程中的媒介之一。迄今为止，在教育传播的过程中，以纸质为主要载体的传统印刷出版物是教育传播的最重要媒介，印刷类出版物是迄今为止最重要的教育媒介形态，但如今正遭遇数字出版的强大冲击，很可能在不久的将来，数字出版将代替其成为更为主流的教育媒介形态。

新传播环境下的教育出版物形态朝着多媒体化、多介质化、交互化、个性化、人性化的方向发展。这些形态之间并不是相互替代的关系，它们在各自保持独特性的情况下，也在不断调整着其形态本身。不断更新的传播方式和传播媒介使知识传播在不断变革、更新。伴随着传播媒介的发展，教育的传播媒介也在不断革新，迎来了当今大数据背景下的数字学习时代。新技术、新媒介不断催生教育媒介的多样性，多形态的数字教育出版物也随之出现。此外，大数据时代，针对用户需求而细化出来的数字教育出版物将有着更加丰富的存在方式和运行模式。

二、出版物编辑选题与内容框架筛选的数据来源渠道

随着大数据在各领域中的逐渐运用，数字教育出版物的编辑选题与内容框架筛选工作也要充分借助大数据的运用。大数据时代，对数据的运用基于大数据又高于大数据，借助数据挖掘技术和处理技术，在对数据汇总的基础上，对数据加以分析利用。从数字教育出版上讲，通过对数据的充分搜集、汇总，并加以分析后，对数据所反馈出来的有价值的信息充分消化，合理运用，在结合数据的基础上充分发挥数字教育出版编辑的创新性思维，做到对数据所反馈出来的知识进一步拓展和延伸。大数据的运用，通过对数据的运用和分析，能够较为有效地帮助编辑们提炼出有效的、符合读者需求的编辑选题与内容框架，生产出高质量的数字教育出版物。

（一）利用大数据挖掘潜在目标群体的需求信息

大数据时代，编辑选题与内容框架筛选除可以按上述传统渠道来源方式进行挖掘外，更需要我们充分利用大数据的优势，在做好传统渠道来源的基础上，积极创新其他来源渠道，并做得更好、更全面，使编辑选题与内容框架更符合市场和读者的需求，做出质量更高的数字教育出版物。

1. 筛选有效潜在目标群体

针对潜在目标群体的需求信息搜集，如果数据量足够大，那么就可以无限接近需求者的最终需求，所推出的数字教育出版物也就能取得更好的社会效益和经济效益，从而获取更大的成功。尤其是数字教育出版物，出现的时间较短，目前市场还处于研发、试验阶段，还没有达到全面推广并使用的阶段。而且，数字教育出版物更多的是关乎学生等受教育者人生成长的重要读物，是出版物中的重中之重、慎之又慎的产品。不同的数字教育出版物，还要考虑到区域、学习阶段等差异性的存在，要充分结合用户的需求特征。因此，只有做好充分的调研工作，才能够进一步确保产品的成功。

数字教育出版物的潜在目标群体主要集中在学生群体、后续继续教育群体中，由于教育的特殊性，涉及幼儿园、小学、初中、高中等年龄段的学生时，学生家长群体同样拥有极大的话语权，因此对潜在目标群体的分析，也要尽可能地将这些人群包括进去。还有，教育工作者、相关研究者等群体也应考虑进去。

2. 对有效潜在目标群体实施调研工作

通过对有效潜在目标群体筛选后，我们基本圈定了对象。下一步就是要对潜在目标群体进行进一步细分，如上述的"考研大军"，人数庞大，但庞大的基数中可以细分为不同的类别。例如，以省级为单位的区域划分，以学校为单位的识别划分，以应届生、往届生的身份识别划分等。每个细分的类别又存在一定的差异性，如往届生对数字教育出版物中的网络课堂、数字资源库等材料需求一般要高于应届生，在价格承受能力上也强于应届生。通过抽样调查法，或者大数据累积起来的资源，以及其他行业内数据共享所获得的资源信息，尽可能地分析出共性，并针对共性有方向、有目标、有市场地推出合适的数字教育出版物。

3. 密切关注网络互动空间的交流信息

数字教育出版物的编辑可以充分发挥意见领袖的作用，在一些相关的网络互动空间，如论坛、贴吧、博客等，发起有针对性的讨论，必要时还可主动引导相关的言论，倾听广大网友对数字教育出版物相关编辑选题与内容框架的意见反馈，并从中归纳、提取有效信息，为数字教育出版物的编辑选题与内容框架工作服务。

（二）利用大数据挖掘拓宽选题与内容选题的数据来源

数字教育出版物的编辑选题与内容框架要想符合市场和读者的需求，就必须尽可能地获得图书市场的信息和消费者诉求方面的信息。

1. 根据不同的网站排名及相关信息获取数据

对于数字教育出版物编辑选题与内容框架筛选而言，能较好地反映相关图书信息和读者需求信息的图书购物网站主要有淘宝、京东、卓越亚马逊、当当网、中国图书、博库网等。上述相关的图书市场信息，可以在知名的 Alexa 网站上通过相关排名查询间接得出。网站的排名情况、IP 点击量，以及子站点的访问比例、页面访问比例、人均页面浏览量等数据都可作为我们分析出版物受欢迎程度的数据来源。

2. 通过社交软件实现信息共享

社交软件也叫社会化媒体，主要是基于互联网平台，可以方便快捷地实现信息交互功能，是虚拟的社交网络，如微博、微信等。传统社交一般都以"面对面的沟通交流""远距离的电话联络""书稿式的信件"等方式来进行，范围小、效率低。而基于互联网平台的社交软件，相比传统社交方式，范围广、效率高、速度快，尤其是有非常广泛的参与性，有大众传播的特点。通过进一步的分类，能更加清楚地知晓不同类型的教育出版物受众的兴趣爱好，从中也能获得相关的数字教育出版物选题信息与内容框架。数字教育出版物编辑要主动利用社交软件建立业界"朋友圈"、微信公众号、微信群、微博等，及时更新自己想引导的话题，供群体参与讨论，并及时归纳、总结有效信息。

3. 依托个性化的互联网信息推送软件

当前，个性化的互联网信息推送软件的开发采用了大数据技术，对这些个性化的信息推送软件 APP 等加以技术管理，通过后台技术对相应的浏览记录、点击率、停留时间等都可以做到统计分析，并可以根据不同的 IP 地址统计访问者的浏览频率，以此推算出访问者可能感兴趣的信息。个性化信息推送软件 APP 也可以根据用户的需求分类定期推送用户可能感兴趣的资料信息。例如，亚马逊网站登录个人账户后，就会出现"为您推荐"栏目，就是根据浏览记录推荐的商品。其他类似的销售网站也都有这项功能。

另外，网站系统会根据用户的访问量和使用情况，自动生成一些排行榜推送过来，供用户选择，如亚马逊网站里的"Kindle 电子书新品排行榜""安卓应用商店新品排行榜""经常一起购买的商品""购买此商品的顾客同时购买了"等都是基于推荐功能的使用，用系统自动生成的方法主动采集和汇总大数据，然后对这些单个的个性化数据聚合在一起，形成有价值的"大数据"，以供使用。

通过这些数据反映出来的结果，可以在很大程度上体现读者的需求，而作为数字教育出版物的编辑，可以从这些数据中分析出自己的选题方向。通过上述分析，互联网网站和个性化信息推送软件 APP 都有庞大的数据库，对数字教育出版物的选题信息与内容框架发掘有着重要的参考意义。通过对此类数据信息的搜集、整理、分析，可以很明显地反映读者的需求爱好，做好有针对性的编辑选题与内容框架筛选工作。

4. 基于互联网信息上的链接资源

在互联网上查看某信息时，大多会有链接功能，帮助用户搜寻到更多相关、可能感兴趣的信息资源。通过互联网的链接功能能够更快速、更高效地浏览诸多相似的信息，其主要是基于关键词、关键字段等搜索链接而呈现。通过这些链接资源可以大大拓展知识面，不再局限于原来单个的信息源，同时为数字教育出版物的编辑选题与内容框架提供充实的参考依据和灵感启发。

三、数据挖掘技术在编辑选题与内容框架筛选中的应用

对信息进行分类处理与加工是在对所有搜集到的信息经过初步的识别与提炼后，进行使其按不同类别聚合成有价值的分类汇总信息。当前，我们可以从教育出版物的数据中分析出数字教育出版物的相关信息。

（一）数据挖掘的功能设计

根据数据挖掘流程，我们对数据挖掘的功能设计如图 7-1 所示。通过设定计划的开展，寻找到数据源，开展数据采集工作，将数据采集的数据分别进入不同的子数据库存储，当数据采集达到指定程度后，开始建立数据模型，开展数据分析工作。对相关数据过滤，得出初步数据结果，并结合新的趋势信息的反馈，决定是否需要进行新一轮的数据分析或多轮的数据分析后得出数据分析结果。在此基础上，数据库的设计还应具备以下功能：①数据库信息检索功能；②数据库信息链接功能；③数据库信息推送功能；④数据库互动社区功能。

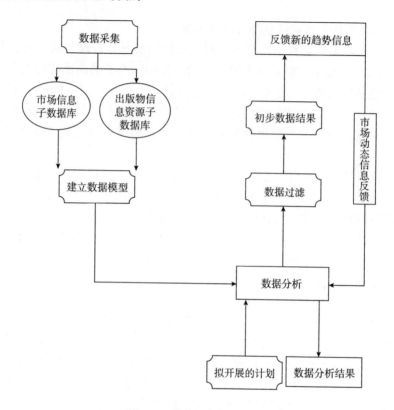

图 7-1　数据挖掘功能设计

（二）选题与内容框架筛选数据库各子模块的设计

1. 各子模块设计设想

数字教育出版物的编辑选题与内容框架筛选需要出版机构及时获取行业动态并相应地做出应对措施。市场销售情况、价格趋势、消费者购买情况、读者的阅读习惯和反馈等都是有用的信息，需要及时收集信息，并进行处理与分析，形成编辑选题与内容框架筛选的基础性信息。

同时，数字教育出版机构需要对已经发行的传统教育出版物和数字出版物的市场走势、消费者反馈、媒体评价、盈利情况等舆情信息充分把握。传统教育出版物的信息可以通过一些图书销售网站获取，然后利用大数据技术和数据挖掘方法从中提取有价值的信息。另外通过数据挖掘技术，搜索、定位数字教育出版物的潜在受众，并确定其传播渠道，实现最终的销售。为满足上述需求，数字教育出版物的编辑选题与内容框架筛选数据库应具备五个子模块，即传统数据提取渠道信息子模块、大数据渠道信息子模块、传统教育出版物信息存储子模块、数字教育出版物信息子模块、数据挖掘子模块（见图 7-2）。

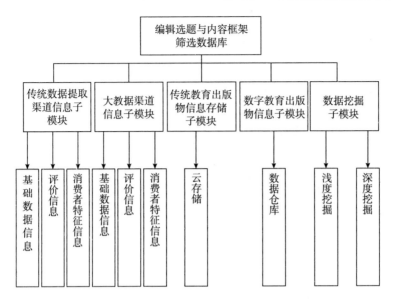

图7-2　编辑选题与内容框架筛选数据库设计模型

2. 同行业之间的群体沟通联系机制

与从事教育及编辑出版行业的相关人士进行交流可以获得有效而贴近实际的教育资源信息，有助于编辑选题与内容框架的选择和行业群体之间沟通联系机制的建立，也就是我们常说的"朋友圈"的建立，利用大数据的优势可以使我们联系到庞大、广泛的同行业群体，使"朋友圈"的范围足够大，在这样足够大的"朋友圈"内沟通交流，从而获得数字教育出版物的选题和内容框架信息，并且这些信息应归入数据库当中作为素材。

（1）基于QQ管理群、微信朋友圈等平台工具的设想。

QQ管理群、微信朋友圈等在线社交工具是经过批准审核后才能加入的网络虚拟群体，朋友之间的互动与交流是半公开式的，只有通过允许加入的朋友才能互相联络，不是网络上的全公开式。数字化教育出版物的编辑要尽可能地多听取各方对出版物的意见和建议，尽可能多地参与到不同群体的讨论中去，获得更多的意见互动信息，并对相关意见和建议做出归类与整理，梳理出对数字教育出版物编辑选题与内容框架的有效信息。

（2）基于数据分析后的跨界信息合作共享。

大数据的优势之一是通过对庞大数据的分析，并根据数据信息区分出不同的群体，如银行根据储户的金额分级管理，移动通信公司根据客户的消费将客户分类管理，航空公司通过对客户的航空里程分级服务，超市通过积分卡对客户实施分类营销，地产公司营销部门会根据潜在客户的年龄数据和收入数据有针对性地推销地产项目等，这些都是经过数据分析后进行的群体细分。不同的群体对同一事物的看法大相径庭，因此在分级管理后，也强调跨界合作。在不同的群体之间寻求信息合作、信息共享。数字教育出版物的编辑选题与内容框架筛选也要寻求数据的跨界合作，并通过从其他渠道获取的数据信息，为数字教育出版工作服务。

四、商业化编辑选题与内容框架筛选数据库的实施设想

目前，大数据拥有者建立商业化的数字教育出版物编辑选题与内容框架筛选数据库有着极大的优势。尤其是拥有用户需求信息数据的平台，如亚马逊、当当网、京东、淘宝网等。这些电子商务巨头都拥有强大的用户分析数据，而数字教育出版物编辑选题与内容框架的策划主要是针对用户需求分析，尽可能地满足用户需求，这些用户分析数据往往能更精准、更有效地为数字教育出版物的成功定位。

（一）大数据资源优势

目前，教育出版物的主要销售平台有亚马逊、当当网、京东、淘宝网等电子商务巨头，其不仅拥有庞大的数据量，而且随着它们的持续运营，有源源不断的数据持续更新。对这些大数据的利用，不仅不会将这些数据的使用价值消耗掉，而且新数据会源源不断地涌入，使大数据的应用与开发前景更为可观。相比图书馆的传统资源而言，上述大数据所有者所拥有数据是最为"时鲜"的，能贴切地反映当前的受众需求，这些"时鲜"的大数据优势可以作为大数据拥有者参与商业化数字教育出版物编辑选题与内容框架数据库建设的重要基础。

（二）得天独厚的大数据处理技术优势

上述主要的大数据拥有者除了拥有庞大而无限的大数据资源优势外，还拥有目前最为先进的数据挖掘技术及数据处理技术。这些都是发展大数据必不可少的技术性优势，通过数据挖掘，可以使数据源源不断地汇入、聚合；通过数据处理技术，可以使数据按要求分类、汇总，从而按要求体现出数据本身的真正价值。上述大数据拥有者对于分布式技术、云计算模式、云数据库应用技术等都有着得天独厚的优势，是其他潜在竞争者短期内难以突破的。

（三）无可比拟的商业运营经验优势

数字教育出版物编辑选题与内容框架筛选数据库的商业化开发，需要强大的商业运营经验和管理团队来实现其商业化运作。这些大数据的拥有者本身就是企业，而且在行业内经营多年，有着丰富的企业管理经验和人力资源优势，对于如何将数据库商业化、如何为企业赢得利润，让企业生存下来并取得长足发展，有着独特的优势。

参考文献

［1］朱利华．云时代的大数据技术与应用实践［M］.沈阳：辽宁大学出版社，2019.

［2］蒋卫祥．大数据时代计算机数据处理技术探究［M］.北京：北京工业大学出版社，2019.

［3］姚树春．大数据技术与应用［M］.成都：西南交通大学出版社，2018.

［4］任友理．大数据技术与应用［M］.西安：西北工业大学出版社，2019.

［5］李佐军．大数据的架构技术与应用实践的探究［M］.长春：东北师范大学出版社，2019.

［6］杨毅．大数据技术基础与应用导论［M］.北京：电子工业出版社，2018.

［7］赵刚．大数据技术与应用实践指南（第2版）［M］.北京：电子工业出版社，2016.

［8］陈焕鑫．大数据技术异化及其疏解途径研究［D］.广州：广州中医药大学，2021.

［9］闫涛．大数据技术的异化问题研究［D］.南京：东南大学，2020.

［10］方颂．大数据技术在供应链金融风险管理中的应用研究［D］.厦门：厦门大学，2020.

［11］汪子怡．大数据技术的生态价值及其实现途径研究［D］.成都：成都理工大学，2020.

［12］方儒．大数据技术对社会正义的影响及对策研究［D］.昆明：昆明理工大学，2017.

［13］邵莹莹．大数据技术应用下HS银行普惠金融发展对策研究［D］.合肥：安徽大学，2018.

［14］李月．大数据技术在农业中的应用研究［D］.咸阳：西北农林科技大学，2018.

［15］温维亮，郭新宇，张颖等．作物表型组大数据技术及装备发展研究［J/OL］．中国工程科学：1-12［2023-08-28］．http：//kns.cnki.net/kcms/detail/11.4421.G3.20230811.1631.004.html.

［16］汤柏龄．大数据技术在现代智慧交通发展中的应用研究［J］．黑龙江交通科技，2023，46（8）：128-130.

［17］孙丹．依托大数据技术　推动云会计发展［J］．中国商界，2023（8）：134-135.

［18］蒋淑芬，张文．基于大数据技术的智慧冷链物流发展与创新［J］．专用汽车，2023（7）：1-4.

［19］赵倩．浅议大数据技术对医院档案管理发展的影响［J］．兰台内外，2023（20）：16-18.

［20］何琳纯．大数据技术赋能乡村振兴发展的路径研究［J］．安徽农业科学，2023，51（13）：248-250.

［21］农丽丽，韦玉全，张龙艳等．物联网大数据技术赋能横州市茉莉花产业高质量发展［J］．农业技术与装备，2023（6）：28-30.

［22］刘昕璞．应用大数据技术推动智能建筑的发展［J］．建筑结构，2023，53（11）：169.

［23］李小东，谢伟云．大数据技术助力农村电商发展的路径研究［J］．科技资讯，2023，21（11）：232-235.

［24］林新博，查熙原，陈江横．大数据技术的运用对企业智能财务发展的有效推动［J］．产业创新研究，2023（10）：162-164.

［25］徐奇一龙．大数据技术与智慧物流协同发展的可行性建议及措施探析［J］．商讯，2023（10）：159-162.

［26］吕洪珏．大数据技术助力高校思想政治工作发展：内涵、问题及对策［J］．林区教学，2023（5）：5-9.

［27］吴旻昱．大数据技术对融媒体的影响与发展趋势分析［J］．科技资讯，2023，21（8）：44-47.

［28］段竹莹，牛相林．基于大数据技术的电子档案管理现状和发展对策［J］．中关村，2023（4）：106-107.

［29］董婷．大数据技术在现代农业发展中的应用［J］．农业经济问题，2023（3）：2.

［30］马占民．大数据技术赋能：我国图书馆文化治理的向度发展和限度制定研究［J］．图书馆研究与工作，2023（3）：15-19+25.

［31］陈敏，孙华荣，傅琪．大数据技术对中小微企业信贷供给的影响研

究——以山东省为例［J］. 金融发展研究，2023（2）：44-53.

　　［32］施志艳，刘阿娜，庞薇薇等. 基于大数据技术的文化旅游产业发展转化策略［J］. 北华航天工业学院学报，2023，33（1）：29-31.

　　［33］于海英，吴华. 大数据技术深入发展和新工科建设背景下数据库课程体系改革研究［J］. 中国现代教育装备，2023（3）：90-92+99.

　　［34］代媛，余家平. 大数据技术发展的背景下财务管理面临的挑战［J］. 中国乡镇企业会计，2023（2）：163-165.